NATURAL HISTORY
UNIVERSAL LIBRARY

西方博物学大系

主编：江晓原

FLORA GRAECA

希腊植物志

[英] 约翰·西布索普 著

华东师范大学出版社

图书在版编目（CIP）数据

希腊植物志 = Flora Graeca：英文 /（英）约翰·西
布索普著. — 上海：华东师范大学出版社，2018
（寰宇文献）
ISBN 978-7-5675-7717-6

Ⅰ.①希… Ⅱ.①约… Ⅲ.①植物志–希腊–英文
Ⅳ.①Q948.554.5

中国版本图书馆CIP数据核字(2018)第096341号

希腊植物志
Flora Graeca
（英）约翰·西布索普著

特约策划　黄曙辉　徐　辰
责任编辑　庞　坚
特约编辑　许　倩
装帧设计　刘怡霖

出版发行　华东师范大学出版社
社　　址　上海市中山北路3663号　邮编 200062
网　　址　www.ecnupress.com.cn
电　　话　021-60821666　行政传真　021-62572105
客服电话　021-62865537
门市（邮购）电话　021-62869887
地　　址　上海市中山北路3663号华东师范大学校内先锋路口
网　　店　http://hdsdcbs.tmall.com/

印 刷 者　虎彩印艺股份有限公司
开　　本　16开
印　　张　129.5
版　　次　2018年6月第1版
印　　次　2018年6月第1次
书　　号　ISBN 978-7-5675-7717-6
定　　价　2980.00元（精装全三册）

出 版 人　王　焰

（如发现本版图书有印订质量问题，请寄回本社客服中心调换或电话021-62865537联系）

总　目

《西方博物学大系》总序

江晓原

《西方博物学大系》收录博物学著作超过一百种，时间跨度为 15 世纪至 1919 年，作者分布于 16 个国家，写作语种有英语、法语、拉丁语、德语、弗莱芒语等，涉及对象包括植物、昆虫、软体动物、两栖动物、爬行动物、哺乳动物、鸟类和人类等，西方博物学史上的经典著作大备于此编。

中西方"博物"传统及观念之异同

今天中文里的"博物学"一词，学者们认为对应的英语词汇是 Natural History，考其本义，在中国传统文化中并无现成对应词汇。在中国传统文化中原有"博物"一词，与"自然史"当然并不精确相同，甚至还有着相当大的区别，但是在"搜集自然界的物品"这种最原始的意义上，两者确实也大有相通之处，故以"博物学"对译 Natural History 一词，大体仍属可取，而且已被广泛接受。

已故科学史前辈刘祖慰教授尝言：古代中国人处理知识，如开中药铺，有数十上百小抽屉，将百药分门别类放入其中，即心安矣。刘教授言此，其辞若有憾焉——认为中国人不致力于寻求世界"所以然之理"，故不如西方之分析传统优越。然而古代中国人这种处理知识的风格，正与西方的博物学相通。

与此相对，西方的分析传统致力于探求各种现象和物体之间的相互关系，试图以此解释宇宙运行的原因。自古希腊开始，西方哲人即孜孜不倦建构各种几何模型，欲用以说明宇宙如何运行，其中最典型的代表，即为托勒密（Ptolemy）的宇宙体系。

比较两者，差别即在于：古代中国人主要关心外部世界"如何"运行，而以希腊为源头的西方知识传统（西方并非没有别的知识传统，只是未能光大而已）更关心世界"为何"如此运行。在线性发展无限进步的科学主义观念体系中，我们习惯于认为"为何"是在解决了"如何"之后的更高境界，故西方的分析传统比中国的传统更高明。

然而考之古代实际情形，如此简单的优劣结论未必能够成立。例如以天文学言之，古代东西方世界天文学的终极问题是共同的：给定任意地点和时刻，计算出太阳、月亮和五大行星（七政）的位置。古代中国人虽不致力于建立几何模型去解释七政"为何"如此运行，但他们用抽象的周期叠加（古代巴比伦也使用类似方法），同样能在足够高的精度上计算并预报任意给定地点和时刻的七政位置。而通过持续观察天象变化以统计、收集各种天象周期，同样可视之为富有博物学色彩的活动。

还有一点需要注意：虽然我们已经接受了用"博物学"来对译 Natural History，但中国的博物传统，确实和西方的博物学有一个重大差别——即中国的博物传统是可以容纳怪力乱神的，而西方的博物学基本上没有怪力乱神的位置。

古代中国人的博物传统不限于"多识于鸟兽草木之名"。体现此种传统的典型著作，首推晋代张华《博物志》一书。书名"博物"，其义尽显。此书从内容到分类，无不充分体现它作为中国博物传统的代表资格。

《博物志》中内容，大致可分为五类：一、山川地理知识；二、奇禽异兽描述；三、古代神话材料；四、历史人物传说；五、神仙方伎故事。这五大类，完全符合中国文化中的博物传统，深合中国古代博物传统之旨。第一类，其中涉及宇宙学说，甚至还有"地动"思想，故为科学史家所重视。第二类，其中甚至出现了中国古代长期流传的"守宫砂"传说的早期文献：相传守宫砂点在处女胳膊上，永不褪色，只有性交之后才会自动消失。第三类，古代神话传说，其中甚至包括可猜想为现代"连体人"的记载。第四类，各种著名历史人物，比如三位著名刺客的传说，此三名刺客及所刺对象，历史上皆实有其人。第五类，包括各种古代方术传说，比如中国古代房中养生学说，房中术史上的传说人物之一"青牛道士封君达"等等。前两类与西方的博物学较为接近，但每一类都会带怪力乱神色彩。

"所有的科学不是物理学就是集邮"

在许多人心目中，画画花草图案，做做昆虫标本，拍拍植物照片，这类博物学活动，和精密的数理科学，比如天文学、物理学等等，那是无法同日而语的。博物学显得那么的初级、简单，甚至幼稚。这种观念，实际上是将"数理程度"作为唯一的标尺，用来衡量一切知识。但凡能够使用数学工具来描述的，或能够进行物理实验的，那就是"硬"科学。使用的数学工具越高深越复杂，似乎就越"硬"；物理实验设备越庞大，花费的金钱越多，似乎就越"高端"、越"先进"……

这样的观念，当然带着浓厚的"物理学沙文主义"色彩，在很多情况下是不正确的。而实际上，即使我们暂且同意上述"物理学沙文主义"的观念，博物学的"科学地位"也仍然可以保住。作为一个学天体物理专业出身，因而经常徜徉在"物理学沙文主义"幻影之下的人，我很乐意指出这样一个事实：现代天文学家们的研究工作中，仍然有绘制星图，编制星表，以及为此进行的巡天观测等等活动，这些活动和博物学家"寻花问柳"，绘制植物或昆虫图谱，本质上是完全一致的。

这里我们不妨重温物理学家卢瑟福（Ernest Rutherford）的金句："所有的科学不是物理学就是集邮（All science is either physics or stamp collecting）。"卢瑟福的这个金句堪称"物理学沙文主义"的极致，连天文学也没被他放在眼里。不过，按照中国传统的"博物"理念，集邮毫无疑问应该是博物学的一部分——尽管古代并没有邮票。卢瑟福的金句也可以从另一个角度来解读：既然在卢瑟福眼里天文学和博物学都只是"集邮"，那岂不就可以将博物学和天文学相提并论了？

如果我们摆脱了科学主义的语境，则西方模式的优越性将进一步被消解。例如，按照霍金（Stephen Hawking）在《大设计》（*The Grand Design*）中的意见，他所认同的是一种"依赖模型的实在论（model-dependent realism）"，即"不存在与图像或理论无关的实在性概念（There is no picture- or theory-independent concept of reality）"。在这样的认识中，我们以前所坚信的外部世界的客观性，已经不复存在。既然几何模型只不过是对外部世界图像的人为建构，则古代中国人干脆放弃这种建构直奔应用（毕竟在实际应用中我们只需要知道七政"如何"运行），又有何不可？

传说中的"神农尝百草"故事，也可以在类似意义下得到新的解读："尝百草"当然是富有博物学色彩的活动，神农通过这一活动，得知哪些草能够治病，哪些不能，然而在这个传说中，神农显然没有致力于解释"为何"某些草能够治病而另一些则不能，更不会去建立"模型"以说明之。

"帝国科学"的原罪

今日学者有倡言"博物学复兴"者，用意可有多种，诸如缓解压力、亲近自然、保护环境、绿色生活、可持续发展、科学主义解毒剂等等，皆属美善。编印《西方博物学大系》也是意欲为"博物学复兴"添一助力。

然而，对于这些博物学著作，有一点似乎从未见学者指出过，而鄙意以为，当我们披阅把玩欣赏这些著作时，意识到这一点是必须的。

这百余种著作的时间跨度为 15 世纪至 1919 年，注意这个时间跨度，正是西方列强"帝国科学"大行其道的时代。遥想当年，帝国的科学家们乘上帝国的军舰——达尔文在皇家海军"小猎犬号"上就是这样的场景之一，前往那些已经成为帝国的殖民地或还未成为殖民地的"未开化"的遥远地方，通常都是踌躇满志、充满优越感的。

作为一个典型的例子，英国学者法拉在（Patricia Fara）《性、植物学与帝国：林奈与班克斯》（*Sex, Botany and Empire, The Story of Carl Linnaeus and Joseph Banks*）一书中讲述了英国植物学家班克斯（Joseph Banks）的故事。1768 年 8 月 15 日，班克斯告别未婚妻，登上了澳大利亚军舰"奋进号"。此次"奋进号"的远航是受英国海军部和皇家学会资助，目的是前往南太平洋的塔希提岛（Tahiti，法属海外自治领，另一个常见的译名是"大溪地"）观测一次比较罕见的金星凌日。舰长库克（James Cook）是西方殖民史上最著名的舰长之一，多次远航探险，开拓海外殖民地。他还被认为是澳大利亚和夏威夷群岛的"发现"者，如今以他命名的群岛、海峡、山峰等不胜枚举。

当"奋进号"停靠塔希提岛时，班克斯一下就被当地美丽的土著女性迷昏了，他在她们的温柔乡里纵情狂欢，连库克舰长都看不下去了，"道德愤怒情绪偷偷溜进了他的日志当中，他发现自己根本不可能不去批评所见到的滥交行为"，而班克斯纵欲到了"连嫖妓都毫无激情"的地步——这是别人讽刺班克斯的说法，因为对于那时常年航行于茫茫大海上的男性来说，上岸嫖妓通常是一项能够唤起"激情"的活动。

而在"帝国科学"的宏大叙事中，科学家的私德是无关紧要的，人们关注的是科学家做出的科学发现。所以，尽管一面是班克斯在塔希提岛纵欲滥交，一面是他留在故乡的未婚妻正泪眼婆娑地"为远去的心上人绣织背心"，这样典型的"渣男"行径要是放在今天，非被互联网上的口水淹死不可，但是"班克斯很快从他们的分离之苦中走了出来，在外近三年，他活得倒十分滋润"。

法拉不无讽刺地指出了"帝国科学"的实质："班克斯接管了当地的女性和植物，而库克则保护了大英帝国在太平洋上的殖民地。"甚至对班克斯的植物学本身也调侃了一番："即使是植物学方面的科学术语也充满了性指涉。……这个体系主要依靠花朵之中雌雄生殖器官的数量来进行分类。"据说"要保护年轻妇女不受植物学教育的浸染，他们严令禁止各种各样的植物采集探险活动。"这简直就是将植物学看成一种"涉黄"的淫秽色情活动了。

在意识形态强烈影响着我们学术话语的时代，上面的故事通常是这样被描述的：库克舰长的"奋进号"军舰对殖民地和尚未成为殖民地的那些地方的所谓"访问"，其实是殖民者耀武扬威的侵略，搭载着达尔文的"小猎犬号"军舰也是同样行径；班克斯和当地女性的纵欲狂欢，当然是殖民者对土著妇女令人发指的蹂躏；即使是他采集当地植物标本的"科学考察"，也可以视为殖民者"窃取当地经济情报"的罪恶行为。

后来改革开放，上面那种意识形态话语被抛弃了，但似乎又走向了另一个极端，完全忘记或有意回避殖民者和帝国主义这个层面，只歌颂这些军舰上的科学家的伟大发现和成就，例如达尔文随着"小猎犬号"的航行，早已成为一曲祥和优美的科学颂歌。

其实达尔文也未能免俗，他在远航中也乐意与土著女性打打交道，当然他没有像班克斯那样滥情纵欲。在达尔文为"小猎犬号"远航写的《环球游记》中，我们读到："回程途中我们遇到一群黑人姑娘在聚会，……我们笑着看了很久，还给了她们一些钱，这着实令她们欣喜一番，拿着钱尖声大笑起来，很远还能听到那愉悦的笑声。"

有趣的是，在班克斯在塔希提岛纵欲六十多年后，达尔文随着"小猎犬号"也来到了塔希提岛，岛上的土著女性同样引起了达尔文的注意，在《环球游记》中他写道："我对这里妇女的外貌感到有些失望，然而她们却很爱美，把一朵白花或者红花戴在脑后的髮髻上……"接着他以居高临下的笔调描述了当地女性的几种发饰。

用今天的眼光来看，这些在别的民族土地上采集植物动物标本、测量地质水文数据等等的"科学考察"行为，有没有合法性问题？有没有侵犯主权的问题？这些行为得到当地人的同意了吗？当地人知道这些行为的性质和意义吗？他们有知情权吗？……这些问题，在今天的国际交往中，确实都是存在的。

也许有人会为这些帝国科学家辩解说：那时当地土著尚在未开化或半开化状态中，他们哪有"国家主权"的意识啊？他们也没有制止帝国科学家的考察活动啊？但是，这样的辩解是无法成立的。

姑不论当地土著当时究竟有没有试图制止帝国科学家的"科学考察"行为，现在早已不得而知，只要殖民者没有记录下来，我们通常就无法知道。况且殖民者有军舰有枪炮，土著就是想制止也无能为力。正如法拉所描述的："在几个塔希提人被杀之后，一套行之有效的易货贸易体制建立了起来。"

即使土著因为无知而没有制止帝国科学家的"科学考察"行为，这事也很像一个成年人闯进别人的家，难道因为那家只有不懂事的小孩子，闯入者就可以随便打探那家的隐私、拿走那家的东西、甚至将那家的房屋土地据为己有吗？事实上，很多情况下殖民者就是这样干的。所以，所谓的"帝国科学"，其实是有着原罪的。

如果沿用上述比喻，现在的局面是，家家户户都不会只有不懂事的孩子了，所以任何外来者要想进行"科学探索"，他也得和这家主人达成共识，得到这家主人的允许才能够进行。即使这种共识的达成依赖于利益的交换，至少也不能单方面强加于人。

博物学在今日中国

博物学在今日中国之复兴，北京大学刘华杰教授提倡之功殊不可没。自刘教授大力提倡之后，各界人士纷纷跟进，仿佛昔日蔡锷在云南起兵反袁之"滇黔首义，薄海同钦，一檄遥传，景从恐后"光景，这当然是和博物学本身特点密切相关的。

无论在西方还是在中国，无论在过去还是在当下，为何博物学在它繁荣时尚的阶段，就会应者云集？深究起来，恐怕和博物学本身的特点有关。博物学没有复杂的理论结构，它的专业训练也相对容易，至少没有天文学、物理学那样的数理"门槛"，所以和一些数理学科相比，博物学可以有更多的自学成才者。这次编印的《西方博物学大系》，卷帙浩繁，蔚为大观，同样说明了这一点。

最后，还有一点明显的差别必须在此处强调指出：用刘华杰教授喜欢的术语来说，《西方博物学大系》所收入的百余种著作，绝大部分属于"一阶"性质的工作，即直接对博物学作出了贡献的著作。事实上，这也是它们被收入《西方博物学大系》的主要理由之一。而在中国国内目前已经相当热的博物学时尚潮流中，绝大部分已经出版的书籍，不是属于"二阶"性质（比如介绍西方的博物学成就），就是文学性的吟风咏月野草闲花。

要寻找中国当代学者在博物学方面的"一阶"著作，如果有之，以笔者之孤陋寡闻，唯有刘华杰教授的《檀岛花事——夏威夷植物日记》三卷，可以当之。这是刘教授在夏威夷群岛实地考察当地植物的成果，不仅属于直接对博物学作出贡献之作，而且至少在形式上将昔日"帝国科学"的逻辑反其道而用之，岂不快哉！

2018 年 6 月 5 日
于上海交通大学
科学史与科学文化研究院

约翰·西布索普
（1758-1796）

英国植物学家约翰·西布索普（John Sibthorp）1758 年生于牛津，其父汉弗莱·布索普博士是牛津大学谢拉德纪念植物学讲座教授。家境优越的他，自小便受到良好的博雅教育。

1777 年，西布索普毕业于牛津大学林肯学院，随即进入爱丁堡大学和蒙彼利埃大学深造学艺。1784 年，他接下了父亲的谢拉德纪念植物学讲座教授席位。不过西布索普的志向并不在课堂之内，他拿出大笔预算，旅居哥廷根和维也纳，准备亲自前往希腊和塞浦路斯进行植物学考察。在著名植物画家斐迪南·鲍尔随行下，他在 1787 年圆满完成两次考察任务。

返回英国后，西布索普还参与了林奈学会的创建工作，对牛津郡的植物进行实地考察。1788 年，被选为皇家学会会员。

后来，西布索普第二次成功赴希腊实施植物学考察，不幸在归途中罹患肺炎，于 1796 年初死于萨默塞特郡的巴斯。去世前，他留下遗嘱，将自己的博物学和农业相关藏书全部捐赠给牛津大学。并要求友人用自己的遗产出版希腊植物学考察的成果。

从 1806 年至 1840 年，西布索普的朋友詹姆斯·爱德华·史密斯爵士和约翰·林德利先后努力，出齐了十卷本《希腊植物志》。这部著作配有自然画大家斐迪南·鲍尔巅峰时期绘制的 966 幅精美插画，是博物学著作中的名作瑰宝，初版仅印制三十套，另于 1854 年又印制五十套。

FLORA

GRÆCA

Sibthorpiana.

CENTURIA PRIMA.

1806.

MONS PARNASSUS.

FLORA GRÆCA:

SIVE

PLANTARUM RARIORUM HISTORIA,

QUAS

IN PROVINCIIS AUT INSULIS GRÆCIÆ

LEGIT, INVESTIGAVIT, ET DEPINGI CURAVIT,

JOHANNES SIBTHORP, M. D.

S. S. REG. ET LINN. LOND. SOCIUS,

BOT. PROF. REGIUS IN ACADEMIA OXONIENSI.

HIC ILLIC ETIAM INSERTÆ SUNT

PAUCULÆ SPECIES QUAS VIR IDEM CLARISSIMUS, GRÆCIAM VERSUS NAVIGANS, IN
ITINERE, PRÆSERTIM APUD ITALIAM ET SICILIAM, INVENERIT.

———

CHARACTERES OMNIUM,

DESCRIPTIONES ET SYNONYMA,

ELABORAVIT

JACOBUS EDVARDUS SMITH, M. D.

S. S. IMP. NAT. CUR. REGIÆ LOND. HOLM. UPSAL. TAURIN. OLYSSIP. PHILADELPH. ALIARUMQUE SOCIUS;

SOC. LINN. LOND. PRÆSES.

———

VOL. I.

———

LONDINI:

TYPIS RICHARDI TAYLOR ET SOCII,

IN VICO SHOE-LANE.

VENEUNT APUD JOHANNEM WHITE, IN VICO FLEET-STREET.

———

MDCCCVI.

PRÆFATIO.

PLANTÆ quas Græcia habet, jamdudum ab antiquissimis, tum a scriptoribus maximè idoneis, Homero scilicet, Theophrasto, Dioscoride &c, commemoratæ, nomen per omnes terras haud mediocre obtinuerunt. Utcunque verò celebres fuerint, et apud doctissimos viros ex mentione tam illustri factâ, gratiâ plurimùm valuerint, at nequaquam a systematico quodam botanico rite illustratæ sunt. Barbaries scilicet quæ per totam illam regionem mores hominum sævitiâ infecit, investigationem rerum sponte illic provenientium, opus peregrinatoribus verè periculosum reddidit, et difficile admodum. Sunt profectò apud hodiernos peregrinatores perpauci qui quædam ad Botanicen Græcam spectantia, hìc illìc quasi disjecta, raptìm collegere; et plurimi scriptores, studio et labore libros et collectanea domi evolventes, quæ priùs parùm innotuerint extundere et illustrare conati sunt.

Nemo autem unquam animum ad hæc elaboranda adjunxit tali studio, quali Johannes Sibthorp M. D. in Academiâ Oxoniensi Botanices Professor Regius. Vir fuit ingeniosus admodùm, doctissimus, patientissimus laboris, pectore animoso. Cum jam arderet mens impatiens quietis desidiosæ, Academia Oxoniensis munus viatorium, ex Celeberrimi Radcliffii instituto, quod diù exoptaverat, quo iter in regiones posset alienas tendere, contulit. Quam fideliter rem gessit, quam optimè de Academiâ, atque instituto Radcliffiano meruit, hæ chartæ satis indicabunt.

Voti igitur jam compos, cursum illico in Græciam flexit Professor noster. Iter sanè inchoabat anno 1785, hoc consilium in animo præcipuè habens, quo pacto Historiam Naturalem Græciæ, Agriculturam et Medicinam ritè illustraret. *Nullius addictus jurare in verba*, omnia quæ prisci viri olim de re rusticâ dixissent, cum suis practicis observationibus conferre statuit. Pictorem egregii nominis Ferdinandum Bauer, cujus virtutem icones nostræ exhibent, secum duxit. Atque ita ad omne officii munus instructus, cùm jam multo labore per Germaniam, Italiam, Siciliamque peragravisset, tandem ad insulas continentemque Græciæ pervenit. Hìc biennium commoratus, domum anno 1787 revertit, thesauro plantarum siccatarum iconumque prædiviti onustus. Nec mora, ad propositum primarium exequendum, nempe illustrationem evulgationemque Floræ Græcæ, toto pectore sedulus incubuit. Primus labor fuit quæ in itinere collegerat studiosissimè investigare, deinde cum libris collectaneisque Sherardianis Oxoniæ conservatis, Banksianis Londini, et Museo Linnæano, quod aliquot abhinc annis mihi jure emptum cesserat, omnia comparare. Cum verò totus in hoc esset, inceptum opus ad umbilicum ducere nequivit; quippe plurima, ad labores adimplendos necessaria, aut omninò prætermissa, aut nimis negligenter observata fuisse, sensit. Hinc visum est vestigia rursùs in Græciam ferre, si quà quæ deficerent liceat supplere. Hoc itinere feliciter peracto, domum secundò rediit anno 1795. At interim ardor animi vires corporis absumpserat. Patriæ redditum eheu! mors excepit.

Ad postremam verò diem usque solicitus, ne frustrà tantum operæ insumpserit, posthumam investigationum botanicarum publicationem in animo conceperat, eandemque ad ordinem quendam redegerat. Imprimis mille plantas sub titulo Floræ Græcæ, in decem volumina folio digestas, omnes descriptas et ritè depictas, singulo nempe volumine centum plantas continente, edi voluit. Quin et eodem tempore Prodromum Floræ Græcæ octavo, omninò sine iconibus, evulgandum jussit. Porrò testamenti sui curatores, amicos omni laude dignos, Dominum Johannem Hawkins, prioris itineris postremique maximâ ex parte socium, et Dominum Thomam Platt postulavit, ut diligenter exquirerent qui opera hæc juris publici faceret, qui etiam characteres et descriptiones plantarum conficeret, synonyma auctorum cogeret, et alia operibus illustrandis necessaria, ex iconibus speciminibus et manuscriptis suis, pararet. Quo sumptus huic negotio tam immenso suppeditentur, prædium quod quotannis 300 ferè minas reddebat, Academiæ Oxoniensi testamento dedit animo verè liberali; fidei committens, quod primi ex hoc prædio reditus ad opera hæc paranda atque evulganda omninò impenderentur, et quod, postquam hæc absoluta forent, posteri proventus omnes ad Professorem in Agriculturâ et Re Rusticâ in Academiâ Oxoniensi remunerandum applicentur.

Curatores testamenti Sibthorpiani publicationem utriusque operis, Prodromi scilicet Floræ Græcæ et Floræ Græcæ ipsius, mihi commiserunt. Quà potui votis defuncti amici respondere studui: liceat saltem profiteri, quòd quo fideliùs commissa exequer, iterum atque iterum testamentum Sibthorpianum perlegi; notas quas contulerat omnes pro re natâ inserui; quæ proposita vivâ voce testamenti sui curatoribus atque aliis amicis, præcipuè illustrissimo Josepho Banks Baronetto, tum mihi quoque, plurimis locis temporibus et modis communicâsset, omnia solicitus in memoriâ tenui, et fideliter obsecutus sum.

Primus mihi labor fuit idoneum quendam, qui icones ritè ad adumbrationes primarias sculperet, exquirere. Illud opus D. Jacobo Sowerby, jamdudum hâc arte celeberrimo, collatum est. At priusquam icones ære incisæ fuerint, mihi curæ fuit singulas cum archetypis conferre; mox etiam num color singulæ iconi pictæ, habitusque rectè convenirent, sedulò scrutari.

Quod ad Floræ Græcæ, tum ad Prodromi descriptiones, observationes, cæteraque hujuscemodi attinet, necesse est dinumerem fontes unde omnia hæc mihi haurire licuit; tum quam partem horum tuli, ne aut ego culpæ obnoxius sim de rebus quæ nequaquam vitandæ fuerint, aut e contra ne doctissimi Sibthorp nomen culpâ ingenii mei deterere videar.

Duas diversas plantarum Græcarum enumerationes elaboravit Sibthorp.

b

Hisce subjunxit citationes Linnæi et Tournefortii, et iconem singulæ
speciei retulit, simul memorans quo in loco quamque invenerit. Hæc
manuscripta magnâ ex parte materiem præbuerunt unde Prodromus
Floræ Græcæ confectus fuit. Exhibent scilicet non solùm mille plantas
Floræ Græcæ, quin et cæteras quas hic illic in Græciâ Sibthorp observaverat. At hæc manuscripta non adeò omnibus numeris absoluta
sunt, prout fors fuissent si Sibthorp ipse ultimam manum operi impo-
suisset. Plurima enim necessariò addenda observavi ex herbario, itinerariis, atque aliis catalogis et Floris ejus partialibus desumenda. Nomina prætereà, et synonyma auctorum, multis in locis correxi et mutavi,
herbariis Linnæi, Banksii et Tournefortii, quæ satis evolvere defuncto
amico nostro non licuit, ità suadentibus.

Observationes in utroque opere botanicæ, characteres specifici, de-
scriptionesque, ea omnia mihi imputanda sunt; namque omnia hæc
intacta Sibthorp prætermisit. Lectorem igitur oro, obsecro, quascunque
hallucinationes in his rebus detexerit, condonet benevolus. Hanc ve-
niam jure quodam mihi impetrare fas est. Nam vix observatio aliqua,
aut etiam nomen, plantis siccatis sive iconibus a Sibthorp adjectum
fuit. Quæ igitur observatio, aut quod nomen in manuscriptis cuique
plantæ convenerit, non nisi ex investigatione nominum et notarum
congeriei, pluries repetitâ, laboriosissimâ, patuit. Insuper hæc præsertim
liceat memorare, quod nomina in itinerario conscripta plerumque ex-
temporanea fuerint, et postea multis in locis per catalogos varios mu-
tata, nullâ prioris tituli commemoratione citatâ. Hinc summopere
cavendum duxi, quo minùs ulla planta de quâ ex mentione in prioribus catalogis aut itinerariis factâ, incertus fuerim, aut de quâ aut me
aut alios falli posse suspicarer, in Floram admittatur, nisi prius aut
herbarium Sibthorpianum, aut icones Bauerianæ, sedem ejus ritè con-
firmaverint. His testimoniis deficientibus nomen Sibthorpianum sub-
junxi. Cum vix ulla plantarum cryptogamicarum in Prodromo Floræ
Græcæ enumeratarum specimina in collectaneis Sibthorpianis hodiè
conservata extant, de his fides illustrissimo viro ipsi, classis Cryptoga-
miæ certè peritissimo, omnis danda est.

Quod ad delectum plantarum quæ in opere majori, Florâ scilicet Græcâ, inseruntur, attinet, intelligendum est, quod Sibthorp jamdudum omnes has nominatìm indixerat. Mihi igitur fuit hujus voluntati atque instituto obsequi, minimè repugnare. Icones mille quas edendas fore instituerat, ferè omnes adumbratas reliquit. Voluit sanè iconem exhibere cujusque plantæ quam in Græciâ antiquâ et regionibus circumjacentibus collegerat, (paucarum prætereà aut novarum, aut inter rariores habendarum, quas in itinere invenerat per Italiam Siciliæque partem) nec in Curtisii Florâ Londinensi, aut in operibus Jacquini priùs depictam observaverat. Et quamvis post mortem ejus plurimæ quas adumbrari curaverat, in voluminibus sequentibus Jacquini locum habuerint, visum est tamen nobis nullam mutationem facere, quin omnes in lucem edere quas Sibthorp edi destinaverat. Modò vita illi longior concessa fuisset, proculdubiò opus ditavisset figuris plurium novarum specierum in ultimo itinere inventarum, quas in Prodromo memoravi. Lubens quidem icones harum in opere illo exhibuissem, at amici nostri testamentum omninò vetuit.

Synonyma Dioscoridis sumuntur ex manuscripto Sibthorpiano quod Viennæ plerumque conscripserat, ubi in codicem veterem celeberrimum, tabulis pictis ornatum, incidit. Omnia hæc synonyma cum optimis editionibus Dioscoridis comparavi. Si quà rationem habui cur in dubio de synonymi alicujus applicatione hærerem, illic nomen Professoris nostri (illi enim error, si quis sit, imputandus est,) subjeci. Nomina quæ Græci hodierni plantis attribuere, ex observationibus ejus didici. Hæc Dominus Hawkins revisit sedulus. Quæ nomina plantarum in insulà Zacyntho in usu sunt sæpè subjiciuntur; omnia hæc medicus quidam ejus insulæ Sibthorp retulit, unà cum plantis ipsis exsiccatis.

Illustratio scriptorum Græcorum veterum, eorundemque synonymorum, in longè majus provecta fuisset, multaque præterea aut omninò omissa, aut leviter in itinerariis ejus tacta, inserta fuissent, modo Deus O. M. vitam Sibthorp satis ad hæc adimplenda concessisset. Quicquid in istis certum et indubitatum extrahere potui, quod ad usus

PRÆFATIO.

et vires plantarum attinet, ad calcem observationum mearum passim adjicitur.

Haud omninò supervacaneum fore duxi memorare quod nomen *Salvia candidissima*, a Professore Vahl impositum, a me retentum fuisset, nisi appellatio *crassifolia* jamjam in tabulâ insculpta fuisset.

J. E. SMITH.

Dabam LONDINI,
Jul. Die 1mo MDCCCVI.

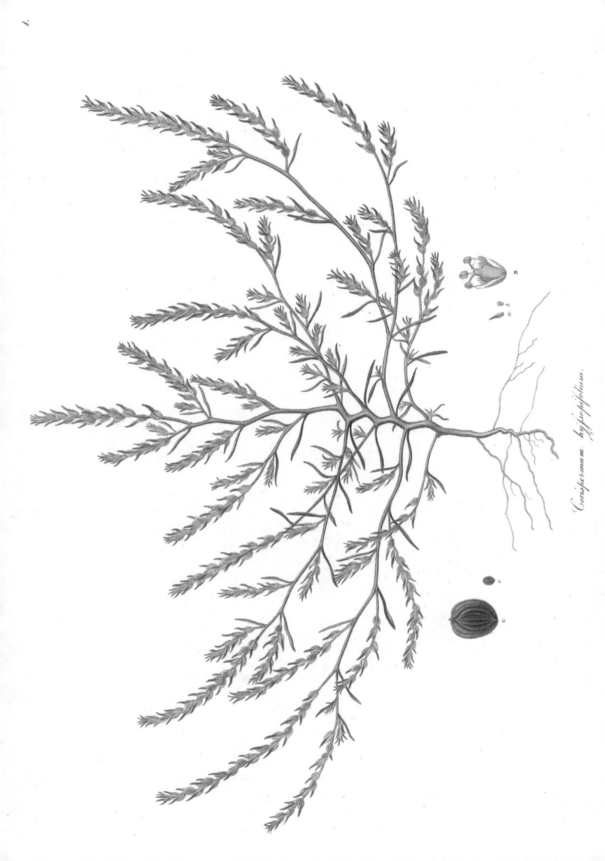

Coriopermum hyssopifolium.

MONANDRIA DIGYNIA.

CORISPERMUM.

Linn. G. Pl. 6.   *Juss.* 86.   *Gærtn. t.* 75.

Calyx nullus.   *Corolla* bifida.   *Semen* unicum, superum, nudum, ellipticum, marginatum.

TABULA 1.

CORISPERMUM HYSSOPIFOLIUM.

CORISPERMUM spicis terminalibus axillaribusque, foliis linearibus enervibus.

C. hyssopifolium. *Linn. Sp. Pl.* 6.   *Pall. Ross. v.* 1. *pars* 2. 112. *t.* 98.   *Juss. Mem. de l'Acad. des Sc. de Paris, ann.* 1712. 187. *t.* 10.

C. foliis alternis. *Gmel. Sib. v.* 3. 10.

In arenosis maritimis Thraciæ ad Pontum Euxinum, prope *Fanar* et Cyaneas insulas. ⊙.

Radix ramosa, flexuosa, albida, lævis. *Caulis* diffusus, flexuosus, ramosissimus, teretiusculus, striatus, glaber; *ramis* alternis, elongatis, subdivisis, foliosis, plerumque
glabris. *Folia* alterna, sessilia, linearia, planiuscula, integerrima, acuta, vix mucronata, enervia, glabra. *Spicæ* axillares et terminales, simplices, elongatæ, mul-
tiflóræ. *Bracteæ* subimbricatæ, foliaceæ, ovatæ, margine scarioso, albo. *Flores*
solitarii, exigui, sessiles in axillis bractearum. *Calyx* nullus. *Corolla* parva, membranacea, concava, obtusa, bifida, alba. *Stamen* sæpiùs inveni unicum; interdùm
duo adsunt; tria, ut Sibthorp in icone depingi curavit; quandoque, ex auctoritate
Linnæi atque Pallasii, quatuor vel quinque. *Filamentum* capillare, album, corollâ
parùm longius. *Anthera* didyma, flava. *Germen* superum, obovatum, compressum.
Styli divaricati. *Stigmata* simplicia. *Semen* nudum, maximum, ellipticum, compressum, hinc convexiusculum, margine scarioso undique cinctum.

Hæreo annon hujusce plantæ varietas sit Corispermum squarrosum Linnæi, cujus arche-
typus ad Pallasii figuram *tab.* 98 BD, etiam ad Buxbaumii iconem *Cent.* 3. *t.* 55.
omninò accedit. C. squarrosum Pallasii *tab.* 99, *Buxb. t.* 56, prorsùs distincta species videtur, Linnæo æquè ac Gmelino ignota, ut optimè suspicatus est Floræ Ros-
sicæ auctor celeberrimus.

a. Bracteam sistit, magnitudine naturali.   *B.* Idem insignitèr auctus.

b. Flos triandrus seorsìm.   *c, C.* Semen magnitudine naturali et quadruplò auctâ.

DIANDRIA MONOGYNIA.

PHILLYREA.

Linn. G. Pl. 10.   *Juss.* 106.   *Gærtn. t.* 92.

Corolla quadrifida.   *Bacca* supera, monosperma.

TABULA 2.

PHILLYREA LATIFOLIA.

Phillyrea foliis ovato-cordatis serratis.

Ph. latifolia.   *Linn. Sp. Pl.* 10.   *Desfont. Atlant. v.* 1. 8.

Ph. folio levitèr serrato.   *Tourn. Inst.* 596.

Ph. secunda.   *Clus. Hist. v.* 1. 52.

Φιλλυρεα *Dioscoridis.*

Φύλλικα *hodiè.*

Φυλλίκι *Zacynthiorum.*

Αγλανδινιὰ *Bœoticorum.*

In montosis asperis insularum Græcarum.   Frequens in Cretâ.   ♄.

Frutex ramosissimus, rigidus, sempervirens, glaber. *Rami* oppositi, stricti, teretes, foliosi. *Folia* opposita, patentia, subsessilia, ovata, subcordata, obtusiuscula, variè
serrata; suprà saturatè viridia, nitida; subtùs pallidiora, obsoletè venosa: superiora
angustiora, magìsque elliptica. *Stipulæ* nullæ. *Paniculæ* axillares, oppositæ, densæ,
foliis triplò breviores. *Pedicelli* quadranguli, glabri. *Bracteæ* parvæ, ovatæ, concavæ, integerrimæ, glabræ. *Calyx* campanulatus, quadrifidus, subregularis. *Corolla*
campanulata, ochroleuca, calyce duplò longior, quadrifida; laciniis patentibus,
ovatis, æqualibus. *Stamina* tubo inserta, laciniis alterna. *Filamenta* brevia. *Antheræ* magnæ, cordato-ellipticæ, luteolæ. *Germen* superum, globosum. *Stylus* rectus, staminibus brevior. *Stigma* obtusum, emarginatum. *Bacca* globosa, subdepressa, violacea. *Semen* magnum, globosum, corneum, putamine tenui, fragili,
nec osseo.

a, A. Flos magnitudine naturali et auctâ.   d. Bacca tranversè secta.
   B. Calyx cum pistillo.   e. Semen.
   c. Baccæ maturæ.

Phillyrea latifolia.

Olea europæa

OLEA.

Linn. G. Pl. 10.   *Juss.* 105.   *Gœrtn. t.* 93.

Corolla quadrifida.   *Drupa* supera, monosperma.

TABULA 3.

OLEA EUROPÆA.

Oʟᴇᴀ foliis lanceolatis integerrimis subtùs discoloribus, racemis axillaribus coarctatis.

O. europæa.   *Linn. Sp. Pl.* 11.   *Ait. Hort. Kew. v.* 1. 12. *α.*   *Willden. Sp. Pl. v.* 1. 44. *α.*
  Woodv. Med. Bot. 369. *t.* 136.   *Desfont. Atlant. v.* 1. 9.

O. sylvestris, folio duro, subtùs incano.   *Tourn. Inst.* 599.

Ελαια αγραια *Dioscoridis.*

Ελαια ήμερα, planta sativa, *ejusdem.*

Αγροελιὰ *hodiè.*

Jaban Zeitan Agagí *Turcorum.*

In insulis Græcis copiosè; etiam ad viam inter Scalam novam et Smyrnam.   Ubique
  culta invenitur. ♄.

Arbor humilis, patula, ramosissima, ramulis subtetragonis, incanis. *Folia* sempervirentia,
  opposita, patentia, subpetiolata, lanceolata, acuta, integerrima, parùm revoluta;
  suprà saturatè viridia, lævia, glabra; subtùs incana, oculo armato minutè squamulosa. *Stipulæ* nullæ. *Racemi* axillares, oppositi, foliis duplò breviores, densi, incani, pedicellis plerumque oppositis, brevibus. *Bracteæ* parvæ, concavæ, obtusæ,
  incanæ. *Calyx* quadrifidus, regularis. *Corolla* alba, quadripartita, regularis, patens,
  laciniis ovatis, obtusis, obsoletè trinervibus. *Stamina* corollâ breviora, divaricata.
  Antheræ magnæ, ellipticæ, albæ. *Stylus* erectus. *Stigma* bipartitum. *Drupa* elliptica, obtusa, violacea, carne intùs albidâ, amarâ, nauseosâ, sed oleo dulci ac blando
  repletâ. *Nux* solitaria, ovata, acuminata, lapidea, sulcata, sæpiùs unilocularis, monosperma; in germine verò bilocularis, seminum rudimentis binis.

Variat foliis brevioribus, et ferè obovatis.

> *a, A.* Flos magnitudine naturali et auctâ.
> *B.* Calyx cum pistillo.
> *c.* Drupa.
> *d.* Ejusdem sectio transversa.
> *e.* Nux.

FRAXINUS.

Linn. G. Pl. 550.   Juss. 105.   *Gœrtn. t. 49.*

Calyx nullus, aut quadripartitus. *Corolla* nulla, aut quadripartita. *Capsula* supera, bilocularis, supernè foliacea, compressa. *Semina* solitaria, pendula.

Flores aliquot fœminei.

———————

TABULA 4.

FRAXINUS ORNUS.

Fraxinus foliolis elliptico-oblongis acuminatis serratis, floribus corollatis.

F. Ornus. *Linn. Sp. Pl.* 1510. *Ait. Hort. Kew. v.* 3. 445. *Willden. Baumz.* 115. *Woodv. Med. Bot.* 104. *t.* 36.

F. humilior, sive altera Theophrasti, minore et tenuiore folio. *Bauh. Pin.* 416.

F. florifera botryoides. *Moris. Prœl.* 265. *Tourn. Inst.* 577.

Μελια *Dioscoridis.*

Μέλεος *hodiè.*

Disu Budak *Turcorum.*

In monte Parnasso, et circa Byzantium. *Sibth.* Frequens in montibus elatioribus petrosis per totam Græciam. *D. Hawkins.* ♄.

Arbor humilis, ramosissima, glabra, ramulis oppositis, teretiusculis. *Folia* decidua, opposita, petiolata, impari-pinnata, bi- vel trijuga; foliola opposita, sæpiùs petiolata, elliptico-oblonga, utrinque acuminata, obtusè et inæqualitèr serrata, venosa, undique glabra. *Petioli* longitudine varii, compresso-canaliculati, glabri. *Stipulæ* nullæ. *Gemmæ* villosæ. *Paniculæ* axillares, oppositæ, supradecompositæ, multifloræ, vix longitudine foliorum, ebracteatæ, glabræ. *Flores* pedicellati, oppositi, corollati, albi. *Calycis* laciniæ ovatæ, acutæ, subæquales, glabræ. *Petala* lineari-oblonga, obtusa, integerrima, basi attenuata, uniformia et regularia, patentissima, calyce decuplò longiora. *Stamina* duo, petalis alterna parùmque breviora, patentissima, alba, glabra. *Antheræ* incumbentes, flavæ. *Germen* parvum, subrotundum, glabrum. *Stylus* staminibus quintuplò brevior, rectus. *Stigma* subcapitatum, emarginatum. *Capsula* cernua, lanceolata, emarginata, compressa, glabra, nervosa, basi bilocularis, loculo altero sæpiùs abortiente. *Semina* solitaria, cylindracea, ferruginea.

Flores aliquot staminibus destituuntur, dum in aliis paucioribus germen abortivum, stylo prorsùs deficiente, invenitur; ut in icone nostrâ conspiciendum est.

Manna officinarum ex hâc arbore diffunditur.

In Minæ peninsulâ tantùm hodiè colligitur. *D. Hawkins.*

a, A. Flos masculus, magnitudine naturali et auctâ.
b. Paniculæ ramulus, capsulas maturas gerens.

Fraxinus Ornus

Veronica gentianoides

Veronica thymifolia.

VERONICA.

Linn. G. Pl. 12. *Juss.* 99. *Gœrtn. t. 54.*

Corolla quadrifida, rotata, laciniâ infimâ angustiore. *Capsula* supera, bilocularis, polysperma.

TABULA 5.

VERONICA GENTIANOIDES.

Veronica corymbo terminali hirsuto, foliis radicalibus lanceolatis subcrenatis nudis.

V. gentianoides. *Trans. of Linn. Soc. v.* 1. 194. *Vahl. Symb. v.* 1. 1. *Willden. Sp. Pl. v.* 1. 61.

V. orientalis erecta, gentianellæ foliis. *Tourn. Cor.* 7.

V. erecta, blattariæ facie. *Buxb. Cent.* 1. 23. *t.* 35.

In summâ parte, nive solutâ, montis Olympi Bithyni. ♃.

Radix perennis, tuberosa, fibris longissimè descendentibus, subsimplicibus. *Caulis* adscendens, spithamæus, subindè pedalis, simplex, parùm foliosus, teres, basi glaber, supernè pubescens. *Folia* radicalia plurima, elliptico-lanceolata, acutiuscula, coriacea, margine plùs minùs crenata, aliquantulùm cartilaginea, utrinque glabra, avenia, rariùs subpubescentia, basi angustata, ferè petiolata; caulina minora, obtusiora, et angustiora, opposita, quandoque connato-perfoliata, hirsuta. *Corymbus* terminalis, erectus, solitarius, simplex, multiflorus, undique hirsutus, demùm spicatus. *Bracteæ* lineari-oblongæ, obtusiusculæ, pedicellis breviores. *Calyx* quadripartitus, inæqualis, obtusus. *Corolla* magna, formosa, dilutè violacea, venis saturatioribus picta; laciniâ infimâ reliquis triplò aut quadruplò minori; tubo virente. *Stamina* declinata, corollâ breviora, glabra. *Antheræ* magnæ, cordatæ, demùm oblongæ. *Stylus* sursùm incrassatus, glaber. *Stigma* obtusum. *Capsula* obcordata, subventricosa, hirsuta, utrinque sulcata, bilocularis, bivalvis, valvulis demùm longitudinalitèr diffissis. *Semina* plurima, elliptica, complanata.

a. Corolla antrorsùm visa, cum staminibus in situ naturali.   *c.* Calyx cum pedunculo et stylo.

b. Eadem horizontalitèr, tubo expanso.   *d.* Capsula.

TABULA 6.

VERONICA THYMIFOLIA.

Veronica corymbo terminali, foliis revolutis incanis, caulibus fruticulosis diffusis, capsularum lobis divaricatis.

In cacumine montium Cretæ, olim Leuci nunc Sphaciotici dictorum. Floret inter saxa nive nupèr operta. ♃.

VOL. I.   c

Radix perennis, lignosa, multiceps. *Caules* plures, palmares, diffusi, fruticulosi, subramosi, foliosi, teretes, pubescentes. *Folia* opposita, parva, subsessilia, elliptica, obtusa, integerrima, revoluta, incana, avenia. *Corymbi* terminales, solitarii, breves, undique hirsuto-incani. *Bracteæ* parvæ, obovatæ, obtusæ, integerrimæ, longitudine pedicellorum. *Calyx* quadripartitus, ferè regularis, laciniis elliptico-lanceolatis, obtusiusculis, integerrimis, basi trinervibus. *Corolla* cyanea; laciniâ infimâ lateralibus vix duplò minore; tubo albo. *Stamina* erecta. *Stylus* filiformis, deciduus. *Capsula* bivalvis, hirsuto-incana, obcordata, lobis divaricatis. *Semina* elliptico-subrotunda, cornea, compressa, obsoletè rugosa, hinc gibba.

A. Corolla parùm aucta, tubo longitudinalitèr secto, staminibus coronato.   *d.* Capsula.
b. Corolla magnitudine naturali, cum staminibus.   *e.* Semen.
c. Pedunculus, calyx et pistillum.

TABULA 7.
VERONICA GLAUCA.

Veronica floribus solitariis, foliis cordatis inciso-serratis, caulibus procumbentibus, laciniis calycinis utrinque dentatis.

In jugo montis Hymetti prope Athenas. *D. Ferd. Bauer.* ☉.

Radix fibrosa, annua. *Caules* prostrati, undique diffusi, ramosissimi, foliosi, hirsuti; ramis oppositis, lineâ densiùs pilosâ utrinque notatis. *Folia* petiolata, cordata, obtusiuscula, inciso-serrata, obsoletè venosa, glauca, subtùs basique hirsutiora, apice ferè denudata; inferiora opposita; superiora alterna. *Petioli* dilatato-marginati, hirsutissimi. *Pedunculi* axillares, solitarii, uniflori, capillares, glabri, folio breviores. *Calyx* quadripartitus, glaberrimus, glaucus, laciniis ellipticis, acutis, uninervibus, utrinque unidentatis, rariùs bidentatis. *Corolla* saturatè cærulea ore alba, laciniâ infimâ magnitudine ferè superioris. *Stamina* albida, corollâ duplò breviora, horizontalia. *Stylus* sursùm incrassatus. *Fructus* exemplaribus deest.

a. Corolla et stamina.   *b.* Pedunculus, calyx atque pistillum.

TABULA 8.
VERONICA AGRESTIS, *varietas byzantiaca.*

Veronica floribus solitariis, fóliis ovatis inciso-serratis pedunculo brevioribus, caulibus procumbentibus, seminibus urceolatis.

V. agrestis. *Linn. Sp. Pl.* 18.

β V. flosculis oblongis pediculis insidentibus, chamædryos folio, major. *Buxb. Cent.* 1. 26. *t.* 40. *f.* 2.

In insulis Principum prope Byzantium. ☉.

Veronica glauca

Veronica agrestis, varietas byzantina.

8

Veronica cymbalaria

Radix fibrosa, annua. *Caules* plures, procumbentes, spithamæi vel pedales, ramosi, foliosi, multiflori, obsoletè quadranguli, lateribus oppositis præcipuè hirsuti, ramis oppositis, teretiusculis, patentibus, simplicibus, apice subadscendentibus. *Folia* infima opposita, reliqua subalterna, breviùs petiolata, patentissima, cordato-ovata, obtusa, latè serrata, saturatè viridia, venosa, utrinque subpilosa. *Pedunculi* axillares, solitarii, uniflori, longitudine foliorum sive parùm longiores, filiformes, undique hirsuti; fructiferi recurvi. *Calyx* quadripartitus, laciniis ovatis, elongatis, obtusis, integerrimis, subtrinervibus, venosis, glabratis, ciliatis, basi villosissimis. *Corolla* calyce parùm longior, lætè cærulea, striata, ore alba; laciniis tribus cordatis, æqualibus; infimâ latè ellipticâ, parumque minori. *Stamina* porrecta, arcuata, medio incrassata, corollâ breviora. *Stylus* filiformis, glaber. *Stigma* capitatum. *Capsula* cordato-didyma, ventricosa, venosa, hirsuta, bivalvis. *Semina* utrinque plurima, urceolata, cornea, extùs corrugata.

Hanc sub nomine *Veronicæ byzantiacæ* in manuscriptis memoravit Sibthorp; at mihi, sedulò examinanti, videtur esse mera *V. agrestis* varietas, neque a vulgari, nisi omnium partium magnitudine atque florum elegantiâ, discrepare. Figura calycis, capsularum, seminumque, in utrâque omninò eadem est.

a. Pedunculus, calyx et pistillum.   *b*. Corolla et stamina.   C. Stamen auctum.

TABULA 9.
VERONICA CYMBALARIA.

VERONICA floribus solitariis, foliis cordatis inciso-crenatis, laciniis calycinis rotundatis, seminibus urceolatis læviusculis.

V. cymbalariæfolia. *Vahl. Enum. v.* 1. 81.

V. cymbalarifolia. *Gmel. Tubing.* 6.

V. hederifolia β. *Linn. Sp. Pl.* 19. *Willden. Sp. Pl. v.* 1. 74.

V. chia, cymbalariæ folio, verna, flore albo umbilico virescente. *Tourn. Cor.* 7. *Buxb. Cent.* 1. 25. *t.* 39. *f.* 2, malè.

Circa Byzantium, et in Archipelagi insulis. ☉.

Radix fibrosa, annua. *Caules* erecto-patentes, subsimplices, foliosi, tetragoni, lineâ longitudinali utrinque pilosi. *Folia* opposita, petiolata, cordata, obtusa, inciso-crenata, nervosa, utrinque hirsuta, proprio petiolo breviora. *Pedunculi* axillares, solitarii, uniflori, capillares, subhirsuti, foliis longiores. *Calyx* quadripartitus, laciniis subæqualibus, rotundatis, obtusis, enervibus, hirtis, ciliatis, integerrimis. *Corolla* alba, ore luteo vel virescente; laciniis tribus superioribus cordatis, acutis; infimâ oblongâ, angustatâ. *Stamina* corollâ duplò breviora. *Stigma* capitatum. *Capsula* didyma, ventricosa, hirsuta, bivalvis. *Semina* utrinque bina, magna, umbilicato-concava, margine præcipuè corrugata, extùs læviuscula.

A *V. hederifoliâ* luce clariùs dignoscenda laciniis calycinis rotundatis obtusis, minimè cordatis, ne dicam seminibus minùs rugosis.

a, A. Flos.   *b, B.* Calyx cum pistillo.

TABULA 10.

VERONICA TRIPHYLLOS.

VERONICA floribus solitariis, foliis digitato-partitis obtusis, pedunculis calyce longioribus, seminibus complanatis.

V. triphyllos. *Linn. Sp. Pl.* 19.   *Fl. Brit.* 25.

V. verna, trifido vel quinquefido folio. *Tourn. Inst.* 145.

In campestribus Thraciæ Pontum Bosphorum et Euxinum versus. ☉.

Radix fibrosa, annua. *Herba* undique pubescenti-incana, exsiccatione nigrescens. *Caulis* ramosissimus, patulus, ramis tortuosis, teretibus, foliosis. *Folia* primordialia vix lobata; reliqua alterna, subsessilia, tripartita, lobis obovato-oblongis, obtusis, quandoque subcrenatis, lateralibus sæpiùs bipartitis. *Pedunculi* axillares, solitarii, erecti, teretes, foliis longiores. *Calyx* quadripartitus, laciniis obtusis; duabus inferioribus majoribus, quandoque dentatis. *Corolla* saturatè cærulea, laciniis rhomboideis, acutis, subæqualibus. *Stamina* corollâ breviora. *Stylus* staminibus brevior. *Stigma* capitatum. *Capsula* orbiculato-cordata, compressa, ciliata. *Semina* utrinque plurima, obovata, compressa, lævia.

   a. Calyx floris, cum pistillo.   *c.* Fructus calyce persistenti suffultus.
   b, B. Corolla et stamina.   *d.* Capsula seorsim.

PINGUICULA.

Linn. G. Pl. 13. *Juss.* 98. *Gærtn. t.* 112.

Corolla ringens, calcarata. *Calyx* bilabiatus, quinquefidus.
Capsula supera, unilocularis.

TABULA 11.

PINGUICULA CRYSTALLINA.

PINGUICULA corollâ inæquali, nectario obtuso petalo breviore, laciniis calycinis oblongis, scapo basi glabro.

In rivulis prope vicum Camandriæ in insulâ Cypro.   *D. Ferd. Bauer.*

Radix fibrosa. *Folia* plurima, radicalia, elliptico-oblonga, obtusa, integerrima, involuto-concava, glaucescentia, unicolora, undique glanduloso-crystallina, glabra. *Scapi* plures, biunciales, erecti, filiformes, nudi, basi glabri, apice subpubescentes. *Flores* terminales, solitarii, nutantes. *Calyx* subpubescens, laciniis inæqualibus, lineari-oblongis, obtusis. *Corolla* bilabiata, inæqualis: labium superius bilobum, lobis divaricatis, albis, basi purpureo reticulatum; inferius quadrilobum, album margine

Veronica triphyllos.

C   E   D   a   b

Pinguicula crystallina

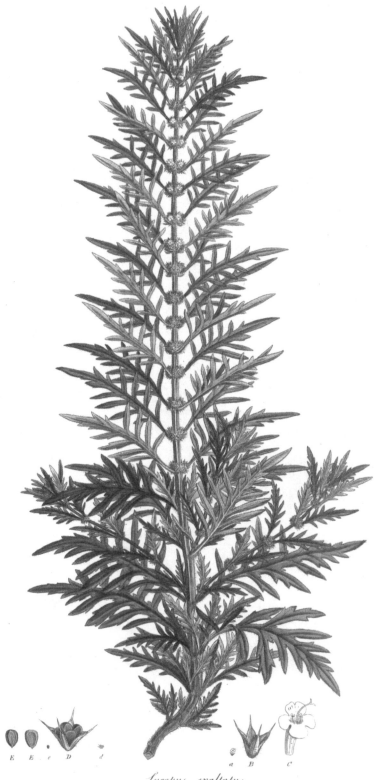

E E e D d   a B c

Lycopus exaltatus

dilutè violaceo, palato villoso, flavo : calcar limbo brevius, deflexum, apice obtuso, parùm ventricoso. *Stamina* arcuata, glabra. *Antheræ* conniventes, cordatæ, albæ. *Germen* globosum, glabrum. *Stylus* brevis, filiformis, rectus. *Stigma* simplex.

a. Calyx.	*D.* Stamina et pistillum.
b. Corolla pictoris ope expansa.	*E.* Pistillum seorsim.
C. Labium superius magnitudine auctum.	

LYCOPUS.

Linn. G. Pl. 15. Juss. 111.

Corolla quadrifida : laciniâ unicâ emarginatâ. *Stamina* distantia.
Semina quatuor, nuda, retusa.

TABULA 12.

LYCOPUS EXALTATUS.

Lycopus foliis pinnatifidis dentatis, calycibus quadrifidis quinquefidisve.
L. exaltatus. *Linn. Suppl.* 87.
L. foliis in profundas lacinias incisis. *Tourn. Inst.* 191.
Marrubium aquaticum incanum, profundè incisis foliis. *Barrel. Ic. t.* 154.

In locis humidis circa Lupadiam, Bithyniæ. ♃.

Radix repens, perennis. *Caulis* erectus, 4—6-pedalis, ramosus, undique foliosus, tetragonus, hirsutus, sæpè rubicundus. *Folia* opposita, per paria decussantia, subpetiolata, profundè pinnatifida, utrinque hirsuta ; lobis lanceolatis, acutis, integris
dentativesve, superioribus plerumque latioribus, magisque basi confluentibus. *Verticilli* axillares, sessiles, densi, multiflori, *bracteis* parvis, lineari-lanceolatis, acutis,
quandoque suffulti. *Calyx* campanulatus, hirtus, ad medium usque quinquefidus,
aut sæpiùs (ut in icone prostat) quadrifidus, laciniis mucronato-spinosis, patulis.
Corolla tubulosa, ringens, alba, calyce parùm longior ; limbo quadrifido, inæquali,
lobo supremo emarginato ; fauce pilosâ. *Stamina* vix exserta. *Stylus* corollâ longior. *Stigma* bifidum, acutum. *Semina* obovata, retusa, angulata, compressa,
resinoso-punctata, aromatica.
Varietas pinnatifida *Lycopi europœi* ad hanc speciem quam proximè accedit, at me
judice distincta manet caule humiliori, laciniis foliorum nunquam dentatis, calycibusque omnibus quinquefidis.

a. Flos.	*d, D.* Calyx fructum ferens maturum.
B. Calyx.	*e, E, E.* Semina.
C. Corolla cum staminibus styloque.	

VOL. I.   D

ZIZIPHORA.

Linn. G. Pl. 16. *Juss.* 111. *Gærtn. t.* 66.
Corolla ringens; labio superiore reflexo, integro; inferiore trifido.
Calyx filiformis. *Semina* quatuor.

TABULA 13.

ZIZIPHORA CAPITATA.

Ziziphora floribus fasciculatis terminalibus, foliis ovatis.
Z. capitata. *Linn. Sp. Pl.* 31. *Mant.* 2. 317. *Desfont. Atlant. v.* 1. 18.
Thymus humilis latifolius. *Buxb. Cent.* 3. 28. *t.* 51. *f.* 1.

In monte Crucis insulæ Cypri. *D. Ferd. Bauer.* ⊙.

Radix annua, fibrosa, ramosa, flexuosa. *Caulis* erectus, 3- aut 4-uncialis, brachiato-ramosus, foliosus, obsoletè tetragonus, pubescens, villis arcuato-deflexis. *Folia* opposita, patentissima, petiolata, ovato-oblonga, integerrima, venosa, incana, margine imprimis scabriuscula; venis parallelis, pallidis. *Flores* fasciculati, terminales, numerosi, erecti. *Bracteæ* foliis similes sed latiores, ferè cordatæ, magìsque ciliatæ, subsessiles, floribus longiores. *Calyx* cylindraceus, flexuosus, quinquedentatus, sulcatus, incanus, muricatus, dentibus setaceis, subæqualibus, fauce villis clausâ. *Corollæ* tubus calyce paulò longior, filiformis, flexuosus, albidus, pubescens: limbus bilabiatus, roseus, unicolor; labio superiore indiviso, obtuso, recurvo; inferiore tripartito, lobis rotundatis, integris, subæqualibus. *Stamina* fauci inserta, limbo breviora, filiformia. *Antheræ* incumbentes, cærulescentes. *Stylus* filiformis, tubo parùm longior. *Stigma* bifidum. *Semina* quatuor, exigua, oblonga, tetragona.
Herba vix aromatica.

a. Bractea. *b.* Flos. *C.* Calyx. *D.* Corolla et stamina. *E.* Eadem, tubo fisso. *F.* Pistillum.

Ziziphora capitata

Rosmarinus officinalis.

ROSMARINUS.

Linn. G. Pl. 16.   *Juss.* 111.

Corolla inæqualis; labio superiore bifido.   *Filamenta* corollâ longiora, curva, simplicia cum dente.   *Calyx* campanulatus, trifidus.   *Semina* quatuor, nuda.

TABULA 14.

ROSMARINUS OFFICINALIS.

Rosmarinus officinalis.   *Linn. Sp. Pl.* 33.
R. spontaneus, latiore folio.   *Tourn. Inst.* 195.
Rosmarinus.   *Rivin. Monop. Irr. t.* 39.
Λιβανωτις *Dioscoridis.*
Δενδρολίβανον *hodiè.*
Biberic *Turcorum.*

In insulis Græcis rariùs; in Melo legit Sibthorp.   In Zacyntho, nec non in Bœotiâ. D. *Hawkins.* ♄.

Frutex erectus, quadripedalis, ramosissimus, sempervirens; ramis obsoletè quadrangulis, pubescentibus, undique foliosis. *Folia* opposita, subsessilia, recurvato-patentia, lineari-oblonga, obtusa, revoluta, integerrima; suprà glabra, saturatè viridia, nitida; subtùs tomentosa, venosa. *Ramuli floriferi* axillares, oppositi, breves, foliolosi. *Flores* axillares terminalesque, brevissimè pedicellati, erecti. *Calyx* campanulatus, bilabiatus, villosus, villis intricatis, substellatis; labio superiore indiviso; inferiore bilobo. *Corolla* ringens, pubescens, cyanea, albo purpureoque variata: tubo calyce longiori, compressiusculo: labio superiore adscendente, oblongo, bifido; inferiore trilobo, laciniâ intermediâ maximâ, concavâ, emarginatâ, repandâ. *Stamina* fauci inserta, labio superiore longiora, arcuata, supra basin unidentata. *Antheræ* terminales, oblongæ, cæruleæ. *Stylus* filiformis, arcuatus, longitudine staminum. *Stigma* simplex, acutum. *Semina* quatuor, oblonga, obtusa.
Folia floresque odore aromatico acri camphorato gaudent.

      a. Calyx.   *C.* Stamen seorsìm, paulò auctum.
      b. Corolla cum staminibus et stylo.

SALVIA.

Linn. G. Pl. 17.   *Juss.* 111.   *Gœrtn. t.* 66.

Corolla inæqualis.   *Filamenta* transversè pedicello affixa.

Semina quatuor, nuda.

TABULA 15.

SALVIA POMIFERA.

Salvia foliis cordato-lanceolatis undulatis crenatis reticulato-venosis incanis, calycibus
     trilobis obtusiusculis.

S. pomifera.   *Linn. Sp. Pl.* 34.   *Willden. Sp. Pl. v.* 1. 130.   *Vahl. Enum. v.* 1. 225.

S. cretica frutescens pomifera, foliis longioribus incanis et crispis.   *Tourn. Cor.* 10.
     It. v. 1. 30. *cum icone.*

Φασκομηλιὰ *hodiè.*

In collibus apricis et asperis Cretæ. In Græciâ vulgaris.   *D. Hawkins.*   Floret
     Julio. ♄.

Frutex bi- vel tri-pedalis.   *Caulis* lignosus, erectus, ramosissimus; ramis oppositis, tetra-
     gonis, incanis, foliosis, apice floriferis, erectis.   *Folia* opposita, petiolata, paten-
     tia, lanceolato-oblonga, obtusa, undulata, crenata, subrevoluta, reticulato-venosa,
     utrinque tomentoso-incana, basi cordata; floralia minora et subsessilia.   *Petioli*
     foliis triplò aut quadruplò breviores, triquetro-lineares. *Verticilli* tres aut quatuor,
     ex axillis foliorum superiorum, sæpiùs sexflori. *Flores* brevissimè pedicellati,
     magni, formosi. *Calyx* infundibuliformis, nervosus; basi pubescens, resinoso-
     punctatus; margine trilobo, lobis dilatatis, obtusiusculis, membranaceis, coloratis,
     reticulato-venosis, integerrimis, obsoletè mucronulatis, superiore majori. *Corolla*
     calyce triplò ferè longior, ringens, dilutè violaceus: labio superiore fornicato,
     retuso, integro, extùs pubescente; inferiore quadrilobo, repando, anticè albido,
     purpureo guttato. *Stamina* longitudine labii superioris, arcuata, anticè appendi-
     culata. *Antheræ* versatiles, incumbentes. *Stylus* filiformis, arcuatus. *Stigma* bifi-
     dum, acutum.

Odor foliorum gratè aromaticus, pungens, ad Lavandulam accedens.   Gallæ globosæ,
     apice folioso-crispæ, intùs carnosæ, succo acido aromatico repletæ, in tenellis ra-
     mulis, Cyniphis cujusdam ope, nascuntur.   Hæ saccharo conditæ in deliciis Cre-
     tensium habentur.

a. Calyx cum pistillo.   *c.* Tubus corollæ, abscisso limbo, stamina in fauce gerens.
b. Corolla integra cum staminibus.

Salvia pomifera

Salvia calycina.

Salvia triloba.

TABULA 16.
SALVIA CALYCINA.

Salvia foliis ovatis crenatis planis reticulato-venosis incanis, calycibus trilobis dilatatis retusis mucronulatis.

S. orientalis frutescens, foliis circinatis, acetabulis moluccæ. *Tourn. Cor.* 10.

In monte Hymetto prope Athenas. Floret Julio. ♄.

Habitus et odor prioris. *Caulis* crassus, lignosus, tortuosus. *Folia* opposita, petiolata, ovata, obtusa, plana, nec undulato-crispa, crenata, reticulato-venosa, undique tomentoso-incana. *Petioli* canaliculati, tomentoso-nivei. *Rami floriferi* erecti, elongati, subaphylli. *Verticilli* quatuor aut sex, approximati, bracteolati, sæpiùs quadriflori; infimi pedunculati, compositi. *Flores* pedicellati, magnitudine præcedentis. *Calyx* ferè campanulatus, nervosus, pubescens, resinoso-punctatus; margine valdè dilatato, scarioso, colorato, venoso, lobis rotundatis, retusis, integerrimis, mucronulatis, superiore latissimo et sæpè bifido. *Corolla* calyce vix triplò longior, ringens: labio superiore fornicato, rotundato, pallidè violaceo, extùs villoso; inferiore roseo, quadrilobo, subrepando, anticè albido, immaculato. *Stamina* et *stylus* præcedentis. *Semina* subglobosa.

Distinctissima a *Salviá acetabulosá* Linnæi.

    a. Calyx.   *b.* Corolla, stamina et stylus.   *c.* Semen maturum.

TABULA 17.
SALVIA TRILOBA.

Salvia foliis ovatis crenulatis rugosis subtùs lanatis basi auriculatis, calycibus quinquedentatis acutis.

S. triloba. *Linn. Suppl.* 88. *Willden. Sp. Pl. v.* 1. 130. *Vahl. Enum. v.* 1. 224.

S. cretica pomifera Clusii, flore albo. *Tourn. Cor.* 10.

S. cretica pomifera et non pomifera. *Clus. Hist. v.* 1. 343.

S. baccifera. *Bauh. Pin.* 237. *Tourn. Inst.* 180.

Φάσκος, ἡ αληφασκιὰ *hodiè.*

Φασκομηλιὰ *in Peloponneso.*

In Archipelagi insulis, et per totam Græciam, locis asperis et apricis, frequens. ♄.

Caulis fruticosus, minùs tamen quam in præcedentibus crassus et lignosus. *Rami* quadranguli, foliosi, lanati. *Folia* petiolata, ovato-elliptica, obtusiuscula, crenulata, reticulato-venosa, rugosa; suprà tomentoso-incana; subtùs lanata; basi plerumque auriculata, auriculis folio conformibus at longè minoribus, subæqualibus,

VOL. I.   E

sessilibus, quandoque appendiculatis. *Petioli* canaliculati, lanati. *Rami floriferi* paniculati, pilosi, basi tantùm foliosi. *Verticilli* numerosi, aphylli, nudi, parùm distantes, suboctoflori. *Flores* pedicellati, cærulescentes, minores quam in præcedentibus. *Calyx* campanulatus, angulatus, nervosus, resinosus, hirtus, margine quinquedentato, dentibus acutis, inflexis, duobus superioribus majoribus. *Corolla* calyce triplò longior, ringens: labio superiore fornicato, subinflexo, pubescente; inferiore quadrilobo, albo purpureoque lineato et guttato. *Stamina* longiùs aliquantulùm appendiculata quam in *S. pomiferâ* et *calycinâ*, magnitudine verò minora. *Antheræ* majusculæ.

Hæc quoque gallas esculentas, *Salviæ pomiferæ* et *officinalis* more, frequentèr gerit. Odore foliorum et florum ad *Salviam officinalem* accedit.

      a. Calyx cum pistillo.   *c.* Eadem, abscisso labio superiore.

      b. Corolla stamina includens.   *d.* Stamen seorsùm.

TABULA 18.

SALVIA RINGENS.

SALVIA foliis interruptè pinnatis crenatis subrevolutis rugosis, ramis floriferis paniculatis, corollâ declinatâ recurvâ.

Χλωμὸς *hodiè.*

In petrosis ad latera montium haud infrequens.   Ad cœnobium *Mega Spilaio* dictum, propè Calavritam, Peloponnesi. *D. Hawkins.* ♃.

Radix lignosa, perennis, multiceps. *Caules* erecti, pedales, simplices, herbacei, tetragoni, læves atque glaberrimi, angulis detritis, rubicundis, basi foliosi, supernè nudiusculi, apice paniculato-ramosi, multiflori. *Folia* omnia ferè caulis basin versùs congesta, opposita, petiolata, interruptè pinnata cum impari: foliolis ovatis, acutiusculis, oppositis, sessilibus, concinnè crenatis, subrevolutis; suprà rugosis, scabris; subtùs venosis, lanatis; intermediis longè minoribus ac rotundioribus. *Petioli* angulati, hirti, basi dilatati. *Rami floriferi* paniculati, patentiusculi, omninò aphylli, pilosi, viscidi. *Verticilli* tres aut quatuor in omni ramulo, remotiusculi, subtriflori. *Flores* pedicellati, cernui, magni, cærulei, formosi. *Calyx* campanulato-cylindraceus, rubicundus, nervosus, piloso-viscidus, bilabiatus; labio superiore tridentato, fastigiato; inferiore bilobo. *Corolla* calyce quadruplò longior: tubo cylindraceo, declinato: limbo adscendente, ringente; labio superiore cucullato, villoso; inferiore quadrilobo, vix crenato vel repando, antice albido guttis purpureis. *Stamina* brevia, longiùs appendiculata. *Stylus* arcuatus, incurvus. *Semina* globosa.

Herba vix aromatica, odore ingrato.

      a. Calyx cum pistillo.   *d.* Calyx fructûs.

      b. Corolla.   *e.* Semen.

      c. Stamina.

Salvia ringens

Salvia viridis.

Salvia Horminum

TABULA 19.

SALVIA VIRIDIS.

Salvia foliis ovatis obtusis crenatis, calycibus fructiferis reflexis, bracteis rhombeis basi
appendiculatis.

S. viridis. *Linn. Sp. Pl.* 34. *Willden. Sp. Pl. v.* 1. 132. *Jacq. Misc. v.* 2. 366. *Ic. rar.*
v. 1. *t.* 4. *Desfont. Atlant. v.* 1. 20. *t.* 1.

Horminum comâ viridi. *Tourn. Inst.* 178.

In Cariæ arvis. ☉.

Radix fibrosa, annua. *Caulis* solitarius, erectus, spithamæus, (cultus pedalis,) foliosus,
tetragonus, hirsutus, supernè subramosus. *Folia* opposita, patentia, petiolata,
ovata, obtusiuscula, crenata, subrugosa, villoso-scabra, venosa ; subtùs pallidiora,
magìsque lanata. *Petioli* foliis breviores, pilosi. *Verticilli* spicati, densi, aphylli,
bracteati, plerumque sexflori. *Bracteæ* oppositæ, sessiles, rhombeæ, acutæ, integerrimæ, nervosæ, hirsutæ, virides, uniformes, basi utrinque setâ filiformi, hirsutâ,
vix propriæ longitudinis, appendiculatæ. *Calyx* pedicellatus, tubulosus, angulatus,
nervosus, piloso-viscidus, bilabiatus, maturescente fructu reflexus, clausus : labio
superiore tridentato, dentibus fastigiatis ; inferiore bilobo ; laciniis omnibus aristatis. *Corolla* calyce duplò longior, erecta : tubo gracili, albo : labio superiore
fornicato, compresso, pallidè violaceo, villoso ; inferiore trilobo, lobis lateralibus
oblongis, patulis, albidis, intermedio maximo, reniformi, concavo, dilutè purpurascente. *Stamina* breviùs appendiculata. *Stylus* arcuatus.

Herba parùm aromatica, minùsque speciosa.

a. Bractea cum appendicibus ad basin.	*C.* Calyx triplò auctus.
b. Flos.	*D.* Corolla.

    E. Eadem, labio superiore resecto, ut stamina cum pistillo in conspectum veniant.

TABULA 20.

SALVIA HORMINUM.

Salvia foliis ovatis obtusis crenatis, calycibus fructiferis reflexis, bracteis appendiculatis : summis sterilibus coloratis.

S. Horminum. *Linn. Sp. Pl.* 34. *Willden. Sp. Pl.* 132.

Horminum sativum. *Bauh. Pin.* 238.

H. comâ purpuro-violaceâ. *Tourn. Inst.* 178.

Sclarea minor, comâ violaceâ. *Buxb. Cent.* 4. 24. *t.* 39. *f.* 2.

Ὁρμινον *Dioscoridis.*

Σαρκοθρόφι *Argolicorum.*

In arvis Græciæ haud rara. ☉.

Herba omninò *Salviæ viridis* est, sed plerumque major, cauleque magìs luxuriante, verticillis paulò remotioribus. Præcipuè differt bracteis pluribus superioribus sterilibus, ampliatis, membranaceis, purpureis, appendiculo ad basin orbatis : cæterùm nullo discrimine a *S. viridi* dignoscenda, cujus, me judice, varietas est. In hortis europæis sæpe colitur ob comam pulcherrimè violaceam, quandoque roseam.

a. Bractea.	*D.* Stamina atque stylus.
B. Calyx auctus.	*e.* Calyces fructiferi, magnitudine naturali.
C, C. Corolla.	*f.* Semen.

TABULA 21.

SALVIA FORSKÆLEI.

Salvia foliis lyratis crenatis scabris, caule subaphyllo, corollæ galeâ semibifidâ.

S. Forskælei. *Linn. Mant.* 26. *Willden. Sp. Pl. v.* 1. 151.

S. bifida. *Forsk. Descr.* 202.

Sclarea orientalis, folio subrotundo, flore magno, partìm albo partìm purpurascente.
Tourn. Cor. 10. *Sibth.*

In sylvis umbrosis montis Olympi Bithyni, et circa pagum *Belgrad* ad Bosphorum, Julio florens. ♃.

Radix lignosa, perennis, subrepens. *Caulis* erectus, sesquipedalis, ferè aphyllus, tetragonus, pilosus, supernè ramosus. *Folia* omnia ferè radicalia, petiolata, lyrata, crenata, venosa, piloso-scabra, parùm rugosa, lobis rotundatis, terminali maximo, cordato, obtuso. *Verticilli* numerosi, subdistantes, sexflori. *Bracteæ* parvæ, cordatæ, acutæ, integerrimæ, simplices, pilosæ. *Flores* pedunculati, magni, speciosi, cærulei, albo variati. *Pedunculi* sæpiùs longitudine bractearum. *Calyx* tubulosus, angulatus, piloso-viscidus, bilabiatus, hians : labio superiore tridentato ; inferiore bidentato ; dentibus omnibus divaricatis, acutis. *Corolla* calyce triplò longior : tubo infundibuliformi, geniculato : labio superiore fornicato, falcato, piloso, viscido, semibifido, lobis conniventibus ; inferiore trilobo, laciniis lateralibus deflexis, intermediâ bifidâ, crenatâ, rotundatâ, supernè albâ. *Stamina* breviùs appendiculata. *Stylus* arcuatus, corollâ longior.

   a. Corolla.

   b. Eadem anticè, lobis atque staminibus arte expansis ac divaricatis.

   c. Calyx pistillum gerens.

   d. Semina immatura.

Salvia Forskælei.

Salvia Sibthorpii

D   C   B   C   A

Salvia multifida

TABULA 22.

SALVIA SIBTHORPII.

S ALVIA foliis cordatis lobatis crenatis rugosis scabris, caule subaphyllo ramoso, staminum appendiculis dilatatis.

In Peloponneso, et in insulâ Zacyntho. In itinere Parnassum versùs primò invenit clarissimus Sibthorp. *D. Ferd. Bauer.* ♃.

Radix lignosa, ramosa, nigra, perennis. *Caulis* e basi ramosus, pedalis, erectus, tetragonus, pilosus, parùm foliosus, multiflorus. *Folia* omnia ferè radicalia, petiolata, latè cordata, obtusiuscula, rugosa, venosa, utrinque scabra, suprà ad venas majores colore atro-sanguineo picta, margine lobata et inæqualitèr crenata. *Verticilli* numerosissimi, parùm distantes, sexflori. *Bracteæ* cordatæ, acutæ, integerrimæ, calyce breviores. *Flores* dilutè violacei, parvi, vix floribus *Salviæ verbenacæ* majores. *Pedunculi* bracteis triplò breviores, hirti. *Calyx* campanulato-tubulosus, hians, bilabiatus : labio superiore tridentato, fastigiato ; inferiore bifido, porrecto. *Corolla* calyce duplò longior : tubo cylindraceo, rectiusculo : labio superiore fornicato, villoso, integro ; inferiore trilobo, laciniis lateralibus adscendentibus, intermediâ reniformi, concavâ. *Stamina* appendiculis dilatatis, complanatis, obtusis, maximè notabilia. *Stylus* incurvus, corollâ longior.

A *Salviâ hæmatode* discrepat radice non tuberosâ, foliis scabrioribus, floribus longè minoribus.

Hanc speciem, quæ mihi omninò nova visa est, nomine inventoris condecoravi.

a. Calyx.	*d.* Calyx fructûs.
b, b. Corolla cum staminibus et stylo in situ naturali.	*e.* Semen.
C. Stamen triplò auctum.	

TABULA 23.

SALVIA MULTIFIDA.

S ALVIA foliis cordatis multifidis incisis glabris, caule folioso simplici, staminum appendiculis retusis.

Horminum sylvestre inciso folio, cæsio flore, italicum. *Barrel. Ic. t.* 220.

In pascuis circa Byzantium. *D. Ferd. Bauer.* ♃.

Radix lignosa, perennis, multiceps. *Caules* vix spithamæi, adscendentes, simplicissimi, foliosi, tetragoni, hirti, viscidi. *Folia* cordato-oblonga, sinuato-multifida, inæqualitèr incisa ac dentata, venosa, subrugosa, glabra, vel margine tantùm scabriuscula ; radicalia longiùs petiolata, petiolis scabris ; caulina superiora ferè sessilia. *Verti-*

VOL. I.   F

cilli spicato-approximati, subsexflori, piloso-viscidi.   *Bracteæ* cordatæ, integerrimæ, hirsutæ, longitudine calycum.   *Flores* subsessiles, magnitudine et formâ ferè præcedentis, cyanei.   *Calycis* dentes superiores haud fastigiati.   *Staminum* appendiculæ brevissimæ, retusæ.

a. Flos.	*C, C.* Corolla cum staminibus et stylo.
B. Calyx auctus cum pistillo.	*D.* Stamen seorsùm.

TABULA 24.

SALVIA CLANDESTINA.

Salvia foliis pinnatifido-linearibus serratis rugosissimis pilosis, caulibus foliosis, calycibus muticis.

S. clandestina.   *Linn. Sp. Pl.* 36.   *Willden. Sp. Pl. v.* 1. 138.   *Desfont. Atlant. v.* 1. 23.

In arvis insulæ Cypri frequens.   *D. Ferd. Bauer.* ♂.

Radix fusiformis, biennis, multiceps.   *Caules* plurimi, spithamæi, adscendentes, parùm ramosi, foliosi, tetragoni, villosi.   *Folia* petiolata, patula, lineari-pinnatifida vel subbipinnatifida, cæsia, rugosissima, revoluta, serrata, pilosa.   *Rami floriferi* simplicissimi, plerumque solitarii.   *Verticilli* remotiusculi, sexflori.   *Bracteæ* cordatæ, integerrimæ, pilosæ, calyce breviores.   *Flores* breviùs pedicellati, colore et formâ ferè prioris, at galeâ angustiore.   *Calyx* pilosissimus, dentibus superioribus fastigiatis, et demùm quasi obliteratis.   *Staminum* appendices elongatæ, filiformes, obtusæ.

Synonymon Barrelieri a Linnæo citatum ad præcedentem rectiùs amandetur, ut jamdudùm me monuit, dum in vivis erat, amicissimus Sibthorp.

a. Calyx et pistillum.	*d.* Calyx fructûs.
b, b. Corolla.	*e.* Semen.
C. Stamen auctum.	

TABULA 25.

SALVIA SCLAREA.

Salvia foliis cordato-oblongis rugosis villosis duplicato-crenatis, bracteis coloratis concavis calyce longioribus.

S. Sclarea.   *Linn. Sp. Pl.* 38.   *Willden. Sp. Pl. v.* 1. 147.

Sclarea.   *Tourn. Inst.* 179.

In arvis inter oppida *Sousougherli* et *Ulubad*, sive Lupadiam, Bithyniæ. ♂.

Salvia clandestina.

Salvia Sclarea.

Salvia crassifolia

Radix fusiformis, biennis. *Caules* erecti, bipedales, ramosi, foliosi, tetragoni, pilosi. *Folia* petiolata, patentia, cordata, seu cordato-oblonga, obtusa, duplicato-crenata, convexa, rugosissima, utrinque villosa, subtùs reticulato-venosa. *Petioli* hirti. *Verticilli* plurimi, remotiusculi, sexflori. *Bracteæ* magnæ, calyce duplò vel triplò longiores, patentes, cordatæ, acuminatæ, concavæ, pilosæ; inferiores foliaceæ, crenatæ; superiores coloratæ, integerrimæ; omnes fertiles. *Flores* brevissimè pedicellati, magni, odorati. *Calyx* campanulatus, hians, piloso-viscidus, quadriaristatus, dente intermedio labii superioris obsoleto, mutico. *Corolla* calyce triplò ferè longior: labio superiore cæruleo-incarnato: laciniâ centrali inferioris crenatâ, lutescente, ut et tubus. *Stamina* ochroleuca, appendicibus linearibus, deflexis.

Herba tota plùs minùs viscida, graveolens, ambrosiaca, in hortis vulgaris.

a. Calyx.   *C.* Stamina vix duplò aucta.
b. Corolla.   *d.* Semen.

TABULA 26.

SALVIA CRASSIFOLIA.

Salvia foliis cordatis crenatis rugosis utrinque lanatis, caule aphyllo, bracteis calyce brevioribus.

S. candidissima. *Vahl. Enum. v.* 1. 278.

Sclarea orientalis, foliis rotundioribus candidissimis. *Tourn. Cor.* 10.

In insulâ Cypro, at rarissimè. *D. Ferd. Bauer.* ♃.

Radix lignosa, perennis. *Caulis* erectus, vix pedalis, ramosus, aphyllus, tetragonus, villosus. *Folia* omnia radicalia, petiolata, cordata, obtusa, subduplicatò-crenata, rugosa, venosa, utrinque densè lanata. *Petioli* villosissimi. *Verticilli* parùm remoti, plurimi, sexflori. *Bracteæ* calyce multò breviores, cordatæ, integerrimæ, mucronulatæ; suprà glaberrimæ; subtùs densè lanatæ. *Flores* subsessiles. *Calyx* tubulosus, quinquedentatus, aristatus, dentibus tribus labii superioris subfastigiatis, æqualibus. *Corolla* calyce vix triplò longior, dilutè purpureo alboque variata. *Stamina* alba, appendicibus linearibus, horizontalibus.

a. Calyx.   *b.* Corolla.   *c.* Eadem stamina gerens, galeâ abscissâ.

TABULA 27.

SALVIA ARGENTEA.

Sᴀʟᴠɪᴀ foliis oblongis duplicato-crenatis rugosis lanatis, bracteis calyce brevioribus, verticillis superioribus abortivis.

S. argentea. *Linn. Sp. Pl.* 38. *Willden. Sp. Pl. v.* 1. 149.

Sclarea orientalis, verbasci folio, flore partim albo partim flavescente. *Tourn. Cor.* 10.

Αιθιοπις in Idâ nascens *Dioscoridis? Sibth.*

In monte Parnasso. ♂.

Radix biennis. *Caulis* erectus, bipedalis, tetragonus, sulcatus, pilosus, foliosus, apice paniculato-ramosissimus. *Folia* petiolata, oblonga, obtusiuscula, duplicato-crenata, rugosa, venosa, utrinque lanata; superiora subsessilia, basique cordata. *Petioli* lanati. *Verticilli* parùm remoti, numerosi, subsexflori, quorum tres vel quatuor superiores omninò steriles sunt, aut gemmis florum abortivis tantùm constant. *Bracteæ* vix calyci æquales, cordatæ, acuminatæ, integerrimæ, hirtæ. *Flores* breviùs pedicellati, secundi, magni, formosi, albi. *Calyx* tubulosus, quinqueden-tatus, aristatus, pilosus, viscidus, dentibus vix fastigiatis. *Corolla* calyce triplò longior, palato fulvo. *Stamina* alba, appendicibus retusis, compressis.

a, a. Corolla cum staminibus.	*c.* Calyx fructûs.
b. Calyx atque pistillum.	*d, d.* Semina.

MORINA.

Linn. G. Pl. 18.   *Juss. 194.*

Corolla inæqualis.   *Calyx fructus* monophyllus, dentatus, inæqualis: *floris* bifidus.   *Semen* unicum, calyce floris coronatum.

TABULA 28.

MORINA PERSICA.

Mᴏʀɪɴᴀ persica. *Linn. Sp. Pl.* 39.

M. orientalis, carlinæ folio. *Tourn. Cor.* 48.   *It. v.* 2. 120. *cum icone.*

In montibus Parnasso et Cylleni, ad campos elatos fertiliores, Augusto florens. *D. Hawkins.* ♃.

Salvia argentea.

Morina persica.

Radix fusiformis, lignosa, fusca. *Caulis* erectus, tripedalis, strictus, simplicissimus, foliosus, teretiusculus, sulcatus, pubescens; intùs spongiosus, cavus. *Folia* lineari-oblonga, acuta, pinnatifida, utrinque glabra, quandoque subtùs pubescentia, lobis palmato-spinosis; spinis subulatis, inæqualibus, flavescentibus, divaricatis: radicalia plurima, erecta, basi attenuata et subpetiolata: caulina verticillata, quaterna, sessilia; floralia abbreviata, patentissima, densiùs villosa, multinervia, basi dilatata. *Verticilli* ex axillis foliorum superiorum, numerosissimi, multiflori. *Flores* pedicellati, erecti, longitudine ferè internodiorum, suaveolentes, elegantes, albi, demùm rosei. *Pedicelli* hirti, uniflori. *Calyx* duplex: *exterior* inferus, campanulatus, hirtus, margine multispinosus, spinis inæqualibus, rectis, duabus maximis oppositis: *interior* superus, bilabiatus; basi hirtus; labiis oblongis, retusis, plerumque emarginatis, reticulato-venosis, glabratis, subscariosis, patulis; hæc labia lateralia sunt, seu spinis duabus majoribus calycis exterioris, ut et labiis corollæ, contraria. *Corolla* calyce triplò ferè longior, monopetala, ringens: tubus infundibuliformis, gracilis, hirtus: labium superius erectum, obcordatum; inferius trilobum, lobis æqualibus, rotundatis, integerrimis; fauce hiante, nudâ. *Stamina* labio superiore duplò breviora, basique ejus inserta, filiformia, pilosa. *Antheræ* subrotundæ. *Germen* calyce interiore coronatum, ellipticum, hirtum. *Stylus* filiformis, longitudine ferè corollæ, glaber. *Stigma* capitatum. *Semen* unicum, magnum, obovatum, *Pini Pineæ* simile, avibus aut insectis citò devoratum, monente D. Hawkins.

    a. Flos seorsìm.   *c.* Pistillum.

    b. Calyx interior, cum corollâ et staminibus.   *d.* Calyx exterior.

TRIANDRIA MONOGYNIA.

VALERIANA.

Linn. G. Pl. 22.   *Juss.* 195.   *Gœrtn. t.* 86.

Fedia.   *Gœrtn. t.* 86.

Calyx obsoletus.   *Corolla* monopetala, supera, basi hinc gibba.   *Fructus* coronatus.

TABULA 29.

VALERIANA ANGUSTIFOLIA.

VALERIANA floribus monandris caudatis, foliis lineari-lanceolatis obtusiusculis integerrimis.

V. angustifolia.   *Willden. Sp. Pl. v.* 1. 175.   *Mill. Dict. n.* 4.   *Allion. Ped. v.* 1. 1.

V. rubra β.   *Linn. Sp. Pl.* 44.

V. monandra.   *Villars. Dauph. v.* 2. 280.

V. rubra angustifolia.   *Bauh. Pin.* 165.   *Tourn. Inst.* 131.

In montibus elatioribus circa Athenas. ♃.

Radix lignosa, ramosa.   *Caules* erecti, pedales, brachiato-ramosi, foliosi, teretes, glaberrimi uti tota planta.   *Folia* opposita, breviùs petiolata, patentia, lineari-lanceolata, quandoque linearia et angustissima, obtusiuscula, integerrima, undique lævia, venosa, venis rectis, parallelis.   *Petioli* carinati, alati, basi dilatati atque connati.   *Stipulæ* nullæ.   *Cymæ* terminales, trichotomæ, multifloræ.   *Bracteæ* subulatæ.   *Flores* erecti, fastigiati, rosei.   *Calyx* nullus.   *Corolla* gracilis ; limbo quinquefido, inæquali, ringente ; calcari subulato, postico.   *Stamen* unicum, exsertum, longitudine limbi.   *Anthera* albida.   *Germen* ellipticum, apice marginatum.   *Stylus* filiformis, longitudine staminis.   *Stigma* simplex.   *Semen* ovatum, nudum, læve, pappo involuto, radiato, coronatum.

Foliis angustioribus, minùsque acuminatis, a *V. rubrá* vulgari differt, et distincta species mihi videtur.

a. Flos integer.   *A.* Idem duplò auctus.

TABULA 30.

VALERIANA CALCITRAPA.

VALERIANA floribus monandris subcalcaratis, foliis omnibus pinnatifidis sessilibus.

V. calcitrapa.   *Linn. Sp. Pl.* 44.   *Desfont. Atlant. v.* 1. 28.

Valeriana angustifolia

Valeriana calcitrapa.

Valeriana rotundifolia.

Valeriana Cornucopiæ.

V. foliis calcitrapæ ; etiam V. lusitanica latifolia annua laciniata. *Tourn. Inst.* 132.
V. annua seu æstiva. *Clus. Hist. v.* 2. 54.

In arvis Argolicis. ☉.

Radix fibrosa. *Caulis* erectus, pedalis, strictus, plerumque simplex, teres, foliosus, glaber. *Folia* opposita, sessilia, lyrato-pinnatifida, latitudine varia, utrinque glabra. *Cyma* terminalis, trichotoma. *Bracteæ* subulatæ. *Flores* parvi, carnei. *Corollæ* tubus infundibuliformis, hinc gibbosus, sive brevissimè calcaratus ; limbus patens, laciniis rotundatis, inæqualibus. *Stamen* limbo brevius. *Anthera* cærulescens. *Stigma* obtusum, vix exsertum. *Semen* hinc convexum, læve, pappo radiato, plumoso, demùm evoluto, coronatum.

        a. Flos seorsìm.   *A.* Idem quintuplò ferè auctus.

TABULA 31.

VALERIANA ORBICULATA.

VALERIANA floribus monandris subcalcaratis, foliis inferioribus petiolatis cordato-orbiculatis denticulatis.

In monte Crucis insulæ Cypri. *D. Ferd. Bauer.* ☉.

Habitus præcedentis. *Radix* fibrosa. *Caulis* spithamæus, erectus, subinde ramosus, foliosus, teres, glaber, quandoque rubro maculatus. *Folia* glaberrima, subcarnosa ; inferiora petiolata, orbiculata, vel subcordata, denticulata, indivisa ; superiora sessilia, oblonga, basi pinnatifida. *Cyma* terminalis, trichotoma. *Bracteæ* subulatæ. *Flores* parvi. *Corollæ* tubus albus, brevissimè calcaratus ; limbus inæqualitèr quinquelobus, ruber. *Stamen* longitudine circitèr limbi. *Anthera* purpurascens. *Stylus* exsertus. *Stigma* simplex. *Semen* extùs convexum, læve ; intùs concavum, sulcatum. *Pappus* radiatus, plumosus.

    A. Flos quintuplò auctus.   *c.* Idem cum pappo.
    b. Semen e latere interiori.   *C.* Semen pappo coronatum, quadruplò auctum.

TABULA 32.

VALERIANA CORNUCOPIÆ.

VALERIANA floribus diandris ringentibus, foliis ovato-oblongis basi dentatis.
V. Cornucopiæ. *Linn. Sp. Pl.* 44. *Desfont. Atlant. v.* 1. 29.
V. indica. *Clus. Hist. v.* 2. 54.
Valerianella cornucopioides, flore galeato. *Tourn. Inst.* 133.
V. cornucopioides. *Rivin. Monop. Irr. t.* 5.

In arvis circa Byzantium.

Icon e plantâ Siciliæ lectâ. *D. Ferd. Bauer.* ☉.

Radix fusiformis. *Caulis* ramosissimus, patens, teres, glaber, carnosus, foliosus. *Folia* opposita, subcarnosa, lævia, ovato-oblonga, obtusa, basi imprimis dentata; inferiora petiolata; superiora subsessilia, basi angustata. *Cymæ* terminales, subtrichotomæ. *Pedunculi* incrassati, carnosi. *Bracteæ* imbricatæ, lanceolatæ, ciliatæ. *Flores* erecti, rosei. *Calyx* superus, bipartitus; laciniis patentibus, ovatis, acutis, persistentibus. *Corollæ* tubus gracilis, geniculatus, subtùs brevissimè calcaratus; limbus bilabiatus, quinquefidus, labio inferiore basi pallido, trilineato. *Stamina* duo, erecta, exserta, longitudine ferè limbi. *Antheræ* cæruleæ. *Stylus* longitudine staminum. *Stigma* bifidum. *Capsula* elliptica, ventricosa, trilocularis, calyce coronata. *Semina* solitaria, oblonga.

   A. Flos triplò auctus.   *B.* Fructus haud maturus, parùm auctus.

TABULA 33.

VALERIANA DIOSCORIDIS.

VALERIANA floribus triandris, foliis omnibus pinnatis: radicalium foliolis ovatis dentato-repandis, radice tuberosâ.

Φου *Dioscoridis. Sibth.*

Prope Limyrum fluvium Lyciæ. *D. Hawkins.* ♃.

Radix e tuberibus pluribus, carnosis, fusiformibus, odore aromatico, piperato, ferè *Valerianæ officinalis* nostratis, at minùs ingrato. *Herba* glabra. *Caulis* erectus, annuus, bipedalis, simplex, foliosus, teres, fistulosus. *Folia* radicalia plurima, petiolata, lyrato-pinnata, pinnis oppositis, sessilibus, ovatis, dentato-repandis, venosis, impari maximâ; caulina opposita, pauca, sessilia, pinnata, pinnis subæqualibus, lanceolatis, inæqualitèr dentatis. *Cyma* terminalis, trichotoma, multiflora, thyrsoidea. *Bracteæ* lanceolatæ, acuminatæ. *Flores* carnei. *Corolla* infundibuliformis, ecalcarata, limbo ferè regulari. *Stamina* tria, æqualia. *Antheræ* luteolæ. *Stigma* simplex. *Semen* extùs carinatum, intùs tricostatum, subpubescens, pappo radiato, plumoso.

Hæc est verè Φου Dioscoridis, a nemine botanicorum recentiorum ante Sibthorp detecta, et cujus locum in officinis Europæis jampridèm usurpavit *Valeriana officinalis* Linnæi.

  a. Flos seorsìm.

  B. Corolla ad perpendiculum secta et expansa, lente aucta, cum staminibus.

  C. Germen auctum, cùm stylo.

  d. Semen cum pappo magnitudine naturali.

Valeriana Dioscoridis.

Valeriana vesicaria.

Crocus aureus.

TABULA 34.

VALERIANA VESICARIA.

VALERIANA floribus triandris, caule dichotomo, foliis lanceolatis dentatis, calycibus fructûs inflatis.

V. vesicaria. *Willden. Sp. Pl. v.* 1. 183.

V. Locusta β. *Linn. Sp. Pl.* 47.

Valerianella cretica, fructu vesicario. *Tourn. Cor.* 6.

In Cretæ arvis. ☉.

Radix elongata, subfusiformis. *Caules* plures, dichotomi, ramosissimi, patentes, foliosi, teretes, glabri, fistulosi. *Folia* opposita, sessilia, lanceolata sive oblonga, plùs minùs dentata, glabra; summa basi auriculata. *Capitula* terminalia, pedunculata. *Bracteæ* universales geminæ, lineares; partiales imbricatæ, ovatæ, membranaceæ, pubescentes, basin calycis obvolventes. *Calyx* cyathiformis, nervosus, quinque-dentatus, pubescens, demùm ampliatus, ventricosus, scariosus, persistens. *Corolla* dilutè carnea, tubo brevissimo, limbo ferè regulari. *Stamina* tria, exserta, pallida. *Stigma* obtusum. *Capsula* bi- sive trilocularis, in fundo calycis.

    a. Flos bracteis suffultus.   *B, B.* Idem auctus.   *c, c.* Fructus magnitudine naturali.

CROCUS.

Linn. G. Pl. 25.   *Juss.* 59.

Corolla sexpartita, æqualis, supera; tubo longissimo. *Stigma* tripartitum, convolutum, erosum. *Spatha* univalvis, radicalis.

TABULA 35.

CROCUS AUREUS.

CROCUS stigmate incluso trifido: lobis sublinearibus denticulatis, radicum tunicâ membranaceâ.

C. vernus Mæsiacus primus. *Clus. Pannon.* 228.   *Salisb. in Annals of Bot. v.* 1. 122.

C. vernus latifolius aureus. *Tourn. Inst.* 352?

In arenosis argillâ substratis prope Sestum, Martio florens. ♃.

VOL. I.   H

Radix bulbosa, solida, fusca, depressa, suprà sobolifera, basi fibras exserens, tunicis pluribus, membranaceis, enervibus, spadiceis, nitidis, demùm longitudinaliter multifidis ac fibrillosis, vestita. *Folia* radicalia, 3—6, erecta, linearia, revoluta, glabra, saturatè viridia, nervo pallido, squamis tribus vaginantibus fuscis, etiam radicalibus, obvoluta. *Flores* radicales. *Spatha* monophylla, acuta, pallidè fusca, tubo subæqualis. *Corollæ* tubus filiformis, luteolus; limbi laciniæ saturatè aureæ, ellipticæ, concavæ, subæquales, patentes. *Stamina* corollâ breviora, inclusa, tubo inserta. *Antheræ* ochroleucæ. *Stylus* filiformis, staminibus parùm brevior. *Stigma* inclusum, fulvum, laciniis æqualibus, linearibus, apice subdilatatis, denticulatis vel erosis.

A *Croco verno*, etiam a Croco flavo in hortis vulgari, differt tunicâ radicali membranaceâ, tenui, nequaquàm nervosâ, stigmatisque laciniis angustioribus, ac minùs cuneatis.

Anne in hortis nostris, cum speciebus pluribus aliis, sub nomine *Croci verni* vel *sativi*, confusa?

a, a. Corollæ laciniæ.	*c.* Stylus.
b. Tubi pars suprema, stamina gerens.	*d.* Laciniæ stigmatis.

IXIA.

Linn. G. Pl. 26.   *Juss.* 58.

Corolla sexpartita, æqualis, supera.   *Stigma* filiforme, trifidum.
Spatha bivalvis.

TABULA 36.

IXIA BULBOCODIUM.

Ixia scapo subunifloro brevissimo, foliis linearibus, laciniis stigmatis bipartitis.
I. Bulbocodium.   *Linn. Sp. Pl.* 51.   *Jacq. Ic. Rar. v.* 2. *t.* 271.   *Coll. v.* 3. 265.
Bulbocodium crocifolium, flore parvo violaceo.   *Tourn. Cor.* 50.
Sisyrinchium Theophrasti.   *Column. Ecphr.* 327.
Romulea.   *Maratt. Diss.* 13.
Κατζα *hodiè.*

In montibus maritimis insularum Archipelagi frequens. ♃.

Radix bulbosa, solida, subrotunda, basi sobolifera, tunicâ multiplici, lævi, apice multifidâ, vestita. *Folia* radicalia, arcuato-patentia, linearia, acuta, canaliculata; basi membranacea, vaginantia, squamâ brevi, scariosâ, solitariâ, obvoluta. *Scapus* solitarius, foliis brevior, filiformis, erectus, uni- aut biflorus, demùm arcuato-recurvus.

Ixia Bulbocodium.

Gladiolus communis.

Spatha diphylla, foliolis vaginantibus, alternis, concavis. *Corollæ* tubus brevissimus; limbi laciniæ patentissimæ, lanceolatæ, sive obovato-lanceolatæ, æquales, violaceæ; tres exteriores dorso sæpiùs virescentes. *Stamina* tubo inserta, limbo breviora, æqualia. *Antheræ* sagittatæ, flavæ. *Stylus* filiformis, longitudine ferè staminum. *Stigma* trifidum, laciniis bipartitis, obtusis, angustissimis. *Capsula* obovata, obtusa, trisulca, trilocularis. *Semina* plurima, globosa, nigra.

Sæpè invenitur floribus majoribus, albidis, luteo purpureoque variatis. Radix edulis.

    a. Flos infernè.   *b.* Spatha.   *c.* Germen.   *d.* Stamina.   *e.* Stigma.

GLADIOLUS.

Linn. G. Pl. 26. Juss. 58.

Corolla sexpartita, ringens, supera. *Stamina* adscendentia.

TABULA 37.

GLADIOLUS COMMUNIS.

Gᴌᴀᴅɪᴏʟᴜs foliis ensiformibus glabris, floribus distantibus secundis.

G. communis. *Linn. Sp. Pl.* 52. *Desfont. Atlant. v.* 1. 35.

G. floribus uno versu dispositis, major et procerior, flore purpuro-rubente. *Tourn. Inst.* 365.

Gladiolus. *Dod. Pempt.* 209. *Rivin. Monop. Irr. t.* 110.

Ξιφιον *Dioscoridis.*

Σπαθόχορτον *hodiè.*

Αγριόχορος *Zacynthiorum.*

In arvis insularum Græcarum, primo vere, vulgaris. ♃.

Radix bulbosa, solida, alba, farinacea, tunicâ duplicatâ, membranaceâ, subnervosâ. *Caulis* solitarius, erectus, bipedalis, simplex, foliosus, teres, flexuosus, glaber. *Folia* quatuor aut quinque, alterna, disticha, patentia, verticalia, ensiformia, nervosa, glabra, basi vaginantia. *Spica* terminalis, sex-decemflora, secunda, simplex, flexuosa. *Spatha* bivalvis; foliolis inæqualibus, vaginantibus, membranaceis, acuminatis, apice purpurascentibus. *Corolla* purpureo-rosea; tubo brevi; limbo infundibuliformi, ringente, laciniis obovatis, unguiculatis; tribus superioribus latioribus; inferioribus nervo albo, lanceolato, lineâ sanguineâ utrinque limitato, notatis. *Stamina* arcuato-adscendentia, corollâ breviora. *Antheræ* lineares, flavæ, basi bifidæ. *Germen* ellipticum, trisulcum, virens. *Stylus* filiformis, albus, staminibus longior. *Stigma* trifidum, roseum.

    a. Flos anticè, laciniis arte expansis, cum staminibus pistilloque.   *b.* Pistillum seorsìm.

TABULA 38.

GLADIOLI COMMUNIS VARIETAS.

Gʟᴀᴅɪᴏʟᴜꜱ triphyllus. *Sibth. MSS.*

In Cypri campestribus ad meridiem montis *Troodos* dicti, solo fertiliore. *D. Ferd. Bauer.* ♃.

Caulis spithamæus, subtriphyllus. *Spica* tri- vel quadriflora. *Corollæ* labium inferius albus, nec roseus. Varietas Gladioli communis, nequaquàm species distincta, mihi videtur.

     a. Flos arte expansus, cum staminibus atque pistillo in situ naturali.   *b.* Pistillum.

IRIS.

Linn. G. Pl. 27.   *Juss.* 57.   *Gærtn. t.* 13.

Corolla sexpartita, supera ; laciniis alternis reflexis. *Stigmata* petaliformia.

TABULA 39.

IRIS FLORENTINA.

Iʀɪꜱ corollis barbatis, caule foliis altiore subbifloro, floribus sessilibus.
I. florentina. *Linn. Sp. Pl.* 55.   *Redouté Liliac. v.* 1. *t.* 23.   *Desfont. Atlant. v.* 1. 36.
I. alba florentina. *Tourn. Inst.* 358.

In cœmeteriis neglectis rariùs. *D. Hawkins.* In insulâ Rhodo, et in Laconiâ. ♃.

Radix tuberosa, horizontalis, subarticulata, ramosa, depressa, exsiccatione odorem violæ spargens. *Caulis* erectus, simplex, nudiusculus, teres, plerumque biflorus. *Folia* omnia ferè radicalia, vaginantia, disticha, ensiformia, verticalia, nervosa, glaucescentia, apice incurva. *Flores* terminales, erecti, sessiles, suaveolentes. *Bracteæ* alternæ, monophyllæ, ventricosæ, nervosæ, margine scariosæ. *Corolla* cæruleo-albida, basi lutescens, atque purpureo variata, barbâ fulvâ : tubus germine sesqui-longior. *Stigma* corollâ concolor, laciniis apice bifidis, acutis, serratis.

     a. Lacinia corollæ exterior, cum barbâ.   *c.* Stamina tubo corollæ imposita, abscisso stigmate.
     b. Lacinia interior.   *d.* Germen tubo corollæ, stylum amplectente, coronatum.

Gladioli communis varietas

Iris florentina.

Iris germanica.

Iris tuberosa.

TABULA 40.

IRIS GERMANICA.

IRIS corollis barbatis, caule foliis altiore multifloro, floribus inferioribus pedunculatis.

I. germanica. *Linn. Sp. Pl.* 55. *Desfont. Atlant. v.* 1. 36.

I. vulgaris, germanica, sive sylvestris. *Tourn. Inst.* 358.

Ιρις *Dioscoridis.*

Κρίνος *hodiè.*

Susen *Turcorum.*

In Cretæ campestribus. In cœmetereis et ad pagos per totam Græciam frequens. ♃.

Radix tuberosa, horizontalis, depressa, inodora. *Caulis* præcedente altior, multiflorus. *Folia* ferè præcedentis, sed longiora, minùsque aliquantulùm glauca. *Flores* ferè inodori, inferiores pedunculati. *Corollæ* laciniæ exteriores violaceæ, basi lutescentes purpureo venosæ, barbâ fulvâ; interiores dilutè purpureæ: tubus vix germine longior. *Stigma* pallidè purpurascens, laciniis dentato-serratis.

  a. Corollæ lacinia exterior, cum barbâ.
  b. Germen tubo corollæ coronatum, cum staminibus styloque in situ naturali.

TABULA 41.

IRIS TUBEROSA.

IRIS corollâ imberbi ventricosâ: laciniis interioribus setaceis, foliis tetragonis.

I. tuberosa. *Linn. Sp. Pl.* 58. *Redouté Liliac. v.* 1. *t.* 48.

Hermodactylus folio quadrangulo. *Tourn. Cor.* 50.

Λογχιτις *Dioscoridis.*

In Arcadiâ, et in agro Eliensi. ♃.

Radix tuberosa, digitata, alba. *Caulis* erectus, pedalis, simplex, foliosus, uniflorus. *Folia* tetragona, acuta, lætè viridia; radicalia squamis radicalibus emarcidis obvoluta; caulina basi dilatata, ventricosa, amplexicaulia, alterna. *Bractea* lanceolata, ventricosa. *Flos* terminalis, erectiusculus, dilutè virens, ventricosus; laciniis corollæ exterioribus imberbibus, nigro-fuscis; interioribus minimis, setaceis, uncinatis, inclusis, flavescentibus: tubus filiformis, elongatus. *Stamina* lutea. *Stigma* luteo-virens, laciniis bifidis, repandis.

  a. Corollæ limbus expansus, e basi stamina gerens.
  b. b. Laciniæ interiores.   *c.* Stigma seorsim.

TABULA 42.

IRIS SISYRINCHIUM.

Iris corollis imberbibus, foliis linearibus canaliculatis reflexis.

I. Sisyrinchium. *Linn. Sp. Pl.* 59. *Redouté Liliac. v.* 1. *t.* 29. *Desfont. Atlant. v.* 1. 38.
Sisyrinchium majus, flore luteâ (vel albâ) maculâ notato. *Tourn. Inst.* 365.
Αγριοκρίνος *hodiè.*

In Laconiâ; et in Cypri, Cimoli et Zacynthi collibus maritimis. ♃.

Radix bulbosa, solida, farinosa, suprà sobolifera, tunicis nervosis, reticulatis. *Caulis*
    erectus, spithamæus, pauciflorus, teres, basi foliosus. *Folia* vaginantia, recurva,
    linearia, canaliculata, acuta, nervosa, subglauca. *Bracteæ* scariosæ, ventricosæ,
    acuminatæ. *Flores* erecti, cyanei; laciniis corollæ exterioribus deflexis, basi cæruleo-
    guttatis, atque maculâ latâ, albâ, vel lutescente, anticè notatis; interioribus erectis,
    obtusis, longitudine stigmatis, unicoloribus: tubus filiformis, longissimus. *Stamina*
    albida. *Stigma* cyaneum, laciniis angustatis, acutis, dentato-serratis.

        a, a. Corollæ laciniæ exteriores.
         b. Ejusdem lacinia interior.
         c. Stamina cum styli fragmento.
         d. Germen tubo coronatum, cum staminibus stylo, ad exortum stigmatis, adnatis.

SCHŒNUS.

Linn. G. Pl. 29.   *Juss.* 27.

Glumæ paleaceæ, congestæ; exteriores steriles. *Corolla* nulla. *Semen*
    unicum, subrotundum, inter glumas.

TABULA 43.

SCHŒNUS MUCRONATUS.

Schœnus culmo tereti nudo, spiculis ovatis fasciculatis, involucro triphyllo, foliis cana-
    liculatis recurvis.

S. mucronatus. *Linn. Sp. Pl.* 63.   *Syst. Veg. ed.* 13. 81.   *Willden. Sp. Pl. v.* 1. 259.
    Desfont. Atlant. v. 1. 41.
Cyperus ægyptiacus. *Gloxin. Obs. Bot.* 20. *t.* 3.

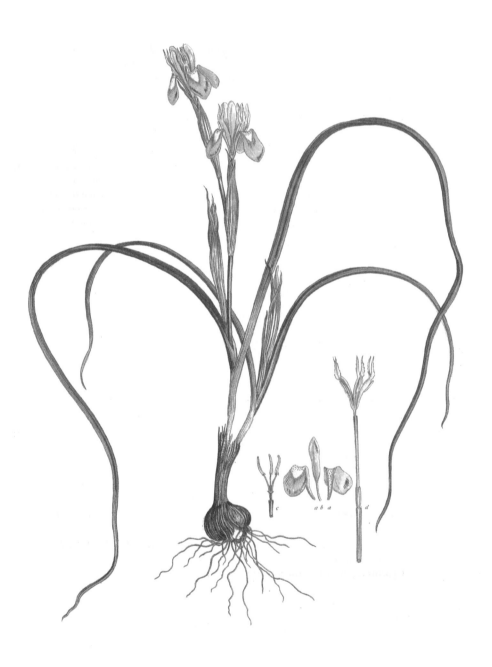

Iris Sisyrinchium

Schœnus mucronatus.

44

Cyperus comosus.

Scirpus maritimus, capite glomerato.   *Tourn. Inst.* 528.

Juncus maritimus.   *Lob. Ic.* 87.

In arenosis maritimis Cretæ et Messenæ. ♃.

Radix multiceps, repens, flagellis longissimis, teretibus, squamosis; radiculæ tomentosæ. *Culmi* solitarii, pedales, erecti, stricti, simplicissimi, nudi, teretes, glabri. *Folia* radicalia, plurima, vaginantia, longitudine ferè culmi, quandoque longiora, recurva, canaliculata, ecarinata, subpungentia, margine scabra. *Capitulum* terminale, hemisphæricum, e spiculis numerosis compositum. *Involucrum* universale triphyllum, recurvum, foliis conforme; adsunt frequentiùs inter spiculas foliola duo vel tria breviora. *Spiculæ* sessiles, congestæ, ovatæ, 6—8-floræ. *Glumæ* subdistichæ, ovatæ, carinatæ, acutæ, læves, scariosæ, sanguineo-fuscæ, carinâ viridi; binæ exteriores steriles, reliquis contrariæ, hinc ad Cyperos vix referri potest. *Stamina* tria, exserta. *Filamenta* nivea, complanata, flexuosa. *Antheræ* lineares, luteæ. *Germen* triquetrum. *Stylus* staminibus brevior. *Stigmata* tria, linearia, recurva, glabra. *Semen* obovato-triquetrum, fuscum, læve, imberbe.

> *a.* Spicula.
> *B.* Flosculus magnitudine auctus.
> *C.* Germen cum stylo et stigmatibus.
> *d, D.* Semen.

CYPERUS.

Linn. G. Pl. 29.   *Juss.* 27.   *Gærtn. t.* 2.

Glumæ paleaceæ, distichè imbricatæ.   *Corolla* nulla.   *Semen* unicum, imberbe.

TABULA 44.

CYPERUS COMOSUS.

CYPERUS culmo triquetro nudo, umbellâ foliosâ, spiculis linearibus longissimis, tuberibus ovatis: zonis obsoletis.

In palustribus prope Patras.   *Sibth. in Herb. Banks.* ♃.

Radix repens, flagellis horizontalibus, filiformibus, desinentibus in tubera solitaria, erecta, ovata, obsoletè zonata, fibrillosa, dura, aromatica, odore *Cyperi longi* atque *rotundi*, neque mollia, lactiflua, dulcia, ut in *C. esculento*. *Culmi* solitarii, e tuberibus præcedentis anni, erecti, sesquipedales, simplices, triquetri, læves, basi foliosi. *Folia* vaginantia, erecta, linearia, carinata, undique lævia, vel apicem versùs margine tantùm scabriuscula, longitudine ferè culmi, apice laxè recurva. *Umbella* terminalis, erecta, supradecomposita, pedunculis filiformibus, lævibus, alternis, remotiusculis, basi spathaceis. *Involucrum* polyphyllum, foliis conforme, laxè patens, umbellâ longius. *Spiculæ* subalternæ, sessiles, erecto-patentes, sesquiunciales, lineares, graciles, compressæ, spadiceo-rutilantes, multifloræ. *Glumæ* distichæ, alternæ, ovatæ, acutæ, carinatæ, læves, enerves, carinâ viridi, margine angusto, scarioso, subundulato, virescente. *Stamina* exserta. *Antheræ* lineares, flavæ. *Germen* oblongum, triquetrum. *Stylus* longitudine staminum. *Stigmata* tria, elongata, capillaria, glabra, albida.

A. Flosculus seorsim, magnitudine sextuplò ferè auctus.

TABULA 45.

CYPERUS RADICOSUS.

Cyperus culmo triquetro nudo, umbellâ foliosâ, spiculis lanceolatis, foliis patentissimis rigidis recurvis.

In arenosis ad fluvium Ryndacum prope *Sousougherli*, quà via a Smyrnâ ad Bursam ducit; etiam in insulis Græciæ sed rariùs. ♃.

Radix repens, perpendicularis, subtuberosa, aromatica, radiculis villosis. *Culmi* solitarii, erecti, spithamæi, nudi, triquetri, læves. *Folia* radicalia, vaginantia, patentissima, arcuato-deflexa, rigida, longitudine culmi, linearia, acuta, carinata, margine scabriuscula. *Umbella* decomposita, quandoque supradecomposita, pedunculis obsoletè triquetris, glabris, apice flexuosis, basi spathaceis. *Involucrum* subtriphyllum, foliaceum, patentissimum, foliolis margine asperis, umbellâ duplò vel triplò longioribus. *Spiculæ* lanceolatæ, acutæ, semunciales, lineam ferè latæ, 10-aut 12-floræ, spadiceo-rufæ. *Glumæ* acutiusculæ, carinatæ, carinâ nervosâ, viridi, margine tenui, albido. *Antheræ* lutescentes, filamentis longiores. *Stigmata* tria, elongata, filiformia, glabra. *Semen* obovato-triquetrum.

A, A. Spiculæ triplò auctæ.
B. Flosculus seorsim longè magis auctus.

TABULA 46.

CYPERUS DIFFORMIS.

Cyperus digynus, culmo triquetro nudo, umbellâ foliosâ, spiculis linearibus arcuatis, glumis ventricosis retusis.

45

Cyperus radicosus.

Cyperus difformis

Cyperus flavescens.

C. difformis. *Linn. Sp. Pl.* 67. *Willden. Sp. Pl. v.* 1. 280.

C. ligularis. *Rottb. Gram.* 36. *t.* 9. *f.* 2.

Prope Patras. *Sibth. in Herb. Banks.* ♃ ?

Radix fibrosa, fortè perennis. *Culmi* cæspitosi, erecti, pedales et ultra, simplices, triquetri, læves, basi foliosi. *Folia* vaginantia, longitudine ferè culmi, erecta, linearia, acuta, carinata, undique lævia, apice laxè reflexa. *Umbella* terminalis, erecta, decomposita. *Involucrum* diphyllum, vel subtriphyllum, foliaceum, patentissimum; foliolis duobus longissimis, margine scabriusculis; tertio vix umbellâ longiore. *Spiculæ* numerosissimæ, parvæ, capitatæ, capitulis sessilibus vel pedunculatis, subglobosis, lineares, arcuato-adscendentes, obtusiusculæ, multifloræ, fusco-virescentes. *Glumæ* ventricosæ, carinatæ, binerves, retusæ cum mucronulo, extùs subrutilantes, margine æquali, integerrimo, pallido. *Stamina* parùm exserta. *Stylus* staminibus brevior. *Stigmata* duo, elongata, patentia, capillaria, glabra. *Semen* exiguum, triquetro-subrotundum.

<blockquote>
a, A. Spiculam exhibent, magnitudine naturali et auctâ.   *c, C.* Semen.

B. Flosculus, cum antheris et stigmatibus.
</blockquote>

TABULA 47.

CYPERUS FLAVESCENS.

CYPERUS digynus, culmo triquetro nudo, umbellâ triphyllâ, spiculis lanceolatis, seminibus obtusè triquetris sublenticularibus.

C. flavescens. *Linn. Sp. Pl.* 68. *Scop. Carn.* 41. *Desfont. Atlant. v.* 1. 46.

C. minimus, paniculâ sparsâ subflavescente. *Tourn. Inst.* 527.

In paludosis Asiæ minoris inter Smyrnam et Bursam. Etiam circa Byzantium, et in monte Athone. ♃.

Radix fibrosa, cæspitosa. *Culmi* plurimi, erecti, spithamæi aut subpedales, simplices, triquetri, glaberrimi, basi foliosi. *Folia* erecto-patentia, culmo breviora, linearia, carinata, lævia. *Umbella* terminalis, subdecomposita. *Involucrum* triphyllum, patens, umbellam longè superans, foliolis margine scabris. *Spiculæ* divaricato-patentes, haud unciales, lanceolatæ, obtusiusculæ, luteo-virentes, nitidæ. *Glumæ* ovatæ, compressiusculæ, obtusiusculæ, vix mucronulatæ, carinâ trinervi, margine dilatato, lævissimo, scarioso, enervi. *Filamenta* complanata, glumis parùm longiora. *Antheræ* breves. *Stylus* longitudine staminum. *Stigmata* duo, filiformia, glabra. *Semen* obtusè triquetrum, sæpiùs quasi lenticulare, rufescens, punctulato-scabrum.

<blockquote>
A. Spicula quadruplò aucta.   *b, B.* Flosculus.
</blockquote>

VOL. I.   K

TABULA 48.

CYPERUS FUSCUS.

CYPERUS trigynus, culmo triquetro nudo, umbellâ triphyllâ, spiculis linearibus, glumis
  lævibus, seminibus nitidis.

C. fuscus. *Linn. Sp. Pl.* 69. *Scop. Carn.* 41. *Fl. Dan. t.* 179. *Desfont. Atlant. v.* 1. 47.
  Leers. Herborn. 9. *t.* 1. *f.* 2.

C. minimus, paniculâ sparsâ nigricante. *Tourn. Inst.* 527.

C. longus minimus pulcher, paniculâ compressâ nigricante. *Moris. Hist. sect.* 8. *t.* 11.
  f. 38.

In depressis humidis frequens, inter Smyrnam et Bursam, et circa Byzantium. ♃.

Radix fibrosa, cæspitosa. *Culmi* plurimi, divaricato-patentes, et subinde prostrati, spithamæi, quandoque pedales, simplices, triquetri, glabri, basi foliosi. *Folia* patentia,
  culmis duplò breviora, lanceolata, acuta, plana, læviuscula. *Umbella* terminalis,
  decomposita. *Involucrum* triphyllum, foliaceum, patentissimum, scabriusculum.
  Spiculæ patentes, duplò quàm in præcedente minores, lineares, vel lineari-lanceolatæ, obtusiusculæ, atro-fuscæ, nitidæ. *Glumæ* ovatæ, compressæ, mucronulatæ,
  carinâ viridi, obsoletè trinervi, margine dilatato, lævissimo, atro-sanguineo, enervi.
  Stamina ut in priore. *Stylus* longitudine staminum. *Stigmata* tria, filiformia, glabra.
  Semen elongatum, acutè triquetrum, lateribus excavatis, album, nitidum, læve,
  utrinque acutum.

　　　　A. Spicula aucta.　　　　*b, B.* Flosculus.　　　　*C.* Semen.

TABULA 49.

CYPERUS MUCRONATUS.

CYPERUS digynus, culmo vaginato triquetro erecto, spiculis lateralibus subternis sessilibus, involucro monophyllo brevissimo.

C. mucronatus. *Willden, Sp. Pl. v.* 1. 273. *Rottb. Gram.* 19. *t.* 8. *f.* 4. *Vahl.*
  Symb. v. 1. 7.

C. lateralis. *Forsk. Descr.* 13. *Vahl. loc. cit.*

C. distachyos. *Allion. Auct.* 48. *t.* 2. *f.* 5. anne *Willden. Sp. Pl. v.* 1. 272?

C. junciformis. *Cavan. Ic. t.* 204. *f.* 1. *Desfont. Atlant. v.* 1. 42. *t.* 7. *f.* 1.

In palustribus limosis, Byzantii et Corinthi. *Sibth. in Herb. Banks.* ☉.

Cyperus fuscus.

C B A d D

Cyperus mucronatus.

Scirpus dichotomus.

Radix fibrosa, cæspitosa. *Culmi* plurimi, pedales, erecti, stricti, simplicissimi, triquetri, glaberrimi, apice mucronati, basi vaginati ac monophylli. *Vaginæ* cylindraceæ, retusæ, muticæ, striatæ. *Folia* solitaria, culmis breviora, erecta, triquetra, mucronata, lævia, basi vaginantia. *Spiculæ* laterales, ternæ, quaternæ, aut plures, sessiles, congestæ, adscendentes, lanceolatæ, obtusiusculæ, compressiusculæ, atro-fuscæ. *Involucrum* monophyllum, lineare, spiculis duplò brevius. *Glumæ* concavæ, ovatæ, læves, enerves, obtusæ, mucronulatæ, carinâ sulcatâ, virente. *Stamina* parùm exserta. *Stigmata* duo, filiformia, glabra. *Semen* lenticulare, pallidè fuscum, læve.

A. Spicula duplò aucta.	*C.* Pistillum seorsìm.
B. Flosculus sextuplò ferè auctus.	*d, D.* Semen.

SCIRPUS.

Linn. G. Pl. 30. Juss. 27. Gœrtn. t. 2.

Glumæ paleaceæ, undique imbricatæ. *Cor.* nulla. *Semen* unicum.

TABULA 50.

SCIRPUS DICHOTOMUS.

Scirpus monandrus, digynus, culmo triquetro nudo, umbellâ decompositâ dichotomâ, spicis ovatis, seminibus sulcatis.

S. dichotomus. *Linn. Sp. Pl. 74. Willden. Sp. Pl. v. 1. 303. Rottb. Gram. 57. t. 13. f. 1.*

In arenosis maritimis Thraciæ ad Pontum Euxinum propè *Fanar* et Cyaneas insulas. ⊙.

Radix fibrosa. *Culmi* plurimi, cæspitosi, divaricati, longitudine varii, plerumque spithamæi, simplicissimi, triquetri, striati, scabriusculi, basi foliosi. *Folia* vaginantia, erecto-patentia, culmis breviora, linearia, acuta, striata, margine spinulosa; vaginis extùs pubescentibus. *Umbella* terminalis, supradecomposita, dichotoma, patula, pedunculis angulatis, lævibus. *Involucrum* polyphyllum, foliaceum, patens, foliolis longitudine variis; *involucella* polyphylla, breviora, margine asperiora. *Spiculæ* vel terminales pedicellatæ, vel axillares sessiles, solitariæ, erectæ, ovatæ, multifloræ. *Glumæ* undique imbricatæ, eretcæ, ovatæ, scariosæ, læves, enerves, integerrimæ, fuscæ, mucronatæ, nervo prominente, viridi.   *Stamen* unicum, rariùs duo, longitudine glumarum. *Anthera* subsagittata, lutea. *Germen* obovatum. *Stylus* longitudine staminis. *Stigmata* duo, villosa.   *Semen* obovatum, gibbum, albidum, longitudinalitèr sulcatum, sulcis crenatis.

Cum *Scirpo autumnali*, ex Americâ, convenit formâ et magnitudine; differt tamen spiculis solitariis nec glomeratis, magìs ovatis, minùsque ferrugineis, stigmatibus binis nec ternis, seminibus pulcherrimè sulcatis, nec læviusculis.

A. Spiculæ auctæ.	*C.* Flosculus.
B. Foliolum involucelli.	*d, D.* Semen.

Cornucopiæ cucullatum.

TRIANDRIA DIGYNIA.

CORNUCOPIA.

Linn. G. Pl. 31.   *Juss.* 33.

Involucrum monophyllum, infundibuliforme, crenatum, multiflorum. *Calyx* bivalvis, uniflorus.   *Corolla* univalvis.

TABULA 51.

CORNUCOPIA CUCULLATA.

Cᴏʀɴᴜᴄᴏᴘɪᴀ cucullatum.   *Linn. Sp. Pl.* 79.   *Ait. Hort. Kew. v.* 3. 483.   *Smith. Spicil. t.* 14.   *Hasselquist. It.* 452.   *Voyage,* 242.

Gramen orientale vernum, in udis proveniens, capitulo reflexo, Sherardi.   *Scheuchz. Agr.* 117. *t.* 3. *f.* 1.

In insulâ Patmo. ☉.

Radix fibrosa, cæspitosa, annua.   *Culmi* plurimi, patuli, ramosi, geniculati, foliosi, teretes, glabri, striati, geniculis atropurpureis.   *Folia* vaginantia, alterna, patentia, lanceolata, acuta, glabra, striata, margine scabra; vagina ventricosa, striata, internodiis brevior.   *Stipula* vaginam coronans, brevis, obtusa, integra.   *Involucra* e vaginis foliorum supremorum, terna aut quaterna, conferta, tubulosa, teretia, gracilia, retrorsùm scabra, rigida, arcuata, demùm in spiram contorta, purpurascentia, apice ampliata, poculiformia, crenato-incisa, multiflora, persistentia.   *Flores* fasciculati, involucrum parùm excedentes, pedicellati, lanceolati, retusi, mutici, virides, apice purpurascentes.   *Glumæ* calycinæ æquales, compressæ, nervosæ, carinâ ciliatæ; corollina calycinis omninò similis, sed monophylla.   *Stamina* exserta.   *Filamenta* capillaria, alba.   *Antheræ* pendulæ, flavæ, lineares, utrinque bilobæ.   *Styli* staminibus duplò breviores, basi plùs minùs connati.   *Stigmata* linearia, acuta, plumosa.   *Semen* obovatum, acutum, hinc gibbosum, illinc excavatum, læve.

Dempto involucro Alopecurus est.

Gramen hocce pulcherrimum et maximè singulare apud Smyrnam primus legit celeberrimus Gulielmus Sherard, cujus ope in hortum Chelseanum illatum est, ubi in hunc diem viget. De ejus in solo natali inventu admodum soliciti fuerunt Hasselquist et Sibthorp, neque alterutrum spes fefellit.

Alterâ specie ad *Alopecurum utriculatum, tab.* 63, relatâ, differentia specifica supervacanea est.

a. Involucrum.

b. Idem floribus repletum.

c, C. Flos seorsìm, cum staminibus et stylis.

D. Pistillum.

e. Apex culmi, involucris et glumis persistentibus onustus, semina matura foventibus.

f. Glumæ clausæ.

g, G, G. Semen.

SACCHARUM.

Linn. G. Pl. 32. *Juss.* 30. *Gœrtn. t.* 82.

Calyx bivalvis, uniflorus, extùs lanugine longâ cinctus.

Cor. bivalvis, aut nulla.

TABULA 52.

SACCHARUM RAVENNÆ.

Saccharum paniculâ laxâ, pedicellis lanatis, calyce supernè denudato, corollâ aristatâ.
S. Ravennæ. *Linn. Syst. Veg. ed.* 13. 88. *Willden. Sp. Pl. v.* 1. 322. *Desfont. Atlant. v.* 1. 53.

Andropogon Ravennæ. *Linn. Sp. Pl.* 1481. *Mant.* 2. 500.

Gramen paniculatum arundinaceum ramosum, paniculâ densâ sericeâ. *Tourn. Inst.* 523.
G. arundinaceum plumosum album. *Bauh. Prodr.* 14. *Scheuchz. Agr.* 136. *t.* 3. *f.* 7. A,B.

Καλαμος συριγγιας. *Diosc. Sibth.*

Σαμάκι *hodiè.*

In Peloponneso copiosè. Ad littora Ponti Euxini propè *Fanar.* ♃.

Radix perennis. *Culmus* quadripedalis, erectus, simplex, foliosus, teres, glaber, minutè striatus, subindè purpurascens, intùs medullâ albâ farctus. *Folia* alterna, vaginantia, lineari-lanceolata, acuminata, longissima, patentia, nervosa, utrinque scabra, basi, ad stipulam, densè villosa, atque punctato-tuberculosa. *Vaginæ* inferiores extùs villosæ. *Panicula* terminalis, erecta, ampla, ramosissima, laxa, ramulis

Saccharum Ravennæ.

B   *a*.

Saccharum Teneriffæ.

angulatis, glabris, pedicellis sericeo-lanatis. *Flores* erecti, alterni. *Calyx* uniflorus; glumæ lanceolatæ, acuminatæ, extùs, ad basin præcipuè, villis albis, sericeis, simplicibus, propriæ longitudinis, vestitæ. *Corolla* bivalvis, calyci opposita; gluma interior lanceolata, acuminata, longitudine calycis; exterior ovata, brevior, aristà terminali, rectiusculâ, scabrâ, calyce duplò ferè longiori. *Filamenta* tria, capillaria. *Antheræ* exsertæ, nutantes, oblongæ, utrinque bilobæ, flavæ. *Germen* ellipticum. *Styli* staminibus duplò breviores. *Stigmata* plumosa, violacea. *Semen* nudum, liberum, flavescens.

    a. Flos expansus, cum staminibus et pistillo   *B.* Idem triplò auctus.
    in situ naturali.

TABULA 53.

SACCHARUM TENERIFFÆ.

SACCHARUM paniculâ patente flexuosâ, pedicellis glabris, calyce ovato undique piloso, corollâ subaristatâ.

S. Teneriffæ. *Linn. Suppl.* 106. *Willden. Sp. Pl. v.* 1. 320.

In montibus propè Messinam, Siciliæ, nec in Græciâ, legit Sibthorp. ♃.

Radix repens, lignosa, multiceps, glabra, fibris longissimis, simplicibus, crassis, tenacissimis. *Culmi* erecti, pedales, simplices, foliosi, teretes, lævissimi, basi subinde arcuato-decumbentes. *Folia* vaginantia, patentia, lineari-lanceolata, acuminata, involuta, rigidiuscula; suprà pubescentia; subtùs striata, ecarinata, sæpiùs glabra. *Stipulæ* multisetosæ. *Vaginæ* striatæ, parùm ventricosæ. *Panicula* terminalis, bi-aut tri-uncialis, erecta, ramosa, flexuosa, patens, frequentiùs purpurascens; pedunculi et pedicelli glabri. *Calyx* ovatus, acutus, albidus aut purpureus, pilis sericeis, albis, ipso calyce duplò longioribus, undique vestitus, uniflorus. *Corolla* bivalvis, calyci opposita; glumâ alterâ longitudine calycis, muticâ; alterâ triplò ferè breviori, retusâ, apice aristatâ, aristâ rectâ, calycem paululùm excedente. *Nectarium*? monophyllum, lanceolatum, corollâ brevius. *Filamenta* tria, capillaria. *Antheræ* fulvæ, exsertæ, lineares, versatiles, utrinque bilobæ. *Germen* ellipticum, nitidissimum. *Styli* brevissimi. *Stigmata* plumosa, lutescentia.

Exemplaria Linnæana in Supplemento descripta vix discrepant, nisi corollâ muticâ.

    A. Flos magnitudine auctus.   *B.* Germen cum stylis.

TABULA 54.

SACCHARUM CYLINDRICUM.

SACCHARUM paniculâ spicatâ cylindraceâ, pedicellis glabris, calyce lanceolato undique piloso, corollâ muticâ.

S. cylindricum. *Lamarck. Encycl. v.* 1. 594. *Willden. Sp. Pl. v.* 1. 323. *Desfont. Atlant. v.* 1. 54.

Lagurus cylindricus. *Linn. Sp. Pl.* 120.

Gramen tomentosum spicatum. *Tourn. Inst.* 518.

G. tomentosum creticum spicatum, spicâ purpureâ. *Scheuchz. Agr.* 57. *Tourn. Cor.* 39.

G. pratense alopecurum, sericeâ paniculâ. *Barrel. Ic. t.* 11.

In udis circa Athenas, et in agro Eliensi. ♃.

Radix . . . *Culmi* cæspitosi, erecti, stricti, bi- seu tri-pedales, simplices, foliosi, teretes, glabri. *Folia* vaginantia, stricta, linearia, acuminata, canaliculata, obtusè carinata, margine scabriuscula, exsiccatione involuta. *Vaginæ* longissimæ, strictæ. *Stipulæ* multisetosæ. *Panicula* terminalis, erecta, stricta, cylindracea, obtusa, densa, multiflora, sericeo-alba, nitida, lobata. *Pedunculi* et *pedicelli* breves, glabri. *Calyx* lanceolatus, pilis longis, sericeis, undique vestitus. *Glumæ corollinæ* calyce parùm breviores, subæquales, oblongæ, membranaceæ, albæ, muticæ. *Stamina* duo (tria ex errore, ut videtur, depinxit Bauer) capillaria. *Antheræ* oblongæ, sagittatæ, fulvæ. *Germen* ellipticum, nitidum. *Styli* brevissimi. *Stigmata* gracilia, plumosa, alba. *Semen* oblongum, hinc gibbum, nudum, læve.

     a. Paniculæ ramus.   *B.* Flos auctus.   *c, C.* Semen.

PHALARIS.

Linn. G. Pl. 32.   *Juss.* 29.   *Gœrtn. t.* 80.

Calyx bivalvis, carinatus, longitudine æqualis, uniflorus,

corollam includens.

TABULA 55.

PHALARIS CANARIENSIS.

PHALARIS paniculâ ovatâ spiciformi, glumis calycinis navicularibus, corollâ quadrivalvi, radice fibrosâ.

Saccharum cylindricum.

Phalaris canariensis.

Phalaris nodosa.

Ph. canariensis. *Linn. Sp. Pl.* 79. *Fl. Brit.* 62. *Engl. Bot. v.* 19. 1310. *Schreb. Gram.* 83. *t.* 10. *f.* 2. *Leers. Herborn.* 18. *t.* 7. *f.* 3 +. *Desfont. Atlant. v.* 1. 55.

Ph. major, semine albo. *Bauh. Pin.* 28. *Scheuchz. Agrost.* 52. *Moris. Hist. sect.* 8. *t.* 3. *f.* 1.

Gramen spicatum, semine miliaceo albo. *Tourn. Inst.* 518.

Φαλαϱις *Dioscoridis.*

Καϰέλοχοϱτον *hodiè.*

Καϰέλη *Zacynthiorum.*

In arvis Græciæ frequens. ☉.

Radix annua, fibrosa, albida. *Culmi* plures, erecti, sesquipedales aut bipedales, geniculati, foliosi, teretes, striati, glabri, geniculis fuscescentibus. *Folia* vaginantia, patentia, lanceolata, acuta, molliuscula, subtùs scabriuscula; vaginis plùs minùs inflatis, nervosis, asperiusculis, apice constrictis. *Stipula* obtusa, sæpiùs lacera. *Panicula* terminalis, erecta, uncialis, ovata, ramosa, densa, omninò spiciformis, multiflora. *Pedicelli* hispidiusculi. *Calyx* corollam includens, obovatus, compressus, albidus, viridi vittatus, subindè pilosus, glumis navicularibus, latè carinatis, carinâ minutè ac brevissimè ciliatâ, sæpiùs integrâ, quandoque, ut in icone videri est, unidentatâ. *Corolla* exterior e glumis duabus minutis, calyci oppositis, et basi ejus omninò celatis, lanceolatis, carinatis, dorso glabratis; interior duplò longior, at calyce duplò ferè brevior, bivalvis, valvulâ exteriori ovatâ, compressâ, sericeo-villosâ, alteram interiorem, glabram, parùm breviorem, arctè amplectente. *Stamina* exserta, capillaria. *Antheræ* luteæ, oblongæ, bilobæ. *Styli* glabri. *Stigmata* cylindracea, plumosa, alba. *Semen* ovatum, compressum, nitidum, plerumque albidum.

a, A. Florem sistit, cum valvis calycinis arte aliquantulùm expansis.

TABULA 56.

PHALARIS NODOSA.

Pʜᴀʟᴀʀɪs paniculâ lanceolatâ spiciformi, glumis calycinis navicularibus, corollâ trivalvi, culmis basi bulbosis.

Ph. nodosa. *Linn. Syst. Veg. ed.* 13. 88. *ed.* 14. 104. *Willden. Sp. Pl. v.* 1. 327.

Ph. tuberosa. *Linn. Mant.* 2. 557.

Ph. bulbosa. *Cavan. Ic. v.* 1. 46. *t.* 64.

Ph. bulbosa, albo semine. *Scheuchz. Agr.* 53. *t.* 2. *f.* 3. F.

Ph. perennis minor radice nodosâ. *Moris. Hist. v.* 3. 187.

Ad agrorum margines in insulis Græciæ. ♃.

Radix perennis, fibrosa, fibris villosis. *Culmi* plurimi, pedales aut sesquipedales, adscendentes, foliosi, teretes, glabri, striati, geniculati; basi decumbentes, crebriùs
articulati, atque bulbosi, bulbis vaginis foliorum persistentibus tectis. *Folia* patentia, linearia, plana, acuta, margine præcipuè scabriuscula; vaginis strictis. *Stipula* oblonga, obtusiuscula, tenuissima. *Panicula* lanceolato-oblonga, uncialis vel sesquiuncialis, densa, multiflora. *Pedicelli* basi hispidi, apice glabrati. *Calyx* ovatus, compressus, albus, viridi vittatus, glaber, glumis navicularibus, carinâ integrâ,
scabriusculâ. *Corolla* exterior e glumâ solitariâ, lanceolatâ, erectâ, villosâ; interior longior, et calyci ferè æqualis, bivalvis, valvulâ exteriore ovatâ, acutâ, compressâ, sericeo-villosâ, alteram interiorem, minorem, glabram, nitidissimam, arctè
amplectente. *Stamina* et *styli* ferè prioris. *Semen* parvum, nitidum, albidum.

a, A. Florem sistit cum calyce arte expanso, unde flosculus in conspectum venit. Notandum est
quod valvula solitaria lanceolata corollæ exterioris proportione nimis amplâ, respectu partium reli-
quarum, delineata est.

TABULA 57.

PHALARIS AQUATICA.

Phalaris paniculâ cylindraceâ spiciformi, glumis calycinis navicularibus, corollâ trivalvi, radice nodosâ repente.

Ph. aquatica. *Linn. Sp. Pl.* 79. *Soland. in Ait. Hort. Kew. v.* 1. 86. *Willden. Sp. Pl.*
v. 1. 326. *Desfont. Atlant. v.* 1. 56.

Ph. perennis major, radice nodosâ. *Moris. Hist. v.* 3. 187.

Gramen spicatum perenne, semine miliaceo, tuberosâ radice. *Tourn. Inst.* 519.

G. typhinum phalaroides majus bulbosum aquaticum. *Barrel. Ic. t.* 700. *f.* 1.

In aquosis Asiæ minoris. ♃.

Radix perennis, repens, ramosa, nodoso-articulata, fibris villosis. *Culmi* erecti, stricti,
quadri- aut quinque-pedales, foliosi, teretes, glabri, basi geniculati. *Folia* lanceolata, acuta, arundinacea, subglauca, utrinque scabra, vaginis elongatis, strictis.
Stipula oblonga, obtusa, frequentiùs lacera. *Panicula* cylindracea, obtusiuscula,
3—5-uncialis, densa, lobata, pedicellis basi hispidiusculis. *Calyx* ovato-lanceola-
tus, acutus, compressus, albo viridique varius, glaber, glumis navicularibus, carinâ
sursùm dilatatâ, subindè denticulatâ. *Corolla* exterior e glumâ solitariâ, exiguâ,
calyce tectâ, lanceolatâ, adpressâ, villosâ: interior calyce dimidio ferè brevior, bivalvis; valvulâ exteriore ovatâ, compressâ, sericeo-villosâ, basin versùs utrinque glabratâ et quasi detritâ; interiore parùm minore, extùs sericeo-villosâ, margine at-
tenuatâ et glabratâ. *Stamina* et *styli* præcedentium. *Semen* parvum.

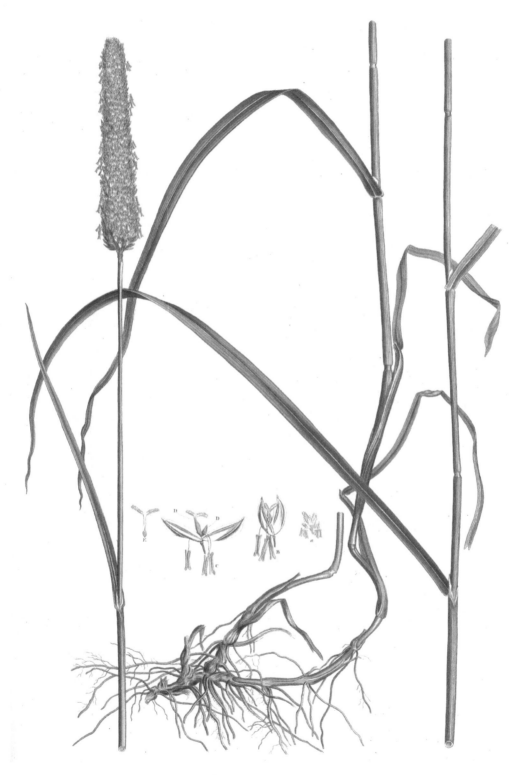

Phalaris aqualica.

Phalaris paradoxa.

Huic vix congruit *Phalaris minor* Retzii, *Obs. Bot. pars* 3. 8, cui radicem annuam et fibrosam tribuit celeberrimus iste auctor, cujusque descriptio ad *Phalaridem bulbosam* Herb. Linn., radice bulbosâ proculdubiò destitutam, spectare videtur.

a. Paniculæ ramulus.

B. Flos magnitudine auctus.

C. Idem, calyce arte expanso.

D, D. Corolla interior.

E. Germen cum stylis.

TABULA 58.

PHALARIS PARADOXA.

Phalaris paniculâ cylindraceâ obtusâ spiciformi, glumis calycinis unidentatis aristatis, floribus inferioribus præmorsis abortivis.

Ph. paradoxa. *Linn. Sp. Pl.* 1665. *Soland. in Ait. Hort. Kew. v.* 1. 86. *Willden. Sp. Pl. v.* 1. 329. *Linn. fil. Dec.* 2. 35. *t.* 18. *Schreb. Gram.* 93. *t.* 12. *Desfont. Atlant. v.* 1. 56.

Gramen phalaroides lusitanicum. *Moris. Hist. sect.* 8. *t.* 3. *f.* 6.

G. phalaroides, spicâ brevi reclinatâ, ex utriculis prodeunte. *Pluk. Phyt. t.* 33. *f.* 5.

G. spicatum perenne, semine miliaceo, radice repente. *Tourn. Inst.* 519. Ex auctoritate Cel. Desfontaines, at charactere minùs congruit.

Αληπανέρα *hodiè.*

In arvis Græciæ cum *Ph. canariensi* frequens. ☉.

Radix annua, fibrosa, cæspitosa, fibris tomentosis. *Culmi* plurimi, pedales, adscendentes, foliosi, geniculati, scabriusculi, " ante anthesin decumbentes," *Linn. Folia* linearia, acuta, glabra, læviuscula; vaginis inferioribus strictis; summâ dilatatâ, ventricosâ, paniculæ basin amplectente. *Stipula* oblonga, lacera. *Panicula* plerumque biuncialis, cylindracea, obtusa, densa, ramosissima, pedicellis basi barbatis. *Calyx* obovato-lanceolatus, scabriusculus, aristatus, apicem versùs dilatato-carinatus, unidentatus, quandoque bidentatus. *Aristæ* terminales, rectæ, scabræ, longitudine variæ. *Corolla* calyce duplò brevior, bivalvis, nitida, glabra, valvulis ovatis, compressis, muticis, inæqualibus. *Antheræ*, ut et *stigmata*, breviores quam in præcedentibus. *Semen* exiguum. *Flores* inferiores plerumque quasi truncati, et prorsùs abortivi sunt, unde paniculæ basis ab insectis erosa apparet; sed altero anno sata flores omnes fertiles et perfectos tulit, monente Linnæo in manuscriptis.

A *Phalaride utriculatâ* Linnæi toto cœlo diversa; confer *Tab.* 63.

a. Portio infima paniculæ.

B. Flos cum pedunculo proprio, glumis arte divaricatis.

C. Flores abortivi e basi paniculæ.

PANICUM.

Linn. G. Pl. 32. Juss. 29. *Gærtn. t.* 1.

Digitaria. *Juss.* 29.

Calyx trivalvis, uniflorus; valvulâ tertiâ minimâ. *Semen* corollâ persistente, cartilagineâ, corticatum.

TABULA 59.

PANICUM ERUCIFORME.

Panicum spicis alternis sessilibus secundis pilosis, valvulâ calycinâ tertiâ exiguâ acutiusculâ, culmo ramoso.

In arvis circa Junonis templum in insulâ Samo. ♃.

Radix fibrosa, perennis ex facie mihi videtur. *Culmi* plures, pedales aut sesquipedales, foliosi, geniculati, pilosi, basi ramosi, geniculis inferioribus radicantibus. *Folia*
vaginantia, alterna, patentissima, lanceolata, acuminata, subpungentia, nervosa,
utrinque pilosa, margine scabra. *Vaginæ* pilosæ, parum inflatæ, vix longitudine
foliorum. *Stipula* multisetosa. *Racemus* terminalis, erectus, strictus, e spicis sex
vel octo alternis, erectis, secundis, adpressis, pilosis, vix uncialibus, multifloris,
pallidè virentibus, compositus. *Rachis* generalis et partiales angulato-compressæ,
sulcàtæ, subflexuosæ, pilis adscendentibus hispidæ, parùm dilatatæ. *Flores* secundi, duplici serie imbricati, ovati. *Calyx* undique pilosus, nervosus; valvulis
duabus interioribus ellipticis, concavis, muticis, subæqualibus; exteriore minutis-
simâ, cordatâ, acutiusculâ, quandoque obsoletâ. *Corolla* univalvis, calyce minor.
Stamina capillaria, exserta. *Antheræ* breves, utrinque bilobæ, lobis divaricatis.
Germen ellipticum, nitidissimum, hinc convexum, illinc concavum. *Stigmata* sessilia, plumosa, fulva. *Semen* ellipticum, hinc excavatum.

Panico brizoidi proxima species, distincta tamen culmo ramoso, herbâ pilosâ, foliis
brevioribus et rigidioribus, calyce minùs ventricoso, valvulâ tertiâ longè minori.
A *P. fluitante, Willden. Sp. Pl. v.* 1. 338, differt pilositate, facie, gracilitate, rachi
non dilatatâ, minùsque flexuosâ, valvulâ tertiâ calycinâ minori et vix retusâ.

A, *A.* Spica magnitudine aucta.   c, C. Semen.
b, *B.* Flos seorsim, calyce expanso.

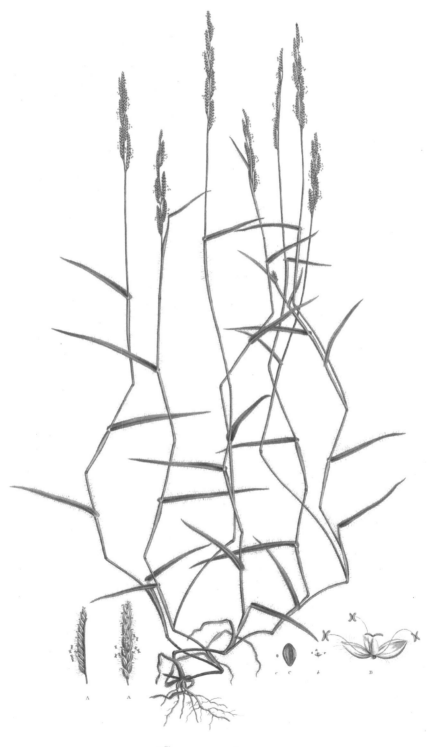

Panicum eruciforme.

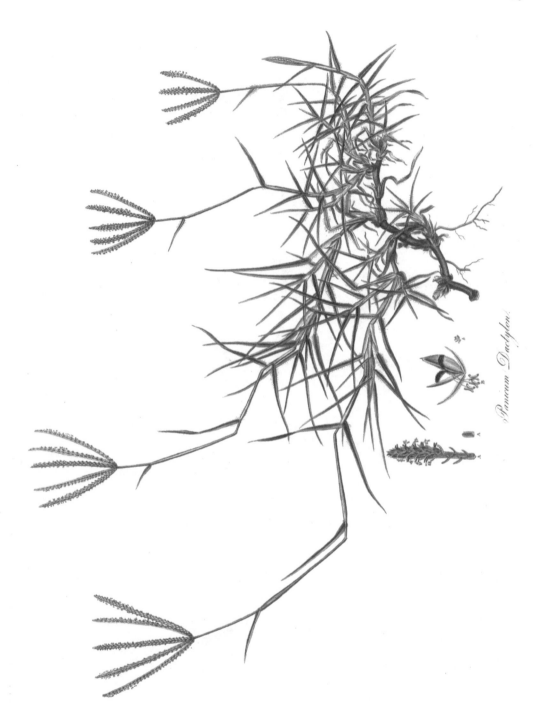

Panicum Dactylon.

Panicum repens.

TABULA 60.

PANICUM DACTYLON.

Panicum spicis digitatis basi interiore villosis, floribus solitariis, glumis calycinis æqualibus, sarmentis repentibus.

P. Dactylon. *Linn. Sp. Pl.* 85. *Willden. Sp. Pl. v.* 1. 342. *Fl. Brit.* 67. *Engl. Bot. v.* 12. *t.* 850.

Digitaria n. 1527. *Hall. Hist. v.* 2. 244.

Gramen dactylon, radice repente, sive officinarum. *Tourn. Inst.* 520. *Scheuchz. Agr.* 104. *t.* 2. *f.* 11, I.

G. dactylon, folio arundinaceo, majus et minus. *Bauh. Theatr.* 111—113. *Moris. Hist. sect.* 8. *t.* 3. *f.* 4.

G. legitimum. *Clus. Hist. v.* 2. 217.

Nejem el salib. *Alpin. Pl. Ægypt.* 121. *ic.* 122.

Αγρωϛις *Diosc.*

Αγριάδα *hodiè.*

In arenosis Græciæ vulgaris. ♃.

Radix perennis, sublignosa, rigida, geniculata, longè latèque repens, ramosissima, glabra, radiculis lævibus, sarmenta exserens longissima, prostrata, foliorum vaginis vestita. *Culmi* adscendentes, geniculati, simplices, foliosi, striati, glabri, longitudine varii. *Folia* linearia, acuta, subpungentia, patentia, hirta, siccitate involuta, dorso scabra; vaginis striatis, glabris. *Stipula* setosa. *Spicæ* plerumque quinæ, umbellatæ, erecto-patentes, ferè biunciales, purpurascentes, lineares, multifloræ, basi interiore vix manifestè pilosæ. *Rachis* flexuosa, triquetra, scabriuscula, haud alata. *Flores* imbricato-secundi, alterni. *Calyx* e glumis binis, lanceolatis, magnitudine æqualibus, membranaceis, carinatis, dorso scabris. *Corolla* ovata, nitida, sæpiùs colorata, calyci opposita, nec, ut mihi quondam visum est, contraria; cujus gluma exterior latissima, carinata, compressa, dorso scabra, apice mucronulata; interior magnitudine et forma calycis. *Antheræ* et *stigmata* purpureæ. *Semen* minutum.

A, A. Portio spicæ magnitudine aucta, cum rachi.   *b, B.* Flos.

TABULA 61.

PANICUM REPENS.

Panicum paniculà virgatà, foliis divaricatis, radice repente.

P. repens. *Linn. Sp. Pl.* 87. *Willden. Sp. Pl. v.* 1. 347. *Cavan. Ic. v.* 2. 6. *t.* 110. *Desfont. Atlant. v.* 1. 60.

VOL. I.   N

Milium angustifolium, paniculâ peramplâ sparsâ et erectâ. *Tourn. Cor.* 39.   Ex Desfont.

Ad ripas fluvii prope Plataniam in insulâ Cretâ, Junio florens. ♃.

Radix proculdubiò perennis, repens, geniculata, nodosa, ramosa, glabra, radiculis pubescentibus. *Culmi* pedales vel sesquipedales, erectiusculi, simplices, foliosi, multinodes, glabri. *Folia* lanceolata, acuta, plana, rigidula, longiùs vaginata; dorso lævia; margine scabra atque pilosa: inferiora breviora, divaricato-reflexa. *Panicula* erecta, ramosissima, coarctata; ramulis flexuosis, triquetris, scabris, ferè capillaribus. *Flores* solitarii, pedicellati, erecti, ovati, glabri. *Calyx* trivalvis, ventricosus, sulcatus; valvulâ exteriore minimâ. *Corolla* calyce minor, inclusa, valvulis concavis, muticis, interiore tenuissimâ. *Antheræ* fulvæ. *Stigmata* purpurea. *Semen* latè ellipticum, hinc excavatum.

A *Panico colorato, Linn. Mant.* 30. *Jacq. Ic. Rar. v.* 1. *t.* 12, cui floribus simillimum, differt paniculâ coarctatâ minùs capillari, tum radice reptanti nec fibrosâ.

     a, A. Flos.   *B.* Pistillum.   *c, C.* Semen.

PHLEUM.

Linn. G. Pl. 33.   *Juss.* 29.   *Gœrtn. t.* 1.

Calyx bivalvis, truncatus, acuminatus, uniflorus, corollam includens.

TABULA 62.

PHLEUM CRINITUM.

P̲h̲l̲e̲u̲m̲ paniculâ spicatâ, glumis linearibus hispidis aristatis basi subventricosis, aristis capillaceis longissimis.

Ph. crinitum. *Schreb. Gram.* 151. *t.* 20. *f.* 3. *Fl. Brit.* 71.

Agrostis panicea. *Soland. in Ait. Hort. Kew. v.* 1. 94. *Engl. Bot. v.* 24. *t.* 1704. *Willden. Sp. Pl. v.* 1. 363.

A. triaristata. *Knapp. Gram. Brit. t.* 23.

Polypogon monspeliense. *Desfont. Atlant. v.* 1. 67.

Phleum crinitum.

Alopecurus utriculatus

Alopecurus aristatus. *Huds. Angl.* 28.

A. monspeliensis et paniceus. *Linn. Sp. Pl.* 89, 90.

A. maxima anglica paludosa. *Moris. Hist. sect.* 8. *t.* 4. *ord.* 2. *f.* 3.

Panicum maritimum, spicâ longiore villosâ. *Tourn. Inst.* 515.

Gramen alopecurum majus, spicâ virescente divulsâ, pilis longioribus. *Scheuchz. Agr.* 155. *Barrel. Ic. t.* 115. *f.* 2.

G. alopecuroides anglo-britannicum maximum. *Bauh. Pin.* 4.

In udis circa Athenas. ⊙.

Radix fibrosa, parva, annua, radiculis subvillosis. *Culmi* numerosi, adscendentes, geniculati, teretes, læves atque glaberrimi, foliosi. *Folia* patentia, linearia, acuta, plana, striata, margine dorsoque scabriuscula, vaginis longitudine ferè internodiorum culmi, striatis, glabris. *Stipula* oblonga, nervosa, lacera, extùs scabra. *Panicula* erecta, oblonga, spiciformis, densa, multiflora, supradecomposita, spiculis lobatis, secundis. *Pedicelli* capillares, scabriusculi, alterni. *Flores* erecti, parvi, albidi. *Glumæ calycinæ* æquales, lineari-lanceolatæ, compressæ, hispidæ, dorso virides, basi albidæ et paululùm ventricosæ, apice scariosæ, niveæ, retusæ, fimbriatæ. *Arista* e dorso singularum glumarum, solitaria, divaricata, capillaris, scabra, glumis quintuplò longior. *Corolla* ovata, lævis, membranacea, bivalvis; valvulâ exteriore majore, apicem versùs breviùs aristatâ, alteram imberbem amplectente. *Stamina* albida. *Stigmata* plumosa, nivea. *Semen* ovatum, fuscum, nitidum.

Gramen ad *Agrostidem*, ni fallor, reducendum.

a. Spiculæ portio.	*b, B.* Semen.
A. Flos auctus, cum pedicello proprio.	

ALOPECURUS.

Linn. G. Pl. 33. *Juss.* 29. *Gærtn. t.* 1.

Calyx bivalvis, uniflorus. *Corolla* univalvis. *Stigmata* capillaria, pubescentia.

TABULA 63.

ALOPECURUS UTRICULATUS.

Alopecurus spicâ oblongâ, glumis calycinis navicularibus gibbosis mucronulatis dorso villosis aristâ corollinâ brevioribus.

Phalaris utriculata. *Linn. Sp. Pl.* 80. *Mant.* 2. 322. *Soland. in Ait. Hort. Kew.*
  v. 1. 86. *Willden. Sp. Pl. v.* 1. 329. *Sm. Tour, v.* 2. 293, *ed.* 2. 310. *Dicks.*
  Dr. Pl. 3. *Scop. Del. Insubr. v.* 1. 28. *t.* 12.

Gramen spicatum pratense, spicâ ex utriculo prodeunte. *Tourn. Inst.* 519.

G. phalaroides, spicâ ex squamis duriusculis aristatis congestâ. *Mont. Prod.* 47.
  f. 46.

G. pratense, spicâ purpureâ ex utriculo prodeunte. *Bauh. Pin.* 3. *Theatr.* 44.
  Scheuchz. Agr. 55. *t.* 2. *f.* 3, B, D, G, H. *Moris. Hist. v.* 3. 192. *sect.* 8. *t.* 4.
  f. 19.

G. pratense. *Dalech. Hist.* 425. *f.* 3.

G. spicam folio amplectens. *Bauh. Hist. v.* 2. 469, cum icone 463 sub *cap.* 68 : descriptione confusâ.

Αληπϑνέρα *hodiè.*

In graminosis et ruderatis Græciæ. ☉.

Radix annua, fibrosa. *Culmi* numerosi, pedales, adscendentes, geniculati, foliosi,
  glabri. *Folia* saturatè viridia, linearia, acuta, læviuscula; vaginis inferioribus
  parùm inflatis; supremâ maximâ, supernè dilatatâ, ventricosâ, nervosâ, sæpè purpurascente. *Stipula* brevis, obtusa. *Spica* solitaria, uncialis, ovato-oblonga, subsimplex, densa, multiflora, basi annulo cartilagineo, plùs minùs notabili, circum-
  vallata. *Flores* pedicellati. *Calyx* ovatus, compressus, medio constrictus, glumis
  acutis, muticis, gibboso-carinatis, nervosis, dorso villosis. *Corolla* univalvis, ovato-
  oblonga, obtusiuscula, nervosa, glabra. *Arista* e basi corollæ, calyce duplò plerumque longior, scabra. *Stamina* capillaria, glumis triplò ferè longiora. *Antheræ*
  lineares, purpureæ. *Germen* ovatum. *Styli* capillares. *Stigmata* capillaria, pubescentia, parùm exserta. *Semen* parvum, glumis calycinis induratis, incrassatis,
  nitidis tectum.

Hujus varietas est *Cornucopia alopecuroides* Linnæi, cui annulus cartilagineus ad basin
  spicæ in involucrum urceolatum, prout in *Cornucopiâ* verâ accidit, dilatatus est.
  Confer *Act. Soc. Linn. v.* 7. 245. *t.* 12. *f.* 1.

  a. Flos.

  A. Idem magnitudine auctus, glumis calycinis ultrà quod naturæ est expansis.

TABULA 64.

ALOPECURUS ANGUSTIFOLIUS.

Alopecurus spicâ ovatâ, glumis retusis mucronulatis villosis aristâ duplò brevioribus,
  foliis radicalibus angustissimis.

Phleum Gerardi. *Sibth. MSS. nec Allionii.*

In montis Olympi Bithyni summitate. ♃.

Alopecurus angustifolius.

Milium lendigerum.

Radix perennis, cæspitosa, radiculis elongatis, fuscis, subvillosis. *Culmi* numerosi, spithamæi, adscendentes, geniculati, foliosi, glabri. *Folia* saturatè viridia, linearia, acutiuscula: radicalia angustissima, canaliculata; subtùs lævia atque glaberrima; suprà sulcata, pubescentia: caulina latiora at brevissima, longissimè vaginata, vaginis striatis, glabris, sursùm inflatis. *Stipula* brevis, obtusa. *Spica* haud uncialis, ovata, densa, multiflora, basi annulo munita, ut in præcedente. *Flores* pedicellati. *Calyx* ovatus, compressus, purpurascens, undique villosus, glumis subretusis, breviùs mucronulatis, nervosis. *Corolla* univalvis, formâ omninò calycis at paulò minor, undique villosa. *Arista* e basi corollæ, subtortilis, glumis duplò longior, apice tantùm scabriuscula. *Stamina* longitudine glumarum. *Antheræ* oblongæ, luteæ. *Germen* ellipticum. *Styli* breves. *Stigmata* parùm exserta.

Phleum Gerardi Allionii, *Jacq. Ic. Rar. v. 2. t.* 301. *Willden. Sp. Pl. v.* 1. 355, quod, corollâ bivalvi quantumvis obstante, mihi nihilominùs *Alopecuri* species certo certiùs videtur, huic summoperè affine est. Differt tantùm radice tuberosâ, foliis omnibus latitudine æqualibus, planis, glaucescentibus, culmo supernè elongato, nudo, calyce longiùs acuminato, nequaquàm retuso, denique aristâ inclusâ, longitudine vix dimidii corollæ. *Alopecurus alpinus, Engl. Bot. v.* 16. *t.* 1126, discrepat glumis omnibus retusis apice muticis, aristâ corollinâ paululùm exsertâ, vaginisque foliorum caulinorum minùs inflatis. Ab utroque distinctus videtur *A. antarcticus* Vahlii, *Symb. v.* 2. 18.

    a. Flos.   *A.* Idem, glumis arte expansis, magnitudine auctus.

MILIUM.

Linn. G. Pl. 33.   *Juss.* 29.

Calyx bivalvis, uniflorus, tumidus.   *Semen* corollâ persistente, cartilagineâ, bivalvi, corticatum.

TABULA 65.

MILIUM LENDIGERUM.

Milium paniculâ coarctatâ subspicatâ, corollâ aristatâ fimbriatâ.

M. lendigerum. *Linn. Sp. Pl.* 91. *Willden. Sp. Pl. v.* 1. 359. *Fl. Brit.* 76. *Engl. Bot. v.* 16. *t.* 1107. *Schreb. Gram. v.* 2. 14. *t.* 23. *f.* 3. *Desfont. Atlant. v.* 1. 65.

Agrostis australis. *Linn. Mant.* 1. 30.

A. ventricosa. *Gouan. Hort.* 39. *t.* 1. *f.* 2.

A. rubra. *Huds. Angl. ed.* 1. 26.

Alopecurus ventricosus. *Huds. Angl. ed.* 2. 28.

Panicum serotinum arvense, spicâ pyramidatâ. *Tourn. Inst.* 515.

Gramen serotinum arvense, paniculâ contractâ pyramidali. *Scheuchz. Agr.* 148. *t.* 3. *f.* 11. C.

G. paniceum serotinum, spicâ laxâ pyramidali. *Moris. Hist. v.* 3. 189. *n.* 12. *Herb. Bobart.*

G. alopecuro accedens, ex culmi geniculis spicas cum petiolis longiusculis promens. *Pluk. Phyt. t.* 33. *f.* 6.

In Asiæ minoris arenosis maritimis. ☉.

Radix fibrosa, glabra. *Culmi* plures, subsimplices, pedales, erecti, geniculati, foliosi, læves. *Folia* lætè viridia, patentia, linearia, plana, acuta, utrinque scabra, vaginis elongatis, paululùm ventricosis. *Stipula* cylindracea, nervosa, lacera. *Panicula* erecta, palmaris, luteo-albida, lanceolata, coarctata, densa, multiflora, ramulis erectis, adpressis, subdivisis, scabris. *Flores* erecti, lanceolati, nitidi. *Calycis glumæ* parùm inæquales, lineari-lanceolatæ, acuminatæ, scariosæ, carinâ scabræ, basi demùm subventricosæ atque glabratæ. *Corolla* bivalvis, brevissima; valvula exterior retusa, fimbriata, sæpiùs aristata, aristâ dorsali, tortili, scabrâ, calycem superante; interior exigua, tenuissima, mutica. *Stamina* calyce breviora, alba. *Antheræ* lineares, breves. *Stigmata* plumosa, subsessilia. *Semen* ellipticum, compressum, fuscum, nitidum, corollâ induratâ vestitum.

    a. Paniculæ ramulus.   *B.* Flos magnitudine auctus, calyce expanso.

      C. Germen cum stigmatibus.

TABULA 66.

MILIUM ARUNDINACEUM.

Mɪʟɪᴜᴍ paniculâ laxâ, corollâ aristatâ glabrâ, calyce mucronato, stipulis brevissimis retusis.

Agrostis miliacea. *Linn. Sp. Pl.* 91. *Willden. Sp. Pl. v.* 1. 363.

A. græca. *Sibth. MSS.*

Γϱηλαϱη *Zacynthiorum.*

Prope Athenas, et in insulâ Zacyntho. ♃.

Milium arundinaceum.

Andropogon Gryllus

Radix cæspitosa, radiculis tortuosis, villosis. *Culmi* numerosi, erecti, foliosi, multi-nodes, glabri, basi geniculati. *Folia* patentissima, atro-viridia, plana, acuminata, margine scabra, vaginis elongatis, strictis. *Stipula* brevissima, retusa, integra. *Panicula* erecto-secunda, gracilis, ramosissima, ramis semiverticillatis, decompositis, capillaribus, flexuosis, scabris. *Flores* erecti, viridi-purpurei. *Calycis glumæ* inæquales, ovatæ, acuminatæ, nervosæ, angulatæ, læves, opacæ. *Corolla* bivalvis, calyce duplò ferè brevior; valvulæ inæquales, ellipticæ, nitidæ, glaberrimæ, margine involutæ; exterior apice aristata, alteram, duplò minorem, muticam, amplectens. *Arista* calyce sesquilongior, recta, scabriuscula. *Stamina* longitudine vix corollæ. *Antheræ* oblongæ, luteæ. *Stigmata* plumosa, subsessilia. *Semen* parvum, ellipticum, corollâ induratâ vestitum.

A. Flos auctus, glumis in situ naturali.
B. Pistillum nectario bifido, omnibus ferè graminibus communi, suffultum.

ANDROPOGON.

Linn. G. Pl. 540.   Juss. 30.

Calyx bivalvis, uniflorus.   *Corolla* subbivalvis; valvulâ alterâ basin versùs aristatâ.   *Flores* plures masculini, pedicellati, corollâ muticâ, vel nullâ.

TABULA 67.

ANDROPOGON GRYLLUS.

ANDROPOGON paniculæ ramis verticillatis simplicibus trifloris, flosculo hermaphroditico ciliato basi barbato; masculinis apetalis.

A. Gryllus. *Linn. Sp. Pl.* 1480. *Amœn. Acad. v.* 4. 332.   *Lamarck. Dict. v.* 1. 373.
    Scop. Carn. v. 2. 273. *Desfont. Atlant. v.* 2. 378.

Phœnix. *Hall. Hist. v.* 2. 202. *n.* 1412.

Ægilops bromoides, jubâ purpurascente. *Bauh. Hist. v.* 2. 436.   *Scheuchz. Agr.* 267.
    t. 6. *f.* 1.

Gramen avenaceum, utriculis lanugine flavescentibus. *Tourn. Inst.* 525.   *Herb. Tourn.*

G. avenaceum, locustis gracilibus, purpurascentibus, longissimis petiolis insidentibus.
    Mont. Prod. 57. *f.* 67.   *Segu. Veron. v.* 1. 355.

G. sparteum festuceum, seu Ægilops spartea villosa. *Barrel. Ic. t.* 18. *f.* 2.

Festuca dumetorum, utriculis lanugine flavescentibus: ægilops Dioscoridis. *Bauh. Theatr.* 149, exclusis floribus seorsùm depictis.

In asperis et petrosis Cretæ et Cypri. ♃.

Radix cæspitosa, lignosa, perennis. *Culmi* solitarii, erecti, tripedales, simplices, foliosi, teretes, glabri. *Folia* linearia, acuta, plana, nervosa, subglaucescentia, utrinque pilosa: radicalia numerosa, congesta, vaginis brevibus, compresso-carinatis, sulcatis: caulina breviora, vaginis elongatis, cylindraceis. *Stipula* obsoleta. *Panicula* erecta, ramis undique verticillatis, patentibus, simplicibus, capillaribus, scabris, apice incrassatis. *Flores* solitarii, erecto-patentes, aspectu singulares, haud inelegantes, e flosculis tribus, nec, ut voluit Hallerus, quatuor, compositi: quorum infimus centralis, sessilis, hermaphroditicus, fusco-virens, basi barbatus; glumâ calycinâ exteriore lanceolatâ, ciliato-dentatâ, muticâ, dorso glabratâ; interiore haud ciliatâ, sed apice longiùs aristatâ; corolla bivalvis, æqualis, membranacea, lanceolata, alba, calyce duplò ferè brevior, valvulâ exteriori basi aristatâ, aristâ longissimâ, tortili, scabrâ, fulvâ. *Stamina* tria, calyce breviora, *antheris* linearibus, fulvis. *Germen* exiguum. *Styli* bini, capillares. *Stigmata* cylindracea, plumosa, flava, divaricata. *Flosculi* laterales pedicellati, purpurei, erecti, masculi, basi glabriusculi, scrobiculati: calyce bivalvi, lanceolatâ, subæquali; glumâ exteriore apice aristatâ, aristâ longitudine vix dimidii glumarum, rectâ, scabrâ; interiore submuticâ: corollâ nullâ. *Stamina* tria, calyce breviora. *Pistillum* nullum.

> *A.* Flos triplò ferè auctus, staminibus e flosculo hermaphroditico delapsis.
> *B.* Calycis gluma exterior;   *C.* interior.
> *D.* Corolla.
> *E.* Arista e basi corollæ.
> *F. F.* Flosculi masculini.

TABULA 68.

ANDROPOGON HALEPENSIS.

Andropogon paniculâ erectâ supradecompositâ, glumis elliptico-lanceolatis, flosculis omnibus monopetalis.

A. arundinaceum. *Scop. Carn. v.* 2. 274?   *Allion. Pedem. v.* 2. 261?

Holcus halepensis. *Linn. Sp. Pl.* 1485. *Schreb. Gram.* 129. *t.* 18?

Milium arundinaceum perenne minus, semine oblongo nigro. *Mont. Prod.* 8. *Segu. Veron. v.* 1. 332.

Andropogon halepensis.

Andropogon distachyos.

Gramen arundinaceum paniculatum, locustis partim muticis, partim aristatis. *Scheuchz.*
Agr. 509. t. 11. f. 12—15.

G. paniculatum arundinaceum syriacum, Hulliaun indigenis dictum. *Moris. Hist.*
v. 3. 201. sect. 8. t. 6. f. 26.

G. arundinaceum halepense, tragopogonis folio, paniculâ miliaceâ. *Pluk. Phyt.*
t. 32. f. 1.

Γρηλαρη *Zacynthiorum.*

Circa Athenas frequens; etiam in insulâ Zacyntho. ♉.

Radix repens, articulata, vaginata. *Culmi* solitarii, erecti, simplices, quadripedales,
foliosi, teretes, glabri. *Folia* lineari-lanceolata, acuminata, plana, lævia, multinervia, glaucescentia, lineâ centrali albâ; vaginis elongatis, strictis, nervosis,
glabris. *Stipula* pilosissima, brevis. *Panicula* erecta, ramosissima, plùs minùs
coarctata; ramis verticillatis, ramulisque angulatis, flexuosis, scabris. *Flores*
elliptico-lanceolati, clausi, compressi, extùs purpurascentes, sericeo-villosi: hermaphroditici sessiles, aristati, masculinis sæpiùs binis, pedicellatis, minoribus, muticis, comitati ac superati. *Calyx* omnibus bivalvis, valvulis concavis, muticis,
interiore minore. *Corolla* univalvis, lanceolata, calyce minore tenuioreque. *Stamina* tria, capillaria, exserta. *Antheræ* luteæ, oblongæ, pendulæ, utrinque bipartitæ. *Germen*, hermaphroditicis, ovatum. *Styli* capillares. *Stigmata* cylindracea, plumosa, fulva, divaricata. *Arista* in flore hermaphroditico tantùm,
corollæ opposita, tortilis, glabra, longitudine triplò glumarum.

Plantam a Schrebero et Scopolio descriptam diversam suspicor ob paniculam laxiorem,
flores minores, hermaphroditicos dipetalos.

a, A. Flos hermaphroditicus cum duobus masculinis, magnitudine naturali et auctâ.
B. Flos hermaphroditicus, glumis vi expansis.
C. Flos masculinus, glumis simili modo expansis.
D, D. Corolla.

TABULA 69.

ANDROPOGON DISTACHYOS.

Andropogon spicis digitatis geminis, glumis acutis glabris, culmo simplici.

A. distachyon. *Linn. Sp. Pl.* 1481. *Allion. Ped. v.* 2. 261; ex ipso auctore. *Desfont. Atlant. v.* 2. 377.

A. n. 1. *Ger. Gallopr.* 106. t. 3. f. 2. exclusis synonymis Bauhinorum.

Gramen dactylon, spicâ geminâ. *Tourn. Inst.* 521, excl. syn. Bauhin.

G. bicorne seu distachyophorum. *Bocc. Sic.* 20. t. 11. f. 1.

In insulis Archipelagi frequens. ♉.

VOL. I.   P

Radix fibrosa, cæspitosa, perennis. *Culmi* numerosi, pedales vel sesquipedales, erecti, simplicissimi, foliosi, teretes, glabri. *Folia* linearia, acuminata, patentia, pilosa: caulina breviora, longissimè vaginata. *Stipula* brevis, obtusa, lacera, pilis circumdata. *Spicæ* terminales, geminæ, aphyllæ, cernuæ, ultra biunciales, lineares, acutæ, multifloræ; altera sessilis, altera subpedunculata. *Rachis* flexuosa, articulata, lævis. *Flores* alterni, basi barbati: hermaphroditici sessiles; masculini solitarii, pedicellati, parùm minores. *Calyx* hermaphroditicorum bivalvis, glaber, valvulâ exteriore muticâ, apice flexuoso, purpureo, nitido, acuto; interiore duplò minore, albidâ, emarginatâ, sub apice aristatâ, aristâ rectâ, longitudine valvulæ. *Corolla* bivalvis, alba, valvulis æqualibus, emarginatis, alterâ dorso aristatâ, aristâ longissimâ, tortili, scabrâ. *Stamina* capillaria, exserta. *Antheræ* oblongæ, pendulæ, flavæ. *Germen* subrotundum. *Styli* capillares. *Stigmata* cylindracea, plumosa, fulva. *Calyx* masculinorum glumis emarginatis, exteriore sub apice aristatâ, aristâ rectâ, longitudine dimidii glumæ; interiore duplò minore, muticâ. *Corolla* bivalvis, alba, valvulis subæqualibus, acutis, indivisis, muticis. *Stamina* ut in hermaphroditicis. *Germinis* rudimentum nullum.

a. Rachis portio cum flore hermaphroditico sessili, et masculino pedicellato, in situ ac proportione naturali.

B. Flos hermaphroditicus seorsùm.

C. Flos masculinus cum pedicello.

MELICA.

Linn. G. Pl. 34. Juss. 31. Gærtn. t. 80.

Calyx bivalvis, subbiflorus; rudimentum tertii floris inter flosculos.
Corolla bivalvis.

TABULA 70.

MELICA CILIATA.

M<small>ELICA</small> flosculi inferioris petalo exteriore ciliato.
M. ciliata. *Linn. Sp. Pl.* 97. *Willden. Sp. Pl. v.* 1. 381. *Desfont. Atlant. v.* 1. 71.
M. infimo flosculo lanuginoso. *Gmel. Sib. v.* 1. 99.
Arundo n. 1517. *Hall. Hist. v.* 2. 241.

Melica ciliata.

Melica saxatilis.

Gramen avenaceum montanum lanuginosum. *Bauh. Pin.* 10. *Theatr.* 156. *Tourn. Inst.* 524.

G. cum locustis parvis candidis pilosis, semine avenaceo. *Bauh. Hist. v.* 2. 434.

G. avenaceum spicâ simplici, locustis densissimis candicantibus et lanuginosis. *Tourn. Inst.* 524. *Scheuchz. Agr.* 174. *t.* 3. *f.* 16, G—K. *Scheuchz. It. Alp. v.* 1. 37. *et* 134. *t.* 4. *f.* 1.

G. montanum avenæ semine. *Clus. Pann.* 718.

G. sparteum alopecurum, spicâ sericeâ glumosâ typhinâ. *Barrel. Ic. t.* 3. *f.* 2.

In collibus et vineis Græciæ frequens. ♃.

Radix fibrosa, cæspitosa, tortuosa ac nodosa. *Culmi* cæspitosi, erecti, stricti, foliosi, bi- vel tripedales, obsoletè nodosi, teretes, glabri. *Folia* patentia, linearia, acuminata, nervosa, plana, glabriuscula; siccitate involuta, rigidula; longissimè vaginata. *Stipula* membranacea, oblonga, obtusa, lacera. *Panicula* spiciformis, erecta, cylindracea, obtusa; ramis racemosis; pedicellis tomentosis, secundis. *Flores* cernui, luteo-albidi. *Calyx* e glumis duabus inæqualibus, concavis, acutis, carinatis, scariosis, nitidis, glabris. *Flosculus* unicus tantùm perfectus, cum alteri rudimento pedicellato, trigono, obtuso. *Corolla* bivalvis, mutica; valvulâ exteriore lanceolatâ, extùs pilis sericeis, albis, glumæ ferè longitudine æqualibus, undique tectâ; interiore duplò minore, glabrâ. *Stamina* capillaria, flore duplò longiora. *Antheræ* luteolæ, oblongæ. *Germen* ellipticum. *Styli* divaricati, longitudine haud glumarum. *Stigmata* cylindracea, pubescentia, alba. *Semen* parvum, elliptico-oblongum, sulco exaratum.

a. Paniculæ ramulus.

B. Flos triplò auctus.

  C. Flosculi imperfecti rudimentum.

D. Flosculus perfectus seorsùm, glumis arte expansis.

e, E. Semen.

TABULA 71.

MELICA SAXATILIS.

MELICA petalis imberbibus, paniculâ coarctatâ secundâ, floribus cernuis, stipulâ elongatâ, culmo simplici.

M. aspera. *Desfont. Atlant. v.* 1. 71?

Gramen avenaceum saxatile, paniculâ sparsâ, locustis latioribus candicantibus et nitidis. *Tourn. Inst.* 524?

In insularum Græcarum collibus frequens. ♃.

Radix fibrosa, cæspitosa.   *Culmi* numerosi, pedales vel sesquipedales, erectiusculi, simplicissimi, foliosi, multinodes, teretes, tactu scabriusculi; basi geniculati. *Folia* patentiuscula, linearia, angustissima, acuminato-subpungentia, siccitate involuta, nervosa, scabriuscula, quandoque pubescentia : vaginis elongatis, nervosis, paululùm ventricosis. *Stipula* tubulosa, elongata, alba, sæpiùs bifida et lacera. *Panicula* erecta, stricta, e racemis tribus vel quatuor simplicibus, coarctatis, pedicellis apice pubescentibus. *Flores* secundi, cernui, purpureo luteoque variati. *Calyx* e glumis duabus, valdè inæqualibus, concavis, oblongis, nervosis, muticis, apice scariosis. *Flosculi* bini perfecti, quorum alter sessilis, alter breviùs pedicellatus, cum abortivo, longiùs pedicellato, interjecto. *Corolla* bivalvis, mutica et imberbis ; valvulâ exteriore obtusiusculâ, nervosâ, rigidâ, scabriusculâ ; interiore duplò minore, tenuiore, elliptico-oblongâ, concavâ, margine pubescente. *Stamina* capillaria, exserta. *Germen* exiguum. *Styli* divaricati. *Stigmata* oblonga, plumosa.

Hanc Sibthorp cum *Melicâ minutâ* Linnæi legit, et ut videtur confudit. A *M. nutante*, quâcum paniculâ convenit, discrepat foliis angustioribus, stipulâ elongatâ ; a *M. minutâ* dignoscitur culmo simplici, paniculâ multiflorâ, glumisque acutioribus.

A. Flos, glumis vi expansis, triplò circitèr auctus.   *C, C.* Corolla.
B, B. Calyx.   *D.* Flosculus abortivus.

SESLERIA.

Scop. Carn. ed. 1. 189.   *Juss.* 31.   *Fl. Brit.* 93.

Calyx bivalvis, subtriflorus.   *Corolla* bivalvis ; valvulâ interiore bifidâ ; exteriore (sæpiùs) tridentatâ.   *Styli* basi connati.

TABULA 72.

SESLERIA ALBA.

Sesleria spicâ ovato-oblongâ imbricatâ, bracteis alternis, petalis exterioribus lanceolatis acutis indivisis.
Carex dubia. *Sibth. MSS.*

In sylvis prope pagum *Belgrad.* ♃.

Sesleria alba.

Poa Eragrostis

Hoc gramen ex icone tantùm nobis innotuit, nec in herbario Sibthorpiano, neque alibi, vidimus. Descriptio itaque opus foret periculosum. *Sesleriæ* characteres apertè ac palàm in herbâ et floribus sese offerunt, nec difficile est ex corollæ structurâ fingere differentiam specificam. Habitus est ferè *Sesleriæ cœruleæ.* Styli ut in illâ connati videntur. Differt tamen spicæ colore, et præcipuè petalo exteriore indiviso.

    A. Folii apex.   *C.* Petalum exterius;   *D.* interius.
    b, B. Spicula triflora cum calyce.

POA.

Linn. G. Pl. 34.   Juss. 32.

Calyx bivalvis, multiflorus.   *Spicula* basi rotundata.   *Corolla* bivalvis,

valvulis ovatis, acutiusculis, muticis.

TABULA 73.

POA ERAGROSTIS.

Poa paniculâ erectâ ramosâ patente, spiculis linearibus multifloris, flosculis ventricosis tricarinatis, stipulâ ciliari.

P. Eragrostis. *Linn. Sp. Pl.* 100. *Willden. Sp. Pl. v.* 1. 392.

Briza Eragrostis. *Linn. Sp. Pl.* 103. *Willden. Sp. Pl. v.* 1. 405. *Schreb. Gram. t.* 39.

Gramen paniculis elegantissimis, sive εραγροϛις, majus. *Tourn. Inst.* 522. *Scheuchz. Agr.* 194. *t.* 4. *f.* 4.

G. filicinum, sive paniculis elegantissimis. *Moris. Hist. sect.* 8. *t.* 6. *f.* 52.

G. eranthemum seu εραγροϛις. *Barrel. Ic. t.* 43.

G. paniculosum phalarioides. *Lob. Ic.* 7.

In arvis circa Athenas, et ad Junonis templum in insulâ Samo. ☉.

Radix annua, fibrosa, fibris subsimplicibus, tomentosis. *Culmi* plures, erecti, simplices, teretes, foliosi, glaberrimi, multinodes, subgeniculati, altitudine varii, quandoque bipedales. *Folia* patentia, linearia, acuta, plana, nervosa, striata, glabra, margine denticulato-scabra. *Vaginæ* haud inflatæ, longitudine vix inter-

VOL. I.   Q

nodiorum. *Stipula* e ciliis numerosis, brevibus ; lateralibus elongatis, patentibus.
Panicula solitaria, erecta, ramosissima, multiflora, ramulis subflexuosis, angulatis,
scabris. *Spiculæ* alternæ, pedicellatæ, erectiusculæ, lineari-lanceolatæ, compressæ,
obtusæ, virides vel purpurascentes, parùm nitidæ, basi rotundatæ. *Glumæ calycinæ* ovatæ, concavæ, subæquales, carinâ scabræ, flosculis minores. *Flosculi* numerosi, 10—36, distichè imbricati, ovati, obtusiusculi, ventricosi, tricarinati, trinerves, oculo armato undique scabri ; glumâ interiore ovatâ, complanatâ, ciliatâ,
margine inflexâ. *Stamina* exserta. *Antheræ* breves, albidæ. *Germen* subrotundum. *Styli* breves, divaricati. *Stigmata* cylindracea, plumosa. *Semen* parvum,
subglobosum, fuscum, læve, liberum, nec, ut in veris *Brizis*, cum corollâ persistente quasi ferruminatum.

Poa Eragrostis et *Briza Eragrostis* Linnæi non nisi flosculorum numero inter se diffe-
runt. Præ semine libero non possunt a *Pois* disjungi. Synonyma prioris apud
auctores minùs præstant.

> *A, A.* Spicula sub duplici aspectu, triplò aucta.
> *b, B.* Flosculus magnitudine naturali et sextuplò ferè auctâ.
> *c, C.* Semen.

BRIZA.

Linn. G. Pl. 35.   Juss. 32.   Gœrtn. t. 1.

Calyx bivalvis, multiflorus.   *Spicula* disticha.   *Corolla* bivalvis,

ventricosa, valvulis cordatis, obtusis.   *Semen* corollæ

adnatum, depressum.

TABULA 74.

BRIZA MINOR.

Briza spiculis triangularibus septemfloris, calyce flosculis longiore, stipulâ lanceolatâ
longissimâ.

B. minor. *Linn. Sp. Pl.* 102. *Willden. Sp. Pl. v.* 1. 403. *Fl. Brit.* 108. *Engl. Bot.
v.* 19. *t.* 1316. *Dicks. H. Sicc. fasc.* 5. 3. *Desfont. Atlant. v.* 1. 77.
Gramen paniculatum minus, locustis magnis tremulis. *Tourn. Inst.* 523.

74

Briza minor.

Briza elatior

G. tremulum minus, paniculâ magnâ. *Bauh. Pin.* 2.

G. tremulum minus, locustâ deltoide. *Moris. Hist. sect.* 8. *t.* 6. *f.* 47.

G. tremulum minus, paniculâ amplâ, locustis parvis triangulis. *Raii Syn.* 412.

Τζογιες *Zacynthis.*

In Laconiâ, et in insulâ Zacyntho. ☉.

Radix annua, fibrosa, fibris subpubescentibus, luteo-albidis. *Culmi* plures, erecti,
simplices vel subramosi, spithamæi vel pedales, foliosi, teretes, basi geniculati,
apice tantùm scabriusculi. *Folia* erecta, lætè viridia, lanceolata, acuta, plana,
striata, margine scabra : vaginis longissimis, striatis, glabris, subventricosis. *Stipula* lanceolata, elongata, decurrens, indivisa, tenuissima. *Panicula* erecta, ramosissima, diffusa, ramulis divaricatis, capillaribus, flexuosis, spinuloso-scabris, basi
apiceque incrassatis. *Spiculæ* cernuæ, tremulæ, albido-virentes, nitidiusculæ, deltoideæ, compressæ, subseptemfloræ. *Glumæ calycinæ* carinatæ, ventricosæ, retusæ,
muticæ, glabræ, margine scariosæ : *corollinæ exteriores* formâ calycis, sed minores
et breviores ; *interiores* longè minores, complanatæ, margine inflexæ. *Stamina*
parùm exserta. *Antheræ* breves, utrinque bifidæ, flavæ. *Styli* breves. *Stigmata*
cylindracea, gracilia, pubescentia, alba. *Semen* parvum, complanatum, corollâ
vestitum.

Ab hâc vix differt *Briza virens* Linnæi ; at *Gramen tremulum minus, paniculâ parvâ*
Bauhinorum et Scheuchzeri distincta species videtur. Confer Halleri Historiam,
sub numero 1449.

> *A.* Spicula lente aucta.
> *B.* Flosculus seorsìm, glumis vi divaricatis ut germen in conspectum veniat.

TABULA 75.

BRIZA ELATIOR.

Briza spiculis cordatis duodecimfloris, calyce flosculis breviore, corollâ gibbosâ, stipulâ
brevissimâ obtusâ.

In monte Athone. *D. Hawkins.* ♃.

Quod de *Sesleriâ albâ, tab.* 72, de hâc etiam valet. Ex icone characterem desumpsi.
Brizæ mediæ proxima hæc species videtur, at magnitudine, flosculorum numero,
formâque corollæ, satis diversa.

> *a, A.* Flosculus seorsìm.   *B.* Corollæ gluma exterior ;   *C.* interior.   *D.* Pistillum.

TABULA 76.

BRIZA MAXIMA.

Briza spiculis cordato-ovatis pendulis, flosculis septendecim orbiculatis concavis, paniculâ subsimplici, stipulâ oblongâ.

B. maxima. *Linn. Sp. Pl.* 103. *Willden. Sp. Pl. v.* 1. 405. *Desfont. Atlant. v.* 1. 77.

Gramen paniculatum, locustis maximis, candicantibus, tremulis. *Tourn. Inst.* 523.

G. tremulum maximum. *Bauh. Pin.* 2. *Theatr.* 23, 24. *Scheuchz. Agr.* 202. *t.* 4. *f.* 7. *Moris. Hist. sect.* 8. *t.* 6. *f.* 48.

Σκολαρικάκια *hodiè.*

In arvis insularum Græcarum frequens. ☉.

Radix fibrosa, tomentosa, annua. *Culmi* solitarii vel plures, erecti, foliosi, teretes, læves atque glaberrimi, altitudine varii, sæpiùs bipedales. *Folia* linearia, acuta, plana, striata, scabriuscula; vaginis strictis. *Stipula* oblonga, obtusa, decurrens. *Panicula* simplex, ramis capillaribus, scabris, inferioribus bifidis. *Spiculæ* maximæ, ferè unciales, pendulæ, tremulæ, formosæ, ovatæ, vix cordatæ, acutæ, compressiusculæ, scariosæ, nitidiusculæ, viridi alboque variatæ, basi purpurascentes. *Calycis glumæ* subæquales, orbiculato-ovatæ, concavæ, purpureo pictæ. *Flosculi* numerosi, 12—20, imbricati, formâ ferè calycis, vel magìs orbiculati, acutiusculi, multinervosi, oculo armato subpubescentes; valvulâ interiore duplò vel triplò minore, tenuioreque, retùsâ, concavâ. *Antheræ* exsertæ, breves. *Stigmata* subinclusa, cylindracea, pubescentia. *Semen* orbiculatum, depressum, glumis corollinis persistentibus, adnatis, tectum.

> *A.* Flosculus auctus seorsìm, e parte internâ.
> *B.* Gluma interior cum staminibus et pistillo in situ.
> *c, C.* Semen basi corollæ persistente tectum.

―――――

TABULA 77.

BRIZA SPICATA.

Briza spiculis ovatis erectis septemfloris, calyce flosculis breviore, corollâ ventricosâ, paniculâ subspicatâ erectâ.

In monte Parnasso. ☉.

Briza maxima

Briza spicata ?

Cynosurus echinatus.

Radix fibrosa, pubescens. *Culmi* sæpiùs plures, adscendentes, foliosi, graciles, geniculati, teretes, læves, spithamæi aut ferè pedales. *Folia* patentia, linearia, acuta,
angusta, lævia; vaginis elongatis, parùm inflatis. *Stipula* oblonga, acuta, lacera.
Panicula biuncialis, erecta, stricta, coarctata, sæpiùs ramosa, ramis brevibus, subflexuosis, teretibus, omninò ferè lævibus. *Spiculæ* erectæ, pallidè virentes albo
variatæ, ovatæ, acutæ, turgidæ, utrinque carinatæ, sub lente punctato-scabrius-
culæ. *Calycis glumæ* æquales, obovatæ, obtusæ cum mucronulo, concavæ, carinatæ. *Flosculi* 7—9, imbricati, formâ calycis, enerves; valvulâ interiore duplò
breviore, obtusâ, planiusculâ, demùm ampliatâ. *Antheræ* exsertæ, breves. *Stigmata* subinclusa. *Semen* fuscum, orbiculatum, depressum, corollæ adnatum, ut
in omnibus hujus generis speciebus veris.

A. Spicula magnitudine aucta.　　*B*. Flosculus seorslm, vi expansus.　　*c, C*. Semen.

CYNOSURUS.

Linn. G. Pl. 36.　Juss. 31.　Gærtn. t. 1.

Calyx bivalvis, multiflorus. *Receptaculum* proprium unilaterale,
foliaceum.

TABULA 78.

CYNOSURUS ECHINATUS.

CYNOSURUS glumis sterilibus pinnatis patulis scariosis aristatis, spicâ compositâ ovatâ.
C. echinatus. *Linn. Sp. Pl.* 105. *Willden. Sp. Pl. v.* 1. 412. *Fl. Brit.* 112. *Engl.
Bot. v.* 19. *t.* 1333. *Desfont. Atlant. v.* 1. 81.
Gramen spicatum echinatum, locustis unam partem spectantibus. *Tourn. Inst.* 519.
G. alopecuroides spicâ asperâ. *Bauh. Pin.* 4. *Scheuchz. Agr.* 80. *t.* 2. *f.* 8. B, D.

In maritimis, et ad vias, in insulis Græciæ frequens. ☉.

Radix annua, fibrosa, pubescens, albida. *Culmi* sæpiùs numerosi, spithamæi vel pedales, erecti, foliosi, teretes, læves, geniculis purpurascentibus. *Folia* patentia,
saturatè viridia, latè lanceolata, acuta, scabra, basi ovata; vaginis elongatis, sur-

VOL. I.　　　　　　　　　　　R

sùm ventricosis. *Stipula* oblonga, obtusa, amplexicaulis. *Spica* terminalis, ovata, composita, densa, secunda, pedunculis glabris. *Glumœ steriles* laterales sub singulo flore, pinnatæ, alternæ, distichæ, patulæ, lanceolatæ, scariosæ, serratæ, aristatæ, albidæ. *Calyx* biflorus, glumis æqualibus, lineari-lanceolatis, membranaceis, aristatis, albidis. *Flosculi* inæqualitèr pedicellati, glumis exterioribus durioribus, carinatis, supernè scabris, sub apice aristatis, aristâ rectâ, scabrâ, luteâ vel purpureâ, persistente, glumis longiore : interioribus minoribus, tenuissimis, albis. *Antheræ* exsertæ, oblongæ, flavæ. *Styli* breves. *Stigmata* oblonga, plumosa, alba. *Semen* oblongum, corollâ induratâ vestitum, hinc sulcatum.

> *A.* Flos integer, cum glumis sterilibus pinnatis.
> *b, B.* Flos seorsìm, vi expansus.
> *C, C, C.* Calyx.
> *d, D.* Semen corollâ vestitum.
> *E.* Semen denudatum.

TABULA 79.

CYNOSURUS AUREUS.

Cynosurus glumis sterilibus imbricatis distichis scariosis obtusis muticis, paniculâ oblongâ, floribus pendulis secundis.

C. aureus. *Linn. Sp. Pl.* 107. *Willden. Sp. Pl. v.* 1. 418. *Desfont. Atlant. v.* 1. 83.

Gramen barcinonense, paniculâ densâ aureâ. *Tourn. Inst.* 523. *Shaw. Afric. n.* 279, *cum icone rudi.*

G. paniculâ pendulâ aureâ. *Bauh. Pin.* 3. *Scheuchz. Agr.* 149. *t.* 3. *f.* 12.

G. sciurum seu alopecurum minus, heteromallâ paniculâ. *Barrel. Ic. t.* 4.

G. aureum. *Dalech. Hist.* 430.

In asperis et petrosis Græciæ ; etiam in Asiâ minori, et insulâ Cypro. ☉.

Radix annua, fibrosa, fibris elongatis, villosis. *Culmi* plures, palmares aut spithamæi, erecti, sæpè geniculati, foliosi. *Folia* erecto-patula, glaucescentia, lanceolata, latiuscula, acuta, nervosa, glabra ; vaginis carinatis, sursùm inflatis. *Stipula* oblonga, acuta, subdecurrens, tenuissima, alba. *Panicula* erecta, oblonga, densa, aureo-nitens, ramis compositis, secundis, pedunculis pilosis. *Flores* penduli. *Glumæ* steriles calyculatæ, bifariàm imbricatæ, obovatæ, obtusæ, muticæ, scariosæ, nitidæ. *Glumæ calycinæ* subæquales, lanceolatæ, acutæ, muticæ, scabræ. *Flosculi* bini, vix plures, pedicellati, supernè scabri, sub apice longiùs aristati, aristâ rectâ, scabrâ, quorum superior sæpè abortivus. *Antheræ* breves. *Stigmata* longissima, pubescentia.

Cynosurus aureus

Festuca littoralis.

Flores quandoque ex eodem calyce cum glumis sterilibus imbricatis oriuntur, at semper calyce proprio insuper muniuntur.

a, A. Paniculæ portio, magnitudine naturali et auctâ.
B. Glumæ steriles imbricatæ.
C. Flos seorsìm.
D, D. Glumæ calycinæ.

FESTUCA.

Linn. G. Pl. 36. Juss. 32.

Calyx bivalvis, multiflorus. *Spicula* oblonga, teretiuscula, disticha ; glumis acuminatis.

TABULA 80.

FESTUCA LITTORALIS.

Festuca paniculâ secundâ glomeratâ ovatâ, foliis involutis acutis distichis, stipulis pilosis, culmis prostratis.
Poa littoralis.   *Gouan. Fl. Monsp.* 470. *Vahl. Symb. v.* 2. 19.
P. maritima.   *Cavan. Ic. v.* 2. 23. *t.* 126.
Dactylis littoralis.   *Willden. Sp. Pl. v.* 1. 408.
D. repens.   *Desfont. Atlant. v.* 1. 79. *t.* 15.
Gramen caninum maritimum spicatum. *Bauh. Pin.* 2. *Prod.* 2. *f.* 2. *Tourn. Inst.* 518.
   Pluk. Phyt. t. 33. *f.* 3.

In arenosis maritimis Messeniæ, et insulæ Cimoli, Junio florens. ♃.

Radix repens, perennis, fibris validis, pubescentibus. *Culmi* prostrati, ramosi, rigidi, teretes, glaberrimi, ramis fasciculatis, erectis, palmaribus, foliosis, simplicibus. *Folia* patentia, glabra, glaucescentia, alterna, disticha, uncialia, lanceolata, acuminata, involuta, basi latissima ; vaginis compressis, striatis, sæpiùs folio latioribus. *Stipula* pilosa, divaricata. *Panicula* terminalis, ovata, glomerata, coarctata. *Spiculæ* subsessiles, secundæ, ovato-oblongæ, compressæ, incanæ aut pilosæ, 10—16-floræ. *Glumæ calycinæ* elliptico-oblongæ, concavæ, carinatæ, mucronulatæ, sulcatæ, apicem versùs crenulatæ, carinâ scabræ, sæpè plùs minùs pilosæ.

Flosculorum glumæ exteriores calyci omninò conformes; interiores membranaceæ, glabræ, albidæ, margine inflexæ, apice dilatatæ, bifidæ. *Antheræ* oblongæ.
Germen subrotundum. *Stigmata* cylindracea, villosa.

A. Spicula magnitudine aucta.

B. Flosculus arte expansus.

E. Germen cum stylis.

C. Gluma exterior.

D. Gluma interior.

TABULA 81.

FESTUCA DACTYLOIDES.

Festuca paniculâ ovatâ coarctatâ, foliis planis patentibus, culmis erectis, glumis omnibus carinatis scabris.

Dactylis pungens. *Desfont. Atlant. v.* 1. 80. *t.* 16?

In Archipelagi insulis rariùs. Junio lecta in Meli vineis. ☉?

Radix fibrosa, fibris elongatis, villosis. *Culmi* pedales, erecti, geniculati, teretes,
foliosi. *Folia* patentissima, linearia, angusta, acuta, plana, vaginis strictis. *Stipula* oblonga, lacera. *Spica* ovata, uncialis, erecta, coarctata. *Spiculæ* ut videtur
secundæ, subsessiles, ovatæ, compressæ, 9-aut 10-floræ. *Flosculorum* glumæ exteriores elliptico-oblongæ, concavæ, emarginatæ, carinatæ, costatæ, costis scabris,
sub apice brevissimè aristatæ; interiores lanceolatæ, carinatæ, concavæ, acutæ,
muticæ, carinâ scabræ, margine inflexæ, membranaceæ. *Stamina* et *pistillum* ut
in priore.

Hujus specimina in herbario Sibthorpiano non inveni. Quoad flosculorum formam,
ambigit inter *Dactylidem* et *Festucam*.

A. Spicula aucta.

B. Flosculus seorsìm expansus.

C. Gluma exterior.

D. Gluma interior.

Festuca dactyloides.

Bromus tectorum.

BROMUS.

Linn. G. Pl. 36. Juss. 32. Fl. Brit. 125.

Calyx bivalvis. *Spicula* oblonga, disticha: *arista* infra apicem: *gluma interior* pectinato-ciliata.

TABULA 82.

BROMUS TECTORUM.

Bromus paniculâ nutante ramosâ, spiculis linearibus, flosculis lineari-lanceolatis nervosis, foliis pubescentibus.

B. tectorum. *Linn. Sp. Pl.* 114; exclusis synonymis omnibus præter Tournefortianum. *Willden. Sp. Pl. v.* 1. 434.

Gramen avenaceum, locustis villosis angustis candicantibus et aristatis. *Tourn. Inst.* 526.

Circa Athenas et Messeniam. ♂.

Radix fibrosa, biennis, fibris vix pubescentibus. *Culmi* plures, erectiusculi, ferè pedales, teretes, foliosi, glabri. *Folia* patentia, plana, acuta, nervosa, utrinque pubescentia, pilis longitudine variis; vaginis elongatis, striatis, pubescentibus, parùm inflatis. *Stipula* oblongiuscula, lacera. *Panicula* palmaris, cernua, ramosa, multiflora, virens, pedunculis scabris. *Spiculæ* pendulæ, lineares, vel lineari-lanceolatæ, scabriusculæ, vel pilosæ. *Glumæ calycinæ* inæquales, lanceolatæ, acuminatæ; majore trinervi. *Flosculi* 5—7, imbricati, demùm patentiusculi, ferè lineares, compressi, carinati, utrinque binerves, sæpè pilosi, apicem versùs scabri, acumine bifido, membranaceo. *Arista* parùm infra apicem glumæ, recta, scabra, glumâ duplò vel triplò longior. *Gluma interior* linearis, membranacea, mutica, pectinato-ciliata. *Stamina*, e Baueri auctoritate, tria.

a. Spicula sub florescentiâ, magnitudine naturali.
B. Flosculus seorsìm auctus.

VOL. I. s

TABULA 83.

BROMUS RUBENS.

Bromus paniculâ fasciculatâ, spiculis subsessilibus villosis erectis, flosculis lineari-lanceolatis nervosis, aristis rectis.

B. rubens. *Linn. Sp. Pl.* 114. *Willden. Sp. Pl. v.* 1. 435. *Cavan. Ic. v.* 1. 34. *t.* 45. *f.* 2. *Desfont. Atlant. v.* 1. 94.

Gramen avenaceum, spicâ simplici breviori et crassiori, locustis longissimis (potiùs densissimis) longiùs aristatis. *Tourn. Inst.* 524. Ex auctoritate Cl. Desfont.

Inter segetes Peloponnesi, et in insulâ Cretâ. ♂.

Radix fibrosa, pubescens. *Culmi* spithamæi vel pedales, erectiusculi, geniculati, foliosi, glabri, sæpè purpurascentes. *Folia* patentia, plana, linearia, angusta, acuta, nervosa, utrinque pubescentia; vaginis strictis, pubescentibus. *Stipula* breviuscula, lacera. *Panicula* biuncialis, erecta, densa, plùs minùs composita, purpurascens, pilosa. *Spiculæ* erectæ, subsessiles, lineari-lanceolatæ, pilosæ, scabræ. *Glumæ calycinæ* inæquales, lanceolatæ, apice membranaceæ, acutæ; majore trinervi. *Flosculi* 7—9, imbricati, purpurascentes, lineari-lanceolati, carinati, nervosi, scabri atque pilosi, apice bifidi. *Arista* infra apicem glumæ, recta, scabra, rubens, glumâ duplò longior. *Gluma interior* linearis, angusta, ciliata, involuta, colorata. *Stamina*, ex icone Baueri, tria, antheris brevibus.

Cum hac specie *Bromum scoparium* Linnæi malè omninò conjunxere Cl. Lamarck et Cavanilles.

a. Spicula.　　　　　*B.* Flosculus expansus, magnitudine auctus.

TABULA 84.

BROMUS RAMOSUS.

Bromus spicâ simplici erectâ distichâ, spiculis sessilibus teretiusculis, culmo basi ramosissimo, foliis involutis.

B. ramosus. *Linn. Mant.* 34. *Willden. Sp. Pl. v.* 1. 437. *Vahl. Symb. v.* 2. 22.

B. Plukenetii. *Allion. Pedem. v.* 2. 250.

Festuca phœnicoides. *Linn. Mant.* 33; optimè monente Vahlio.

F. spiculis alternis subsessilibus teretibus, foliis involutis mucronato-pungentibus. *Gerard. Galloprov.* 95. *t.* 2. *f.* 2.

Bromus rubens

Bromus ramosus

Stipa juncea

Gramen juncifolium loliaceum corniculatum veluti frutescens glabrum orientale. *Scheuchz. Agr.* 38.

G. spicâ brizæ minus. *Pluk. Phyt. t. 33. f.* 1. *Herb. Pluk.* ex auctoritate Vahlii.

G. loliaceum corniculatum veluti fruticosum, foliis angustissimis. *Tourn. Inst.* 517; ex charactere.

Prope Athenas. ♃.

Radix fibrosa, cæspitosa. *Culmi* numerosi, adscendentes, pedales vel sesquipedales, graciles, teretes, glabri, foliosi; basi ramosi, crebrè geniculati, rigiduli, et ferè suffruticosi; apice nudi. *Folia* horizontalitèr patentia, subdisticha, alterna, linearia, angusta, involuto-pungentia, subtùs scabriuscula; vaginis strictis, obsoletè nervosis. *Stipula* brevis, obtusa, ciliata. *Spica* erecta, simplicissima, stricta, e spiculis tribus aut quatuor sessilibus, alternis, sub anthesin patentiusculis, linearibus, teretiusculis, acutis, glabris. *Glumæ calycinæ* inæquales, ellipticæ, sulcatæ, muticæ. *Flosculi* 12—20, imbricati, virides, elliptici, obtusi, glabri, supernè præcipuè nervosi, margine ciliati, apice ferè aristati, aristâ rectâ, brevissimâ. *Gluma interior* magnitudine ferè exterioris, retusa, marginibus arctè inflexis, extùs tenuè ciliatis. *Antheræ* oblongæ, flavæ. *Germen* hispidum. *Styli* brevissimi. *Stigmata* plumosa.

    a, A. Flosculus expansus, magnitudine naturali et auctâ.   *B.* Pistillum seorsìm.

STIPA.

Linn. G. Pl. 37. Juss. 30.

Calyx bivalvis, uniflorus. *Corollæ* valvula exterior aristâ terminali, longissimâ, basi articulatâ.

TABULA 85.

STIPA JUNCEA.

STIPA aristis nudis rectis longissimis, calycibus læviusculis semine longioribus, foliis nudis.

S. juncea. *Linn. Sp. Pl.* 116. *Willden. Sp. Pl. v.* 1. 440. *Desfont. Atlant. v.* 1. 98. *t.* 28.

Festuca junceo folio. *Bauh. Pin.* 9. *Prodr.* 19. *Theatr.* 145. *Scheuchz. Agr.* 151. *t. 3. f.* 13. A.

Gramen avenaceum maximum, utriculis cum lanugine albâ et longissimis aristis. *Tourn. Inst.* 525.

In montibus Lyciæ, et insulæ Cretæ. ♂.

Radix . . . *Culmus* tripedalis, erectus, teres, lævis, foliosus. *Folia* linearia, acuminata, patentia, siccitate involuta; suprà scabra; vaginis dilatatis, striatis, glaberrimis : summa paululùm dilatata et explanata. *Stipula* oblonga, acuta. *Panicula* erecto-subsecunda, spithamæa aut ultrà, ramosa, pedicellis scabriusculis, sursùm dilatatis. *Flores* erectiusculi. *Calycis* glumæ inæquales, lineari-lanceolatæ, membranaceæ, longè ac tenuissimè acuminatæ, albido-virentes, glaberrimæ. *Corollæ* glumæ involutæ; interior alba, tenuissima, mutica; exterior coriacea, plùs minùs pilosa, demùm indurata, semen obvolvens, apice aristata. *Arista* longissima, spithamæa, tenuissima, triquetra, scabra, recta, basi tantùm spiralis. *Antheræ* lineares, flavæ. *Styli* brevissimi. *Stigmata* plumosa.

    a, A. Flos magnitudine naturali et parùm auctâ.   *B.* Gluma corollæ interior.
                C. Germen cum stylis.

TABULA 86.

STIPA PALEACEA.

Stipa aristis basi pilosis tortuosis, calycibus semine longioribus, foliis involuto-subulatis pubescentibus.

S. paleacea. *Vahl. Symb. v.* 2. 24. *Willden. Sp. Pl. v.* 1. 441.

S. tortilis. *Desfont. Atlant. v.* 1. 99. *t.* 31.

Gramen avenaceum supinum minus, spicâ densissimâ, cum longissimis aristis lanuginosis tortilibus. *Tourn. Inst.* 525. Ex auctoritate Cl. Desfont.

Spartium spicâ et setulis tenuissimis, caudam equinam æmulantibus. *Scheuchz. Agr.* 152. *Bocc. Mus. t.* 97.

In Peloponneso et in Cretâ. ☉?

Radix fibrosa, fibris basi tomentosis. *Culmi* plures, pedales, erecti, geniculati, foliosi, teretes, glabri. *Folia* linearia, acuminata, siccitate præcipuè involuta, ciliata; suprà glabra, sulcata; subtùs striata; vaginis sulcatis, ciliatis, summâ maximè elongatâ et ventricosâ, paniculam amplectente. *Stipula* ciliaris. *Panicula* palmaris, ramosa, coarctata, erectiuscula, pedicellis angulatis, scabris. *Flores* erecti.

Stipa paleacea.

Stipa aristella.

Calycis glumæ membranaceæ, tenuissimæ, albidæ, inæquales, lineares, acuminatæ, basi subindè contractæ. *Flosculus* pedicellatus. *Corolla* ferè prioris sed minor, densiùsque pilosa. *Arista* subpalmaris, triquetra, geniculata, scabra, longè supra basin multiplicitèr torta et pilosa. *Stamina* et *pistillum* ut in præcedente.

a, A. Flos integer cum pedicello.

TABULA 87.

STIPA ARISTELLA.

Stipa aristis nudis rectis calyce haud triplò longioribus, calycibus sulcatis, paniculâ spicatâ.

S. aristella. *Linn. Syst. Nat. ed.* 12. *v.* 3. 229. *Willden. Sp. Pl. v.* 1. 441. *Gouan. Illustr.* 4.

Agrostis bromoides. *Linn. Mant.* 30.

In Bithyniâ, et circa Athenas. Etiam in agro Byzantino. ♃.

Radix perennis, fibrosa, pubescens. *Culmi* cæspitosi, numerosi, sesquipedales, erecti, stricti, graciles, teretes, glabri, foliosi. *Folia* linearia, angusta, acuminata, involuta, suprà sulcata, utrinque glabra, vaginis strictis, lævibus. *Stipula* brevissima, ferè nulla. *Panicula* palmaris et ultra, erecta, stricta, spiciformis, basi præcipuè ramosa, pedicellis angulatis et compressis, angulis scabris. *Flores* erecti. *Calycis* glumæ subæquales, scariosæ, demùm valdè sulcatæ, flavescentes, semine longiores. *Flosculus* sessilis. *Corollæ* gluma exterior pilosa, interior duplò brevior, acuta. *Arista* calyce duplò, vix triplò, longior, recta, angulata, oculo armato scabriuscula, minimè pilosa. *Stamina* et *pistillum* ferè priorum.

A. Flos arte expansus magnitudine auctus.
b, B. Semen corollâ persistente tectum.

VOL. I.   T

AVENA.

Linn. G. Pl. 37. Juss. 32.

Calyx bivalvis, multiflorus.   *Corollæ* valvula exterior dorso aristata, aristâ contortâ.

TABULA 88.

AVENA FRAGILIS.

AVENA spicata, calycibus quadrifloris sulcatis flosculo longioribus, foliis planis pilosis.
A. fragilis. *Linn. Sp. Pl.* 119. *Schreb. Gram. t.* 24. *f. 3. Desfont. Atlant. v.* 1. 103.

Gramen loliaceum, angustiore folio et spicâ, aristis donatum. *Tourn. Inst.* 516. Ex auctoritate Cl. Desfont.

G. loliaceum lanuginosum, spicâ fragili articulatâ, glumis pilosis, aristatum. *Scheuchz. Agr.* 32. *t.* 1. *f.* 7 G.

In arenosis maritimis Græciæ frequens. ☉.

Radix annua, fibrosa, subpubescens. *Culmi* numerosi, erecti, subindè ramosi, foliosi, glabri, basi geniculati. *Folia* erectiuscula, pallidè viridia, plana, acuta, integerrima, nervosa, pilosa atque ciliata, vaginis elongatis, parùm ventricosis. *Stipula* brevissima, ferè integerrima. *Spica* spithamæa, erecta, stricta, multiflora, *Lolii* vel *Rotbolliæ* effigie, rachi flexuosâ, articulatâ, compressâ, articulis sursùm incrassatis. *Spiculæ* alternæ, sessiles, quadrifloræ. *Calycis* glumæ inæquales, obtusæ, muticæ, nervosæ, sulcatæ, carinâ scabræ. *Flosculi* alterni, sessiles in rachi partiali, valdè flexuosâ, glabrâ. *Corollæ* glumæ acutæ; interior membranacea, involuta, alba; exterior duplò major, crassior, virens, apicem versùs sulcata, dorso scabra, sub apice aristata. *Arista* flore triplò longior, contorta, scabra, purpurascens vel flavescens, apice tenuissima. *Antheræ* oblongæ, utrinque bipartitæ. *Germen* pilosum. *Stigmata* cylindracea, villosa.

        a. Spicula cum rachis portione.
        A. Flosculus seorsìm, ultrà quod naturæ est expansus.

Avena fragilis

Avena caryophyllea.

Lagurus ovatus.

TABULA 89.

AVENA CARYOPHYLLEA.

Avena spicata, calycibus octofloris, receptaculis nudis, foliis planis glabris.

In Cimoli insulæ cretaceis. ♃.

Hâc plantâ caret herbarium Sibthorpianum. Ex icone videtur *Avenæ pubescenti* et *pratensi* affinis esse, discrepat verò foliis planis, glabris, glaucescentibus, flosculis numerosioribus, receptaculis, sive rachibus partialibus, nudis, nec pilosis.

    a. Calyx seorsìm, pedicello insidens.
    b. Flosculus.
    C. Idem expansus, magnitudine auctus.
    D. Germen pilosum, cum stigmatibus ferè sessilibus.

LAGURUS.

Linn. G. Pl. 37.   Juss. 30.   Gærtn. t. 1.

Calyx bivalvis, uniflorus, aristis villosis.   *Corollæ* gluma exterior aristis duabus terminalibus, tertiâ dorsali retortâ.

TABULA 90.

LAGURUS OVATUS.

Lagurus ovatus. *Linn. Sp. Pl.* 119.   *Willden. Sp. Pl. v.* 1. 453.   *Fl. Brit.* 143. *Engl. Bot. v.* 19. *t.* 1334.   *Schreb. Gram. t.* 19. *f.* 3.   *Desfont. Atlant. v.* 1. 105.

Gramen spicatum tomentosum, longissimis aristis donatum. *Tourn. Inst.* 517. *Scheuchz. Agr.* 58. *t.* 2. *f.* 8.

G. alopecuroides, spicâ rotundiore. *Bauh. Pin.* 4.   *Theatr.* 56.

G. alopecurum molle, spicâ incanâ.   *Barrel. Ic. t.* 116. *f.* 1, 2.

Λαγχνέρα *hodiè.*

Αλχπονόρα *Zacynthiorum.*

Ρέννα βέτομο *apud Atticos.*

In littoribus maritimis collibusque Græciæ frequens. ☉.

Radix annua, fibrosa, glabra. *Culmi* solitarii vel plures, erecti, pedales aut sesqui-pedales, foliosi, teretes, striati, mollissimè pubescentes, pilis deflexis; basi geni-culati; supernè glabrati, nudi. *Folia* ovato-lanceolata, acuta, nervosa, integer-rima, subundulata, utrinque mollissimè pubescentia; vaginis elongatis, subven-tricosis, nervosis, tomentosis. *Stipula* oblonga, utrinque barbata. *Spica* termi-nalis, solitaria, erecta vel cernua, ovata, obtusiuscula, densissima, multiflora. *Flores* congesti, ferè sessiles. *Calycis* glumæ æquales, lineares, acutæ, densè pectinato-ciliatæ, pilis longis, albis, mollibus. *Flosculus* subsessilis, solitarius, interdùm cum rudimento plumoso alteri abortivi. *Corollæ* gluma interior mem-branacea, involuta, bifida, mutica; exterior major, durior, concava, triaristata. *Arista dorsalis* solitaria, geniculata, scabra, flore duplò vel triplò longior; *termi-nales* duæ, æquales, rectæ, longitudine glumæ. *Antheræ* breviusculæ, basi apice-que bifidæ. *Germen* obovatum, glabrum. *Stigmata* cylindracea, pubescentia. *Semen* liberum, hinc sulco exaratum.

         a, A. Flos magnitudine naturali et auctâ.
         B, B. Calyx.
           C. Rudimentum flosculi abortivi.
           D. Flosculus perfectus, cum aristis, et organa fructificationis.
         e, E. Semen.

ROTBOLLIA.

Linn. Suppl. 13.   *Juss.* 31.

Calyx fixus, subuniflorus, simplex sive bipartitus.   *Flores* alterni, in rachi articulatâ.

TABULA 91.

ROTBOLLIA INCURVATA.

Rotbollia spicâ tereti subulatâ, glumâ calycinâ subulatâ adpressâ bipartitâ.
R. incurvata. *Linn. Suppl.* 114. *Willden. Sp. Pl. v.* 1. 463. *Fl. Brit.* 151. *Engl. Bot. v.* 11. *t.* 760. *Desfont. Atlant. v.* 1. 110.
Ægilops incurvata. *Linn. Sp. Pl.* 1490.

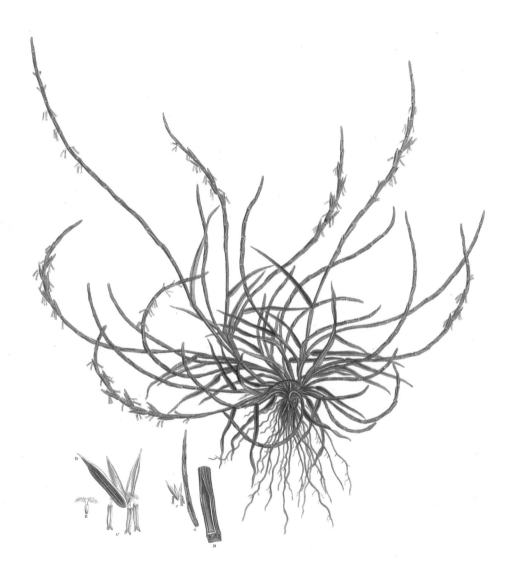

Rotbollia incurvata.

Rotbollia digitata.

Gramen loliaceum maritimum, spicis articulatis. *Tourn. Inst.* 517.

G. loliaceum maritimum scorpioides. *Scheuchz. Agr.* 42. *t.* 2. *f.* 1.

In Cypri et Zacynthi arenosis maritimis. ⊙.

Radix fibrosa, ramosa, pubescens, annua. *Culmi* numerosi, palmares aut spithamæi, ramosi, foliosi, teretes, geniculati, glabri, basi decumbentes. *Folia* patula, linearia, acuta, plana, nervosa, suprà margineque scabra; vaginis parùm ventricosis, nervosis, glabris, folio brevioribus. *Stipula* brevis, obtusa. *Spicæ* terminales, solitariæ, filiformes, incurvatæ, glabræ, multifloræ. *Rachis* articulata, articulis hinc scrobiculatis, unifloris. *Calycis* glumæ subulatæ, acutæ, sulcatæ, muticæ, glabræ, parallelæ et arctè connatæ, omnè scrobiculum affabrè claudentes, sub anthesin verò patentes, et demùm divaricati. *Flosculus* solitarius, sessilis. *Corollæ* glumæ membranaceæ, lanceolatæ, acutæ, muticæ, subæquales. *Antheræ* lineares, albidæ. *Stigmata* plumosa. *Semen* in scrobiculo proprio, glumis calycinis clauso, fovitur, et cum decidente rachis articulo tandem spargitur.

    a. Portio rachis superior.

    B. Articulus seorsìm, magnitudine triplò auctus.

    c, C. Flos a rachi sejunctus.

    D. Glumæ calycinæ connatæ.

    E. Pistillum.

TABULA 92.

ROTBOLLIA DIGITATA.

ROTBOLLIA spicis terminalibus fasciculatis, rachi angulatâ scabrâ, glumis acuminatis, foliorum vaginis pilosis.

In Bithyniâ, in itinere Olympum versùs, legit Sibthorp. ♃.

Radix, ni fallor, perennis. *Culmi* bi- vel tripedales, erecti, ramosi, foliosi, teretes, glabri. *Folia* pedalia vel ultrà, erecto-patentia, linearia, acuta, plana, nervosa, glaucescentia, suprà scabra et sæpè pilosa; vaginis elongatis, strictis, nervosis, punctato-scabris atque pilosis. *Stipula* ciliaris. *Spicæ* terminales, erectæ, fasciculatæ, spithameæ aut pedales, multifloræ, interdùm solitariæ. *Rachis* subflexuosa, articulis striatis, scabris, hinc canaliculatis, bifloris. *Calyx* inferior sessilis, uniflorus: superior pedicellatus, biflorus. *Glumæ* lanceolatæ, acuminatæ, obliquè carinatæ, hinc complanatæ, lævigatæ, carinâ scabræ. *Corollæ* glumæ calyce minores, subæquales, lanceolatæ, acutæ, muticæ, involutæ, membranaceæ, albæ. *Antheræ* lineares, flavæ. *Styli* elongati. *Stigmata* cylindracea, plumosa, flava.

    a. Portio rachis.

    B. Flos pedicellatus, calyce bifloro, magnitudine auctus.

VOL. I.   U

ÆGILOPS.

Linn. G. Pl. 543.   Juss. 30.   Gœrtn. t. 175.

Calyx bivalvis, triflorus, aristato-furcatus, cartilagineus.   *Corolla* bi-valvis, bi- sive trifurca.   *Flosculus intermedius* masculus.   *Flores* alterni, in rachi articulatâ.

TABULA 93.

ÆGILOPS OVATA.

Ægilops spicâ ovatâ, calycibus omnibus ventricosis triaristatis, aristis spicam su-perantibus.

Æ. ovata. *Linn. Sp. Pl.* 1489.   *Desfont. Atlant. v.* 2. 383.

Æ. altera. *Camer. Epit.* 928.

Ægilops. *Dod. Pempt.* 539.

Gramen spicatum, durioribus et crassioribus locustis, spicâ brevi. *Tourn. Inst.* 519.   *Scheuchz. Agr.* 11. *t.* 1. *f.* 2.

Festuca altera, capitulis duris. *Bauh. Pin.* 10.   *Theatr.* 151.

Αιγιλωψ *Dioscoridis.*

Σιδερόςαρο *hodiè.*

Αγριόςαρι *Zacynthiorum.*

In Archipelagi insulis frequens. ☉.

Radix fibrosa, annua, glabra. *Culmi* plures, pedales, erecti, simplices, teretes, gla-bri, foliosi, basi geniculati. *Folia* patentia, lineari-lanceolata, acuta, breviuscula, plana, striata, utrinque pilosa, vaginis parùm ventricosis, striatis, ciliatis. *Stipula* brevis, obtusa. *Spica* ovata, erecta, brevis, simplex, pauciflora. *Rachis* flexuosa, articulis sursùm dilatatis, compressis, sulcatis, scabris. *Flores* solitarii, sessiles; summus glumaceus, abortivus. *Calycis* glumæ omnes aristatæ, ovato-subrotundæ, ventricosæ, cartilagineæ, intùs læves, extùs nervosæ, scabræ; aristis quaternis, terminalibus, æqualibus, uncialibus, rectis, setaceis, scabris, basi complanatis, carinatis. *Flosculi* terni, quorum unus hermaphroditicus, alter masculus, et ter-tius intermedius, pedicellatus, abortivus, muticus. *Corollæ gluma exterior* ventri-cosa, sulcata, scabra, in flosculo hermaphroditico tri- quatuor- aut quinquearistata,

Aegilops ovata.

Aegilops comosa.

Aegilops cylindrica.

aristis scabris, longitudine màximè variis; in masculo sæpiùs triaristata: *interior* angustior, mutica, emarginata: *tertia* in flore hermaphroditico angustissima, tenuissima, integra, mutica. *Antheræ* oblongæ, flavæ. *Germen* subrotundum, pilosum. *Stigmata* subsessilia, cylindracea, plumosa. *Semen* ovatum, liberum.

    a. Portio rachis, cum flosculis in situ naturali, calyce orbatis.
    B. Flosculus hermaphroditicus seorsìm, duplò auctus, arte expansus.
    C. Flosculus masculus expansus, cum abortivo pedicellato *D.*
    E, E. Corollarum glumæ exteriores.
    F, F. ——————— interiores.
    G. Gluma intima flosculi hermaphroditici.

TABULA 94.

ÆGILOPS COMOSA.

Ægilops spicâ cylindraceâ triflorâ, floribus inferioribus dentato-emarginatis: summo multiaristato.

In insulis Græciæ frequens. ☉.

Hujus specimina nunquam vidi. Characteres ex icone petendi.

    a. Flos e parte inferiori spicæ, cum calyce *b, b,* flosculis hermaphroditicis *c, c,* et masculino brevitèr pedicellato *d,* omnibus in situ naturali.
    C. Flosculus hermaphroditicus auctus.
    D. Flosculus masculinus cum proprio pedicello.
    E, E. Corollarum gluma exterior.
    F, F. ——————— interior.
    g. Pars floris e summitate spicæ, sistens glumam calycinam triaristatam, cum flosculo hermaphroditico, cujus gluma exterior longiùs aristata est, interior verò mutica.

TABULA 95.

ÆGILOPS CYLINDRICA.

Ægilops spicâ cylindraceâ strictâ multiflorâ, floribus inferioribus dentato-emarginatis subaristatis: summo biaristato.

Æ. cylindricus. *Waldst. et Kitabel. in Hort. Gotting.* ex auctoritate amicissimi D. H. A. Nœhden.

Gramen creticum, spicâ gracili, in duas aristas longissimas et asperas abeunte. *Tourn. Cor.* 39.

In insulâ Cretâ. ☉ .

Radix, ut videtur, annua, fibrosa, fibris tomentosis. *Culmi* plures, pedales, erecti, simplices, graciles, teretes, scabriusculi, foliosi, basi geniculati. *Folia* patentissima, breviuscula, lineari-lanceolata, acuta, plana, plùs minùs pilosa, vaginis ciliatis, vix inflatis. *Stipula* brevis, obtusa, erosa, utrinque pilosa. *Spica* erecta, bisive triuncialis, cylindracea, gracilis, stricta, scabra, multiflora, simplicissima. *Rachis* flexuosa, articulis sursùm dilatatis, valdè compressis, sulcatis, asperis. *Flores* solitarii, sessiles, rachi adpressi; quorum duo (plerumque) infimi abortivi et obsoleti sunt, summus longissimè aristatus, vix fertilis. *Calycis* glumæ elliptico-oblongæ, cartilagineæ, extùs nervosæ, scabræ, intùs lævissimæ, omnes, dempto flore terminali, emarginato-dentatæ, denticulo altero in aristulam brevissimam, scabram, subindè producto. *Arista* in utrâque valvulâ calycinâ floris supremi solitaria, terminalis, recta, triuncialis, simplicissima, scabra, basi complanata et sulcata. *Flosculi* (in omnibus) duo hermaphroditici, cum intermedio pedicellato, abortivo. *Corollæ gluma exterior* dorso scabra, apice emarginata, ferè mutica: *interior* involuta, integerrima, margine ciliata. *Antheræ* lineares, albidæ. *Germen* oblongum, pilosum. *Semen* compresso-cylindraceum, apice barbatum, hinc sulcatum.

Distincta omninò ab *Ægilope caudatâ* Linnæi, cui perperàm in *Sp. Pl.* synonymon Tournefortii annectitur, et cujus icon apud Buxbaumium, *Cent.* 1. *t.* 50. *f.* 1, videnda est.

     A. Flos paululùm auctus, expansus.   *E, E, E.* Glumæ exteriores corollæ.
     B. Flosculus seorsìm.   *F, F, F.* ———— interiores ejusdem.
     C, C. Glumæ calycinæ.   *G, G.* Semen.
     D. Flosculus intermedius abortivus.

     Stigmata iconi et speciminibus desunt.

ELYMUS.

Linn. G. Pl. 39. *Juss.* 31.

Calyx lateralis, bivalvis, aggregatus, multiflorus.

TABULA 96.

ELYMUS CRINITUS.

ELYMUS spicâ erectâ, spiculis subbifloris scabris longissimè uniaristatis, involucro erecto setaceo scabro.

Elymus crinitus.

Secale villosum

E. crinitus. *Schreb. Gram. v.* 2. 15. *t.* 24. *f.* 1.

Hordeum crinitum. *Desfont. Atlant. v.* 1. 113.

Gramen hordeaceum, spicâ aristis longissimis circumvallatâ. *Scheuchz. Agr.* 20. *Buxb. Cent.* 1. 33. *t.* 52. *f.* 1.

In collibus ad vias circa Smyrnam. ☉.

Radix fibrosa, annua. *Culmi* plures, pedales et ultrà, simplices, foliosi, teretes, glabri, basi geniculati. *Folia* patentiuscula, lineari-lanceolata, acuminata, plana; suprà pubescentia; subtùs scabra; vaginis strictis, elongatis. *Stipula* brevis, obtusa. *Spica* erecta, simplex, crassiuscula, demptis aristis vix biuncialis. *Rachis* subflexuosa. *Flores* erecti, duplici serie alternatìm per paria digesti. *Calycis* glumæ setaceæ, erectiusculæ, æquales, carinatæ, scabræ, haud unciales. *Spiculæ* sessiles, calyce duplò breviores, at longissimè aristatæ, bifloræ, flosculo altero pedicellato, abortivo, mutico. *Corollæ* glumæ, in flore perfecto, oblongæ, subæquales; interior mutica, complanata, extùs ciliata; exterior concava, scabra, aristata. *Arista* terminalis, solitaria, recta, subulata, scabra, triuncialis vel ultrà. *Antheræ* breves, utrinque bilobæ, flavæ. *Stigmata* plumosa. *Semen* lineare, hinc sulcatum.

Ab *Hordeo jubato* americano, cui synonyma ejus tribuuntur, prorsùs alienum est hoc gramen.

    a. Spiculæ geminæ e rachi separatæ.

    b. Calyx seorsìm.

    c. Portio rachis.

    D. Flosculus perfectus, arte expansus, unà cum abortivo pedicellato, *E,* spiculam constituens.

    f,f. Semen.

SECALE.

Linn. G. Pl. 39. *Juss.* 32. *Gærtn. t.* 81.

Calyx bivalvis, solitarius, biflorus, in rachi dentatâ.

TABULA 97.

SECALE VILLOSUM.

SECALE glumis calycinis cuneiformibus retusis fasciculato-ciliatis.

S. villosum. *Linn. Sp. Pl.* 124. *Willden. Sp. Pl. v.* 1. 471.

VOL. I.   x

Gramen spicatum secalinum, glumis villosis in aristas longissimas desinentibus. *Tourn.*
     Inst. 518.

G. secalinum maximum. *Park. Theatr.* 1144.

Αγριοσέχαλι *Zacynthiorum.*

β. Gramen creticum spicatum secalinum, glumis ciliaribus. *Tourn. Cor. 39. Buxb.*
     Cent. 5. 21. t. 41.

Triticum creticum. *Raii Hist.* 1240.

In Cretæ et Zacynthi agris. ☉.

Radix fibrosa, annua. *Culmi* numerosi, erecti, pedales aut bipedales, simplices, foliosi,
teretes, striati, glabri, basi geniculati, geniculis tumidis. *Folia* patentia, lineari-
lanceolata, acuta, integerrima, plana, nervosa, utrinque pilosa, vaginis subinflatis,
striatis, glabris. *Stipula* brevissima, obtusa, crenata. *Spica* bi- vel triuncialis,
erectiuscula, cylindracea, crassa, densa, multiflora. *Rachis* subflexuosa, lævis.
Flores solitarii, alterni, subpedunculati, erectiusculi. *Calycis* glumæ æquales,
cuneiformi-oblongæ, retusæ, concavæ, carinatæ, sulcatæ, extùs pilosæ, pilis duplici serie fasciculatìm digestis, apice aristatæ. *Aristæ* solitariæ, subulatæ, rectæ,
scabræ, longitudine variæ. *Flosculi* pedicellati, plerumque bini, paralleli, æquales,
subinde cum tertii rudimento, abortivo, longiùs pedicellato. *Corollæ* glumæ subæquales, oblongæ, concavæ, carinatæ, emarginatæ; interior mutica, nuda; exterior aristata, aristâ calycinæ simillimâ, at sæpiùs longiore. *Antheræ* longè exsertæ,
pendulæ, lineares, emarginatæ, flavæ. *Germen* oblongum, obtusum. *Stigmata*
cylindracea, ferè sessilia, plumosa.

Varietas β in Herbario Banksiano, e Vaillantio olim ad Gronovium missa, nullo numero haberi meretur, nec a specimine in tabulâ depicto differt nisi spicâ paululùm minore.

Secalis genus ægrè a Tritico distinguendum.

     a. Flos integer e spicâ sejunctus.
     B. Calyx auctus, cum unico flosculo tantùm non resecto.
     C. Pedunculus proprius pilosus.
     D. Corollæ gluma exterior, cum aristâ.
     E. ———— ———— interior.

Hordeum bulbosum

HORDEUM.

Linn. G. Pl. 39. Juss. 32. Gærtn. t. 81.

Calyx lateralis, bivalvis, ternus, uniflorus.

TABULA 98.

HORDEUM BULBOSUM.

Hordeum flosculis lateralibus masculis submuticis, glumis calycinis uniformibus setaceis basi ciliatis, radice bulbosâ.

H. bulbosum. *Linn. Sp. Pl.* 125. *Amœn. Acad. v.* 4. 304. *Willden. Sp. Pl. v.* 1 474.

H. strictum. *Desfont. Atlant. v.* 1. 113. *t.* 37.

Gramen creticum spicatum secalinum altissimum, tuberosâ radice. *Tourn. Cor.* 39.

G. bulbosum ex Alepo. *Bauh. Pin.* 2. *Prodr.* 4. *J. Bauh. Hist. v.* 2. 431.

G. secalinum bulbosâ radice. *Scheuchz. Agr.* 19. *Barrel. Ic. t.* 112. *f.* 2.

G. secalinum chalepense, radice tuberosâ. *Moris. Hist. sect.* 8. *t.* 6. *f.* 7.

In arenosis maritimis insulæ Cypri. ♃.

Radix perennis, bulbosa, aggregata, bulbis ovato-globosis, extùs tenuissimè pubescentibus, vel subincanis. *Culmi* ex singulis bulbis solitarii, erecti, stricti, tripedales, simplices, foliosi, teretes, glabri, striati, basi tunicati. *Folia* patentia, linearia, acuminata, plana, integerrima, striata; subtùs glabra; suprà scabriuscula, et interdùm subpilosa. *Vaginæ* strictæ, læves atque glaberrimæ; summa elongata, sæpiùs ventricosa, folio brevissimo. *Stipula* brevissima, obtusa. *Spica* biuncialis, palmaris et ultrà, erecta, stricta, arcta, multiflora. *Rachis* articulata, fragilis, compressa, angulis scabra. *Spiculæ* distichæ, imbricatæ. *Flores* laterales pedicellati, pedicellis scabriusculis; intermedius sessilis. *Calycis* glumæ omnes uniformes et longitudine subæquales, lanceolato-setaceæ, basi ciliatæ, aristâ scabrâ, rectâ. *Flosculi* omnes solitarii, quandoque cum alterius rudimento, setaceo, brevi; laterales masculi, vel omninò mutici, vel breviùs et obtusiùs aristati; centralis hermaphroditicus, aristatus, aristâ terminali, rectâ, scabrâ, calyce duplò vel triplò longiore. *Glumæ* lanceolatæ, concavæ, scabræ; interiores semper muticæ. *Antheræ* exsertæ, pendulæ, lineares, flavæ. *Stigmata* plumosa, brevia.

　　a, A. Spicula magnitudine naturali et auctâ.
　　　　B. Flos lateralis, masculinus, muticus.
　　　　C. Flos centralis hermaphroditicus.
D, D, D, D. Calycis arista.
　　E, E. Corollæ gluma interior.
　　F, F. Corollæ gluma exterior, in flore masculino mutica, in hermaphroditico aristata.
　　G, G. Rudimentum setaceum flosculi abortivi.

TRITICUM.

Linn. G. Pl. 40.　Juss. 32.　Gærtn. t. 81.

Calyx bivalvis, solitarius, multiflorus, in rachi flexuosâ, dentatâ.

TABULA 99.

TRITICUM JUNCEUM.

Tʀɪᴛɪᴄᴜᴍ calycibus truncatis quinquefloris, foliis involutis mucronato-pungentibus.
T. junceum. *Linn. Sp. Pl.* 128. *Willden. Sp. Pl. v.* 1. 480. *Fl. Brit.* 157. *Engl. Bot. v.* 12. *t.* 814. *Fl. Dan. t.* 916.
Gramen loliaceum maritimum, foliis pungentibus. *Tourn. Inst.* 516.
G. angustifolium, spicâ tritici muticæ simili. *Bauh. Pin.* 9. *Prod.* 18. *f.* 17. *Scheuchz. Agr.* 7. *Moris. Hist. sect.* 8. *t.* 1. *f.* 5.
G. maritimum, spicâ loliaceâ, foliis pungentibus, nostras. *Pluk. Phyt. t.* 33. *f.* 4, *a.*

In insularum Græcarum arenosis frequens. ♃.

Radix repens, teres, articulata, glabra, fibris crassis, ramosis, tomentosis, albidis. *Culmi* adscendentes, simplices, spithamæi, bipedales et ultrà, teretes, striati, glabri, basi præcipuè foliosi et geniculati. *Folia* patentia, linearia, acuminato-pungentia, involuta, striata, glauca; subtùs lævissima; suprà inter strias scabra. *Vaginæ* strictæ, sulcatæ, glabræ; inferiores sæpiùs purpurascentes. *Stipula* brevissima, obtusa. *Spica* simplicissima, erecta, stricta, glauca, longitudine maximè varia. *Rachis* articulata, lævis, articulis hinc convexis, striatis, illinc longitudi-

Triticum junceum.

Cenchrus capitatus.

nalitèr excavatis. *Spiculæ* alternæ, erectæ, solitariæ, distichæ, compressæ, glaberrimæ, muticæ, articulo opposito subæquales. *Calycis* glumæ cymbiformes,
ecarinatæ, retusæ, sulcatæ. *Flosculi* quatuor, quinque vel sex, alterni, in rachi
partiali compressâ, tenuissimè ciliatâ, superiores sensìm minores, summi abortivi.
Corollæ gluma exterior figurâ calycis, at sæpiùs cum mucronulo obtuso; interior
parùm minor, emarginata, complanata, marginibus inflexis, extùs ciliato-scabris.
Antheræ lineares, albidæ, exsertæ. *Germen* turbinatum, angulatum. *Stigmata*
subsessilia, plumosa.

> *a.* Spicæ articulus, spiculam in apice gerens.
> *B.* Flosculus seorsìm, expansus et parùm auctus.
> *C.* Corollæ gluma exterior.
> *D.* ——— ——— interior.
> *E.* Pistillum seorsìm.

CENCHRUS.

Linn. G. Pl. 542. Juss. 30. Gærtn. t. 80.

Involucrum laciniatum, echinatum, bi-quadriflorum. *Calyx* bivalvis,
biflorus, flosculo altero masculo. *Corolla* bivalvis, mutica.

TABULA 100.

CENCHRUS CAPITATUS.

Cenchrus spicâ ovatâ simplici terminali, involucris demùm stellatis.

C. capitatus. *Linn. Sp. Pl.* 1488. *Rel. Rudb.* 7. *f.* 1, 2. *Ait. Hort. Kew. v.* 3. 426.

Echinaria capitata. *Desfont. Atlant. v.* 2. 385.

Gramen spicatum, spicâ subrotundâ echinatâ. *Tourn. Inst.* 519.

G. spicâ subrotundâ echinatâ. *Bauh. Pin.* 7. *Prodr.* 16. *Theatr.* 107. *Rudb. Elys.*
v. 1. 67. *f.* 1. *Scheuchz. Agr.* 74.

G. montanum echinatum tribuloides capitatum. *Column. Ecphr.* 340. *t.* 338. *f.* 1.

G. minimum, spicâ globosâ echinatâ. *Barrel. Ic. t.* 28. *f.* 1. et *t.* 863. *f.* 2.

In Bithyniâ. ☉.

Radix parva, annua, e fibris paucis, glabris. *Culmi* sæpiùs plures, palmares, erecti, stricti, simplices, foliosi, supernè nudi, crassiusculi, teretes, sulcati, glaberrimi. *Folia* erectiuscula, plana, linearia, integerrima, obtusiuscula, nervosa, utrinque pubescentia, vaginis brevibus, dilatatis, laxis, submembranaceis. *Stipula* breviuscula, lacera. *Spica* terminalis, solitaria, erecta, ovato-subrotunda, simplex, densa, undique muricata. *Involucra* sessilia, congesta, cartilaginea, compressoturbinata, sulcata, basi squamosa, margine septempartita, laciniis lanceolatis, aristatis, planis, scabriusculis, inæqualibus, subtùs carinatis, demùm horizontalitèr patentibus.

Fructificationis structura e speciminibus siccis vix erui potest. Flosculi ex icone solitarii, hermaphroditici, corollâ destituti, videntur, neque cum charactere generico optimè conveniunt. *Semen* subrotundum, liberum, in fundo involucri.

> *a, A.* Involucrum cum flosculo in situ naturali.
> *B.* Flosculus seorsìm.
> *C.* Calyx ?

LONDINI

IN ÆDIBUS RICHARDI TAYLOR ET SOCII

M . DCCC . VII.

FLORA
GRÆCA
Sibthorpiana.

CENTURIA SECUNDA
1813

MONS ATHOS

FLORA GRÆCA:

SIVE

PLANTARUM RARIORUM HISTORIA,

QUAS

IN PROVINCIIS AUT INSULIS GRÆCIÆ

LEGIT, INVESTIGAVIT, ET DEPINGI CURAVIT,

JOHANNES SIBTHORP, M. D.

S. S. REG. ET LINN. LOND. SOCIUS,

BOT. PROF. REGIUS IN ACADEMIA OXONIENSI.

HIC ILLIC ETIAM INSERTÆ SUNT

PAUCULÆ SPECIES QUAS VIR IDEM CLARISSIMUS, GRÆCIAM VERSUS NAVIGANS, IN
ITINERE, PRÆSERTIM APUD ITALIAM ET SICILIAM, INVENERIT.

———————

CHARACTERES OMNIUM,

DESCRIPTIONES ET SYNONYMA,

ELABORAVIT

JACOBUS EDVARDUS SMITH, M. D.

S. S. IMP. NAT. CUR. REGIÆ LOND. HOLM. UPSAL. TAURIN. OLYSSIP. PHILADELPH. ALIARUMQUE SOCIUS;

SOC. LINN. LOND. PRÆSES.

———————

VOL. II.

———————

LONDINI:

TYPIS RICHARDI TAYLOR ET SOCII,

IN VICO SHOE-LANE.

VENEUNT APUD WHITE, COCHRANE, ET SOC.

IN VICO FLEET-STREET.

———————

MDCCCXIII.

Lappago racemosa

LAPPAGO.

Schreb. Gen. Pl. 55.

Tragus.   *Hall. Hist. v. 2. 203.*

Calyx muricatus, univalvis, uniflorus, aggregatus.

Corolla bivalvis, mutica.

TABULA 101.

LAPPAGO RACEMOSA.

Lappago racemosa.   *Willden. Sp. Pl. v. 1. 484.   Host. Gram. Austr. v. 1. 28. t. 36.*
   Ait. Hort. Kew. ed. 2. v. 1. 182.

Tragus n. 1413.   *Hall. Hist. v. 2. 203.*

T. racemosus.   *Desfont. Atlant. v. 2. 386.*

Cenchrus racemosus.   *Linn. Sp. Pl. 1487.   Ait. H. Kew. ed. 1. v. 3. 426.   Schreb.*
   Gram. v. 1. 45. t. 4.

Gramen spicatum, locustis echinatis.   *Tourn. Inst. 519.*

G. caninum maritimum, spicâ echinatâ.   *Bauh. Pin. 2.   Scheuchz. Agr. 76. t. 2.*
   f. 7, C D.

G. caninum maritimum asperum.   *Bauh. Prodr. 2.   Theatr. 16.*

G. parvum echinatum.   *Bauh. Hist. v. 2. 467.*

G. caninum maritimum spicatum, echinatis glumis.   *Barrel. Ic. t. 718.*

Circa Byzantium.   ☉.

Radix annua, fibrosa, villosa.   *Culmi* numerosi, spithamæi, simplices, geniculati,
   foliosi, teretes, læves, basi decumbentes et radicantes.   *Folia* patentia, lanceolata,
   acuta, plana, striata, glabra, dentato-ciliata, basi cordata; summa brevissima.
   Vaginæ subventricosæ, striatæ, glabræ; superiores elongatæ.   *Stipula* brevis,
   ciliaris.   *Spicæ* solitariæ, terminales, bi- vel triunciales, erectæ, cylindraceæ, obtusæ,
   multifloræ, basi strigosæ.   *Rachis* angulata, hirta.   *Flores* terni vel quaterni in
   pedicello communi flexuoso, erecti, remotiusculi, alterni; summi sæpiùs abortivi.

Calyx univalvis, lanceolatus, acuminatus, ventricosus, angulatus, sulcatus, sæpè purpurascens, extùs triplici serie muricatus, aculeis sursùm aduncis, cartilagineis, persistentibus. *Flosculus* solitarius, sessilis. *Corolla* calyce minor, bivalvis, mutica, membranacea, albida, glabra, glumis lanceolatis, acutis, concavis; exterior calyci opposita, nervosa; interior tenerior atque duplò minor, in sinu calycis. *Antheræ* breves, bipartitæ, flavæ. *Germen* ellipticum. *Styli* parùm elongati. *Stigmata* cylindracea, plumosa. *Semen* nudum, elliptico-oblongum, hinc sulcatum.
Genus a *Cenchro* certè distinctissimum.

> *a, A.* Pedicellus cum floribus duobus perfectis et intermedio abortivo.
> *B.* Flos arte expansus.
> *C.* Calyx.
> *D.* Corollæ valvula exterior.
> *E.* —————————— interior.
> *f, F.* Semen.

Evulgato Tomo Primo, graminum sequentium exemplaria, inter farraginem ab herbario Græco, ut mihi anteà visum est, alienam, confusa, longo post intervallo, inveni. Horum quædam inserere, omniumque descriptiones absolutiores reddere, quo hallucinationes in quas inscius incidi corrigam, res ipsa et veritatis studium omninò cogunt.

SESLERIA ALBA. *vol.* 1. 56. *tab.* 72.

Radix perennis, repens, basibus foliorum persistentibus, transversè corrugatis, densiùs vaginata, fibris longissimis, ramulosis, glabriusculis. *Culmi* cæspitosi, pedales, vel sesquipedales, erecti, simplices, subcompressi, læves, basi præcipuè nodosi et foliosi. *Folia* longitudine ferè culmorum, numerosa, linearia, acuta, subcanaliculata, nervosa, utrinque glabra, margine aspera; superiora abbreviata, obliquè retusa, cum mucronulo porrecto. *Vaginæ* compressæ, strictæ, læves. *Stipula* brevissima, crenulata. *Spica* erecta, uncialis, obtusa, albido-virens, nitida, subsimplex. *Bracteæ* solitariæ, ovatæ, acuminatæ, scariosæ, carinatæ, ad basin spicularum duarum vel trium inferiorum. *Spiculæ* binatæ, vel ternatæ, pedicellatæ, erectæ, ovato-lanceolatæ, glabræ, tri- aut quadrifloræ, subdistichæ. *Glumæ calycinæ* subæquales, ovatæ, acuminatæ, concavæ, membranaceæ, carinatæ. *Petala* membranacea, acuminata, carinis viridibus, scabriusculis; exterius indivisum; interius bidentatum. *Stamina* exserta, alba. *Antheræ* pendulæ, oblongæ, ochroleucæ, utrinque bifidæ. *Germen* parvum. *Styli* ad apicem usque connati. *Stigmata* exserta, subulata, pubescentia.

BRIZA ELATIOR. 59. *tab.* 75.

Radix perennis, cæspitosa, nigra, fibris albidis, glabris. *Culmi* plures, cæspitosi, erecti, quadripedales, foliosi, teretes, nodosi, striati, glabri; supernè scabri. *Folia* erecta, linearia, latiuscula, plana, acuta, nervosa, saturatè viridia, utrinque margineque scabra; vaginis elongatis, strictis, nervosis, scabris. *Stipula* brevis, membranacea, indivisa, obtusissima. *Panicula* ampla, erectiuscula, scabra; ramis geminatis, alternatìm per paria secundis, patentibus, compositis, gracilibus; pedicellis capillaribus. *Spiculæ* pendulæ, cordatæ, compressæ, fusco-virentes, nitidæ, subduodecimfloræ. *Glumæ calycinæ* concavæ, obtusæ, multinervosæ, inæquales, corollâ breviores: *corollinæ exteriores* maximæ, gibbosæ, obliquæ, bilobæ; *interiores* parvæ, oblongæ, concaviusculæ. *Stamina* exserta; antheris utrinque bipartitis, flavis. *Germen* parvum. *Styli* brevissimi, ut ferè nulli; stigmatibus cylindraceis, villosis, albis.

FESTUCA DACTYLOIDES. 64. *tab.* 81.

Culmi cæspitosi, glaberrimi, rigidi. *Folia* canaliculata, glaucescentia, margine tantùm scabriuscula; vaginis nervosis, lævibus. Reliqua ut suprà.

AVENA CARYOPHYLLEA. 71. *tab.* 89.

Vix species distincta, sed potiùs *Avenæ pratensis* varietas mihi videtur, flosculis numerosioribus tantùm discrepans. *Rachis* enim sursùm pilosa est, nec glabra; neque *folia* plana, lævia, at canaliculata, margine spinuloso-scabra.

TRIANDRIA TRIGYNIA.

POLYCARPON.

Linn. Gen. Pl. 42.   *Juss.* 299.   *Gærtn. t.* 129.

Calyx pentaphyllus.   *Petala* quinque, ovata, minima.   *Capsula* unilocularis, trivalvis.   *Semina* plurima.

Flores quandoque pentandri monogyni.   *D. Bauer.*

TABULA 102.

POLYCARPON TETRAPHYLLUM.

Polycarpon tetraphyllum.   *Linn. Sp. Pl.* 131.   *Willden. Sp. Pl. v.* 1. 490.   *Fl.*
Brit. 162.   *Eng. Bot. v.* 15. *t.* 1031.   *Lamarck. Encycl. t.* 51. *f.* 3.   *Desfont.*
Atlant. v. 1. 115.
Herniaria alsines folio.   *Tourn. Inst.* 507.
Anthyllis maritima alsinefolia.   *Bauh. Pin.* 282.   *Lob. Ic.* 468. *f.* 3.
A. alsinefolia polygonoides major.   *Barrel. Ic. t.* 534.
Paronychia alsinefolia incana.   *Bauh. Hist. v.* 3. 366.
P. altera.   *Matth. Valgr. v.* 2. 389.   *Dalech. Hist.* 1213. *f.* 2.

Frequens ad vias in insulis Archipelagi.   ⊙.

Radix annua, fibrosa, caudice cylindraceo.   *Caules* plures, palmares aut spithamæi,
diffusi, ramosi, divaricati, flexuosi, foliosi, teretes, glabri, sæpè purpurascentes.
Folia opposita, vel plerumque quaterna, patentia, subpetiolata, obovata, integerrima,
subcarnosa, glabra, uninervia.   *Stipulæ* oppositæ, acutæ, membranaceæ, laceræ,
albæ.   *Paniculæ* terminales, dichotomæ, multifloræ.   *Bracteæ* oppositæ, stipulis
conformes.   *Flores* parvi, inodori.   *Calycis* foliola quinque, regularia, patentia,
obovata, concava, trinervia, carinata, obtusa, sub apice mucronulata, margine
scariosa, integerrima.   *Petala* quinque, calyce minora, obovata, obtusa, indivisa,
alba.   *Stamina* plerumque tria, interdùm, observante Bauero, quinque, simplicia,
petalis breviora.   *Antheræ* oblongæ, luteolæ.   *Germen* superum, subrotundum.
Styli sæpiùs tres, at in floribus pentandris solitarii, stamina vix superantes, stigmatibus subcapitatis.   *Capsula* ovata, lævis, trivalvis, calyce persistente tecta.
Semina reniformia.

a, A. Flos magnitudine naturali et auctâ.
B. Flos pentandrus monogynus, auctus.
C. Calyx.
D. Petala.

e, E. Calyx fructu fœtus.
f, F. Capsula seorsìm.
g, G. Semen.

Polycarpon tetraphyllum

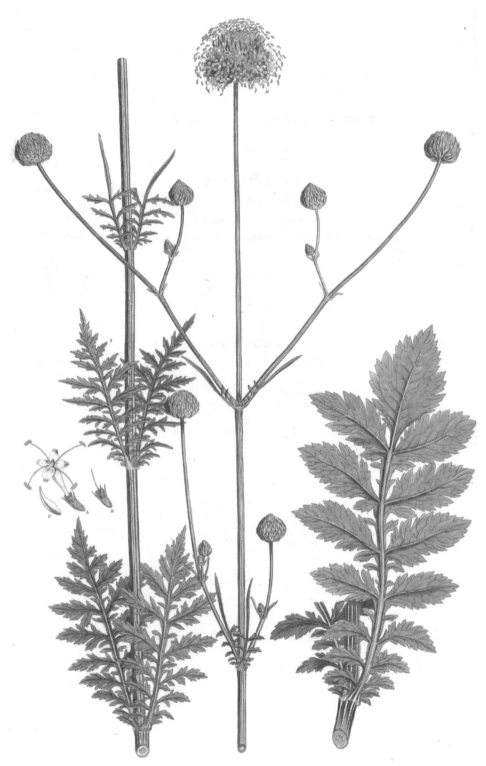

Scabiosa ambrosioides.

TETRANDRIA MONOGYNIA.

SCABIOSA.

Linn. G. Pl. 48. Juss. 194. Gærtn. t. 86.

Calyx communis polyphyllus: *proprius* duplex; *interior* superus. *Receptaculum* paleaceum, sive nudum. *Semen* calyce proprio corticatum et coronatum.

* *Corollulis quadrifidis.*

TABULA 103.

SCABIOSA AMBROSIOIDES.

Scabiosa corollulis quadrifidis æqualibus, calycibus imbricatis acutis, foliis interruptè bipinnatifidis incisis pubescentibus.

In monte Parnasso. ♃.

Radix, ut videtur, perennis. *Caulis* quadripedalis, erectus, strictus, ramosus, foliosus, teres, sulcatus, glaber; basin versùs scabriusculus; intùs spongiosus ac fistulosus. *Folia* opposita, erectiuscula, sessilia, amplexicaulia, sublyrata, interruptè bipinnatifida, rigidula, mollè pubescentia, pallidè viridia; laciniis decurrentibus, acutis, incisis: superiora sensìm angustiora: summa diminuta et ferè simplicia. *Pedunculi* terminales, divaricati, stricti, elongati, nudi. *Flores* erecti, ochroleuci, discoidei, ferè globosi. *Calyx communis* imbricatus; foliolis ellipticis, concaviusculis, obtusis, muticis, pubescentibus: *proprius* duplex; *exterior* dentibus pluribus inæqualibus, spinescentibus coronatus; *interior* densè fimbriatus. *Receptaculi squamæ* albidæ, imbricatæ, ovato-lanceolatæ, acuminatæ, carinatæ, rigidæ, pubescentes, ciliatæ, calyce proprio longiores. *Corollulæ* uniformes, et ferè regulares, infundibuliformes, pubescentes, limbo quadrifido, obtuso, patente. *Stamina* exserta, filiformia, æqualia, albida. *Germen* sericeo-villosum. *Stylus* tubo corollæ brevior. *Stigma* simplex.

A. Flosculus seorsìm.   *B.* Germen cum stylo.
C. Receptaculi squama.   Omnes magnitudine parùm auctâ

c

TABULA 104.

SCABIOSA BIDENS.

Scabiosa corollulis quadrifidis radiantibus, foliis inferioribus lyratis serratis, fructibus compressis bicornibus.

In Asia minore.   ♂.

Radix fusiformis, biennis. *Caulis* solitarius, tripedalis, erectus, strictus, foliosus, teres, fistulosus, tenuissimè pubescens, tactu scabriusculus; supernè ramosus. *Folia* tenuia, scabriuscula, serrata: inferiora lyrata: superiora indivisa; basi attenuata, integerrima, et amplexicaulia. *Pedunculi* terminales, elongati, stricti, divaricati, pilosi. *Flores* erecti, parvi, pallidè purpurei, hemisphærici. *Calyx communis* pilosus, foliolis lanceolatis, acuminatis; alternis minoribus: *proprius externus* spinulosus; *internus* villosissimus. *Receptaculum* pilosum. *Corollulæ* marginales radiantes, laciniis angustatis; cæteræ regulares; omnes quadrifidæ, tubo piloso. *Stamina* corollà paulò longiora. *Antheræ* carneæ. *Stylus* parùm e tubo corollæ exsertus. *Seminis integumentum* elliptico-oblongum, compressum, retusum, fuscum, pilosum, apice dentatum, dentibus duobus lateralibus maximis, erectis.
Fructu *Knautiæ* affinis.

a. Calyx communis.   *b.* Flosculus radii.   *c.* Flosculus disci.   *d, D.* Semen.

TABULA 105.

SCABIOSA SYRIACA.

Scabiosa corollulis quadrifidis æqualibus, calycibus imbricatis paleisque aristatis, foliis lanceolatis serratis, receptaculo cylindraceo.
S. syriaca. *Linn. Sp. Pl.* 141. *Syst. Veg. ed.* 14. 144.
S. fruticans latifolia, floribus ad cæruleum inclinantibus. *Tourn. Inst.* 464.
S. fruticans latifolia alba. *Bauh. Pin.* 269. *Moris. Hist. v.* 3. 46. *sect.* 6. *t.* 14. *f.* 14.
S. nona, sive æstivalis. *Clus. Hist. v.* 2. 4.

In arvis insulæ Cypri.   ☉.

Radix annua, fusiformis, parva. *Caulis* solitarius, erectus, bi- vel tripedalis, strictus, foliosus, fistulosus, teres, sulcatus, undique setosus, setis deflexis; supernè di-

Scabiosa bidens.

Scabiosa syriaca.

Scabiosa eburnea.

chotomus, setis adscendentibus. *Folia* erecto-patentia, omnia ferè uniformia, lanceolata, acuta, serrata, pubescentia; margine setoso-ciliata; basi in petiolum brevem attenuata, amplexicaulia. *Pedunculi* terminales, elongati, stricti, setosi; inferiores quandoque e dichotomiâ caulis, valdè abbreviati, ut in herbario Linnæano et icone Clusianâ videndum est. *Flores* erecti, ovato-cylindracei, cærulescentes, interdum albi. *Calyx communis* imbricatus, scariosus, dilutè fuscus, pubescens; squamis rhomboideis, longè aristatis, aristis rectis, rigidis, læviusculis: *proprius* multisetosus, scaber; *interior* paululùm elevatus. *Corollulæ* uniformes, subregulares, extùs pilosæ. *Stamina* longitudine limbi, divaricata. *Antheræ* carneæ. *Receptaculum* cylindraceum, paleis aristatis, calyci similibus, sed angustioribus. *Seminis integumentum* oblongum, quadrangulum, compressiusculum, pilosum, fuscum, apice octo-aristatum, et calyce interiori, pedicellato, multisetoso, coronatum.

    a. Calycis squama.
    b. Flosculus seorsìm.
    C. Calyx proprius duplex, cum receptaculi squama, et stylo, magnitudine auctâ.
    D. Corolla longitudinalitèr secta, stamina ferens.

** *Corollulis quinquefidis.*

TABULA 106.

SCABIOSA EBURNEA.

Scabiosa corollulis quinquefidis radiantibus fimbriato-dentatis calyce brevioribus, foliis pinnatifidis; summis linearibus indivisis.

Inter Smyrnam et Bursam. ☉.

Radix fusiformis, nigricans. *Caulis* pedalis vel sesquipedalis, a basi ramosissimus, patens, divaricatus, foliosus, teres, pilosus, fuscescens, nitidus. *Folia* recurvato-patentia, pinnatifida, pilosiuscula, laciniis linearibus, margine scabris; summa indivisa. *Pedunculi* primarii e dichotomiâ caulis; reliqui laterales; omnes longissimi, stricti, laxè pilosi. *Flores* eburnei candoris, planiusculi, radiati. *Calyx communis* foliaceus, recurvato-dependens, flosculis triplò vel quadruplò longior, foliolis indivisis, basin versùs pilosis: *proprius exterior* scariosus, plicatus, fimbriatus; *interior* quinque-aristatus, scaber, triplò longior. *Corollulæ radii* maximæ, quinquefidæ, irregulares, lobis rotundatis, dentato-fimbriatis; *disci* infundibuliformes, regulares, breves; omnes extùs nivei, sericei. *Stamina* exserta, *antheris* croceis. *Stigma* obtusum, clavatum. *Receptaculum* planiusculum, pilosissimum.
Huic simillima est *Scabiosa sicula*, sed differt floribus minimè radiantibus, et foliis

radicalibus dilatatis, obovato-lyratis. *Scabiosa maritima* folia habet *S. siculæ* similia, at cum *S. eburneâ* nostrâ convenit floribus radiantibus, non verò dentato-fimbriatis, neque eburneis, sed rubris, et margine integerrimis.

> *a.* Flosculus radii, cum staminibus nondum explicatis, magnitudine naturali.
> *b.* Flosculus disci, staminibus exsertis.

TABULA 107.

SCABIOSA PROLIFERA.

Scabiosa corollulis quinquefidis radiantibus, floribus subsessilibus, caule prolifero, foliis indivisis.

S. prolifera. *Linn. Sp. Pl.* 144. *Mant.* 329.
S. stellata annua prolifera. *Tourn. Inst.* 465.
S. stellata humilis integrifolia prolifera. *Herm. Parad.* 223, cum icone.

In insulæ Cypri arvis. ☉.

Radix annua, subfusiformis, parva. *Caulis* pedalis, erectus, foliosus, teres, pilosus, ramosissimus, dichotomus; ramis primordialibus plerumque quaternis. *Folia* obovata, pilosa, venosa, basi angustata; inferiora subserrata; floralia integerrima. *Flores* e dichotomiâ caulis, solitarii, subsessiles, albidi sive ochroleuci. *Calyx communis* patens, pilosus, longitudine ferè corollæ, foliolis alternis minoribus: *proprius exterior* plicatus, scariosus, crenatus, multiradiatus; *interior* e setis quinque, tenuissimis, scabris. *Corollulæ* omnes pilosæ, quinquefidæ et irregulares; *radii* maximæ, margine crenatæ. *Stamina* ochroleuca, parùm exserta. *Stigma* capitatum. *Receptaculum* convexum, villosum. *Seminis integumentum* turbinatum, pilosissimum, sulcatum, margine dilatato, membranaceo, extùs scabro, calyceque interiori quinqueradiato, coronatum.

> *a.* Calyx communis.   · *b.* Flosculus radii.
> *c.* Flosculus disci.   *d.* Fructus cum coronâ.

Scabiosa prolifera.

Scabiosa argentea.

Scabiosa brachiata.

TABULA 108.

SCABIOSA ARGENTEA.

Scabiosa corollulis quinquefidis radiantibus integerrimis longitudine calycis, foliis pinnatifidis acutis pilosis.

S. argentea. *Linn. Sp. Pl.* 145. *Syst. Veg. ed.* 14. 145. *Willden. Sp. Pl. v.* 1. 555.

S. orientalis argentea, foliis inferioribus incisis. *Tourn. Cor.* 34.

Circa Corinthum et Elin; etiam in maritimis prope Byzantium, et ad vias inter Smyrnam et Bursam. ♃.

Radix perennis, fusiformis. *Caules* plures, pedales vel sesquipedales, erecto-patuli, brachiato-ramosi, foliosi, teretes, pilosi. *Folia* omnia ferè pinnatifida, laciniis plerumque oppositis, linearibus, decurrentibus, acutis, indivisis, plùs minùs pilosis; infima subindè latiora; summa sæpè indivisa. *Pedunculi* elongati, piloso-scabri; primarii e dichotomiâ caulis; reliqui laterales aut terminales. *Flores* albi, planiusculi, radiati. *Calyx communis* radii ferè longitudine, patens, foliolis suboctonis, acutis, indivisis, extùs basi pilosis: *proprius exterior* scariosus, plicatus, dentatus; *interior* quinque-aristatus, scaber, duplò vel triplò longior. *Corollulæ radii* majores, pilosæ, quinquefidæ, irregulares, lobis rotundatis, integerrimis; *disci* regulares, quinquefidæ. *Stamina* exserta, *antheris* albis. *Stigma* obtusum. *Fructus* parvus, capitatus. *Receptaculum* convexum, pilosum. *Seminis integumentum* turbinatum, sulcatum, pilosum, margine brevi coronatum.

Habitus *Scabiosæ eburneæ;* sed flores minores, nivei, integerrimi nec fimbriati; calyx longitudine tantùm flosculorum; et folia lobis frequentiora et acuta, *Scabiosam argenteam* satis distinguunt.

a. Flosculus radii.   *b.* Fructus maturus cum coronâ.

TABULA 109.

SCABIOSA BRACHIATA.

Scabiosa corollulis quinquefidis radiantibus crenatis, foliis subintegris, fructûs coronâ membranaceâ subtùs pertusâ.

Knautia palæstina. *Linn. Mant.* 197.

In arvis insulæ Cypri. ☉.

VOL. II.   D

Radix annua, fusiformis, parva. *Caulis* pedalis, erectus, foliosus, teres, pilosus, brachiatus. *Folia* utrinque pilosa; *inferiora* obovata, obtusiuscula, petiolata, subcrenata, indivisa; *superiora* acutiora, quandoque basi pinnatifida; *summa* integra, angustata. *Pedunculi* terminales, elongati, teretes, piloso-scabri. *Flores* dilutè purpurei. *Calyx communis* flosculis parùm longior, patens, foliolis sex vel octo, lanceolatis, acutis, indivisis, integerrimis, pilosis, rigidulis: *proprius exterior* margine scarioso, dentato, subtùs pertuso; *interior* triplò longior, pedicellatus, decem-radiatus, radiis planis, pectinato-ciliatis. *Corollulæ* omnes extùs pilosæ, quinquefidæ, irregulares; *radii* maximæ, lobis obtusis, crenatis; *disci* acutæ. *Stamina* alba. *Stigma* clavatum, obtusum. *Receptaculum* planiusculum, pilosum. *Seminis integumentum* turbinatum, angulosum, sericeum, margine columellis decem, poris interstinctis, elevato. *Corona* decem-radiata, plumosa.

Nescio quâ ratione Linnæus hanc plantam, unà cum *Knautiâ plumosâ*, a *Scabiosis* malè omninò separavit.

    a. Flosculus radii.   *b.* Flosculus disci.   *c, c.* Fructus cum duplici coronâ.

TABULA 110.

SCABIOSA SIBTHORPIANA.

Scabiosa corollulis quinquefidis radiantibus integerrimis, foliis basi pinnatifidis, fructûs coronâ membranaceâ subtùs pertusâ.

In insulâ Cypro. ☉.

Præcedenti maximè affinis, adeo ut potiùs varietatem diceres. Differt verò caule ramosiori, foliis ferè omnibus basi pinnatifido-lyratis, floribus majoribus, et præcipuè flosculis radii integerrimis.

Botanicus nullus, præter Sibthorp, hanc plantam adhuc observavit.

    a. Flosculus radii;   *b.* disci.   *c.* Fructus cum duplici coronâ.

Scabiosa Sibthorpiana.

Scabiosa plumosa.

Scabiosa involucrata.

TABULA 111.

SCABIOSA PLUMOSA.

Scabiosa corollulis quinquefidis radiantibus acutis, foliis lyratis, fructûs coronâ obsoletâ; pappo plumoso.

S. cretica, capitulo pappos mentiente. *Tourn. Cor.* 34. *Herb. Tourn.*

Knautia plumosa. *Linn. Mant.* 197.

In Cretæ rupibus copiosè. ☉.

Habitus duarum præcedentium. *Radix* annua, fusiformis, ramosa. *Caulis* pedalis, erectus, ramosissimus, foliosus, teres, tenuè pubescens, multiflorus. *Folia* omnia lyrato-pinnatifida, serrata, pubescentia, mollia, venosa; inferiora latiora. *Pedunculi* elongati, mollè pubescentes. *Flores* incarnato-rosei. *Calyx communis* radio parùm longior, undique pubescens, foliolis lanceolatis, acutis, indivisis, alternis minoribus : *proprius exterior* sulcatus, apice quasi detruncatus; *interior* elongatus, e radiis undecim vel duodecim plumosis, rubicundis. *Corollulæ* omnes quinquefidæ, irregulares, acutæ; *radii* parùm majores, apicibus atro-sanguineis. *Stamina* corollâ breviora, lutescentia. *Stigma* obtusum. *Semen* ovatum, pilosum, calyce proprio interiori, undecim- vel duodecim-radiato, plumoso, pedicellato, coronatum, et integumento sulcato, scabro, apice truncato, denticulato, vestitum.

a. Flosculus radii.	*B.* Idem germine orbatus, magnitudine auctus.
C. Fructus integer.	*d, D.* Semen, integumento avulso, cum coronâ plumosâ.

TABULA 112.

SCABIOSA INVOLUCRATA.

Scabiosa corollulis quinquefidis radiantibus acutis, foliis bipinnatifidis, fructûs coronâ exiguâ, calyce communi pinnatifido.

S. papposa. *Gærtn. t.* 86. *Linn. Sp. Pl. ed.* 1. 101, excluso Tournefortii synonymo ; nec *Syst. Veg. ed.* 14. 146.

In Cretæ et Cypri collibus, Junio florens. ☉.

Radix annua, fusiformis, gracilis, albida. *Caulis* vix pedalis, erectus, ramosus, patens, foliosus, teres, villosus. *Folia* undique villosa, bipinnatifida, laciniis linearicuneiformibus, decurrentibus, venosis. *Pedunculi* terminales, elongati, stricti, teretes, villosi. *Flores* purpureo-incarnati. *Calyx communis* flosculis duplò longior, patens, villosus, foliolis basin versùs pinnatifidis, acutis : *proprius exterior* sulcatus, apice detruncatus et crenulatus ; *interior* duodecim-radiatus, plumosus. *Corollulæ* omnes quinquefidæ, irregulares, acutæ ; *radii* parùm majores, lobo exteriori apice violaceo. *Stamina* corollâ breviora, incarnata. *Stigma* obtusum. *Fructus* ferè præcedentis.

a, A. Flosculus radii magnitudine naturali et auctâ.

TABULA 113.

SCABIOSA PTEROCEPHALA.

Scabiosa corollulis quinquefidis radiantibus, caule procumbente fruticoso, foliis lyratis incisis tomentosis, pappo plumoso.
S. pterocephala. *Linn. Sp. Pl.* 146.

In montis Parnassi rupibus. ♄.

Radix lignosa, longissima, ramosissima, cæspitosa. *Caules* brevissimi, suffruticosi, procumbentes, simplices, foliosi, uniflori. *Folia* undique tomentoso-incana, lyrata, incisa, uncialia vel sesquiuncialia, petiolis pilosis, basi connatis. *Pedunculi* terminales, solitarii, erecti, teretes, villosi, sesquiunciales, uniflori. *Flores* magni, pallidè purpurei, radiati. *Calyx communis* radio brevior, tomentosus, foliolis oblongis, indivisis, alternis minoribus: *proprius exterior* brevis, sulcatus, pilosissimus, apice dentatus ; *interior* longissimus, duodecim-radiatus, plumosus, purpurascens. *Corollulæ* omnes quinquefidæ, radiantes, obtusæ ; *radii* maximæ, laciniis crenato-repandis. *Stamina* corollâ longiora, divaricata, cærulescentia. *Stylus* staminibus parùm brevior. *Stigma* obtusum. *Receptaculum* parvum, convexum, pilosum. *Semen* calyce proprio exteriore, turbinato, corticatum; interiore plumoso, elongato, sessili, coronatum.

a. Flosculus radii ;   *b.* disci.   *c.* Fructus cum pappo.

Scabiosa pterocephala.

Scabiosa coronopifolia.

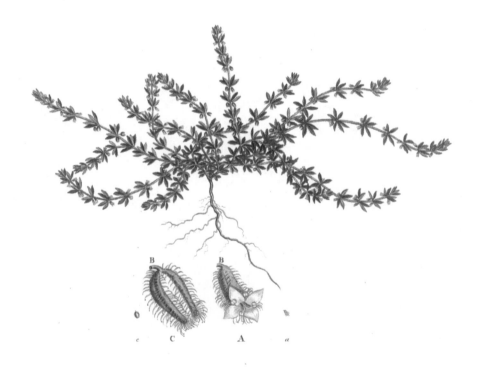

Sherardia muralis.

TABULA 114.

SCABIOSA CORONOPIFOLIA.

Scabiosa corollulis quinquefidis radiantibus dentatis, caule procumbente fruticoso, foliis bipinnatifidis glabriusculis, pappo scabro.

In rupibus. ♄.

Radix lignosa, ramosa. *Caules* fruticosi, breves, procumbentes, simplices, foliosi, uniflori, glabriusculi. *Folia* approximata, patentia, vix biuncialia, lyrato-pinnatifida, incisa, aut bipinnatifida, utrinque glabra, petiolis pilosis. *Pedunculi* terminales, solitarii, erecti, uniflori, elongati, semipedales, apice præcipuè tomentosi. *Flores* magni, pallidè purpurei, radiati. *Calyx communis* brevis, subpilosus, foliolis obtusiusculis, exterioribus basi dilatatis : *proprius exterior* turbinatus, pilosus, margine scariosus, plicatus, dentatus ; *interior* quinquesetosus, scaber. *Corollulæ* omnes quinquefidæ, radiantes, dentatæ ; *radii* maximæ. *Stamina* vix corollâ longiora, luteola. *Stigma* obtusum. *Fructus* calyce proprio exteriore, scarioso, marginatus, pappo scabro coronatus.

Varietatem foliis pilosis e Siciliâ misit Cel. Bivona Bernardi.

SHERARDIA.

Linn. Gen. Pl. 50. Juss. 196. Gœrtn. t. 24.

Corolla monopetala, infundibuliformis, supera. *Semina* duo, nuda, tridentata.

TABULA 115.

SHERARDIA MURALIS.

Sherardia caulibus diffusis, foliis quaternis binisve patentibus, verticillis bifloris, pedunculis fructiferis reflexis.

S. muralis. *Linn. Sp. Pl. 149. Willden. Sp. Pl. v. 1. 574.*

Galium murale. *Allion. Pedem. v. 1. 8. t. 77. f. 1.*

G. minimum seminibus oblongis. *Buxb. Cent. 2. 31. t. 30. f. 2.*

VOL. II.   Æ

In Cretæ rupibus.   ☉.

Radix annua, parva, filiformis, fibrosa.   *Caules* plurimi, palmares, decumbentes,
subsimplices, quadranguli, glabri, undique foliosi.   *Folia* verticillata, sæpiùs
quaterna, erecto-patentia, elliptico-lanceolata, acuta, margine scabra.   *Pedunculi*
duo tantùm in singulo verticillo, breves, glabri, post florescentiam reflexi.   *Flores*
exigui, lutei.   *Calyx* vix conspicuus.   *Corolla* concaviuscula, quadrifida, acuta.
Stamina limbo breviora.   *Germen* oblongum, setis incurvis undique hispidum,
utrinque longitudinalitèr bisulcum.   *Styli* duo, breves, basi connati.   *Stigmata*
obtusiuscula.   *Fructus* geminus, seminibus longitudinalitèr disjunctis, undique
muricatis, fuscis.

a, A. Flos magnitudine naturali et valdè auctâ.   *B, B.* Pedunculus.   *c, C.* Fructus maturus.

TABULA 116.

SHERARDIA ERECTA.

SHERARDIA caulibus erectis, foliis quaternis binisve deflexis, verticillis multifloris, pe-
dunculis fructiferis erecto-patulis.
Asperula muralis verticillata minima.   *Column. Ecphr.* 302. *t.* 300.
A. verticillata luteola.   *Bauh. Pin.* 334.

In rupibus insularum Græcarum.   ☉.

Radix præcedentis.   *Caules* spithamæi, erecti, obtusè quadranguli, scabri, undique
foliosi.   *Folia* quaterna aut bina, deflexo-dependentia, angustè elliptica, undique
scabra.   *Verticilli* sæpiùs sexflori, pedunculis semper erectis, vel patentiusculis,
scabris.   *Flores* exigui, lutei, extùs pilosi.   *Stamina* vix tubum superantia.
Germen pilosum.   *Fructus* geminus, fuscus, undique hispidus, seminibus teretiusculis, vix apice dentatis, vel coronatis.
Hujus synonyma præcedenti tribuit Linnæus.   Utraque malè forsitan ad *Sherardiam*
referuntur.   Habitu et formâ cum *Valantiis* veris, *tab.* 137, 138, optimè conveniunt,
at charactere nequeunt associari, et fructu a *Galiis* etiam nimis discrepant.

a, A. Flos.   *b, B.* Fructus maturus cum pedunculo.

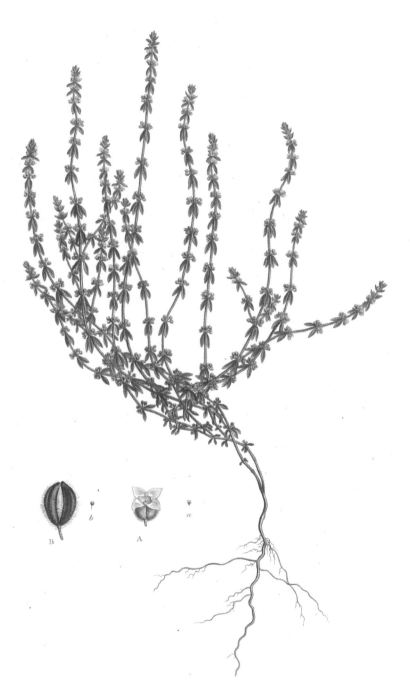

Sherardia erecta.

Asperula rivalis.

Asperula longifolia.

ASPERULA.

Linn. Gen. Pl. 50.   Juss. 196.

Corolla monopetala, infundibuliformis, supera.   *Semina* duo, globosa.

TABULA 117.

ASPERULA RIVALIS.

Asperula foliis octonis lanceolatis margine retrorsùm scabris, florum fasciculis paniculatis.

In insulâ Cretâ ad ripas fluvii prope Plataniam.   ♃.

Herba undique scabra. *Caules* bipedales, laxè diffusi, ramosi, foliosi, quadranguli,
nitidi, retrorsùm scabri. *Folia* verticillata, octona, patentia, elliptico-lanceolata,
integerrima, mucronulata; suprà scabra, setis antrorsùm porrectis; margine, nervoque subtùs, retrorsùm aculeata. *Rami floriferi* divaricati, foliolosi, multiflori.
Pedunculi terminales, dichotomi, paniculati, læviusculi. *Flores* nivei. *Calyx* nullus.
Corolla tubo brevi, limbo patulo, mutico. *Stamina* brevia, flava, tubo inserta.
Germen didymum, glabrum. *Stylus* bipartitus. *Stigmata* obtusa. *Fructus* parvus,
didymus, fuscus, oculo armato granulatus.
Ab *Asperulâ odoratâ* differt caule elongato diffuso, foliis margine retrorsùm, nec an-
trorsùm, scabris, floribus minoribus at magìs numerosis, fructu glabro.

A. Flos magnitudine auctus.   *b, B.* Fructus.

TABULA 118.

ASPERULA LONGIFOLIA.

Asperula foliis suboctonis lineari-lanceolatis deflexis margine scabriusculis, paniculis
capillaribus multifloris, fructu lævi.

In sylvis Byzantinis, ad pagum *Belgrad.*   ♃.

Caules tri- vel quadri-pedales, erecti, foliosi, obtusè quadranguli, lævissimi, apice paniculati, multiflori. *Folia* octona vel novena, laxè deflexa, sæpè biuncialia, lineari-lanceolata, obtusiuscula, integerrima, utrinque lævia, margine tantùm scabriuscula : floralia superiora terna aut bina. *Paniculæ* terminales, ramosissimæ, capillares, divaricatæ, glabræ. *Flores* nivei, tubo brevi, limbo recurvo, acuto. *Stamina* exserta, divaricata, capillaria, longitudine ferè limbi. *Germen* glabrum. *Fructus* lævissimus, nitidus, semine altero sæpè abortiente.

a, *A*. Flos.　　　　　　b, *B*. Fructus.

TABULA 119.

ASPERULA INCANA.

Asperula foliis senis linearibus incanis, floribus fasciculatis terminalibus pubescentibus.
Rubeola cretica incana, floribus purpurascentibus. *Tourn. Cor.* 5.
Crucianella pubescens. *Willd. Sp. Pl. v.* 1. 602?

In montibus Sphacioticis Cretæ. ♃.

Radix sublignosa, fusca, apice cæspitosa. *Caules* plurimi, palmares aut spithamæi, adscendentes, subsimplices, foliosi, quadranguli ; basi densè villoso-incani ; supernè glabriusculi. *Folia* sæpiùs sena, semiuncialia vel paulò longiora, erecto-recurva, linearia, acuta, subrevoluta, utrinque densè tomentoso-incana. *Flores* terminales, fasciculati, erecti, incarnati, subsessiles. *Calyx* obtusè quadridentatus, pilosus. *Corollæ* tubus filiformis, elongatus, pubescens ; limbus hypocrateriformis, obtusiusculus. *Stamina* e fauce parùm prominentia, antheris sanguineis. *Stylus* filiformis, apice furcatus. *Fructus* glaber.

a, *A*. Flos.　　　　　*B*. Germen calyce orbatum, et stylus.

Asperula incana.

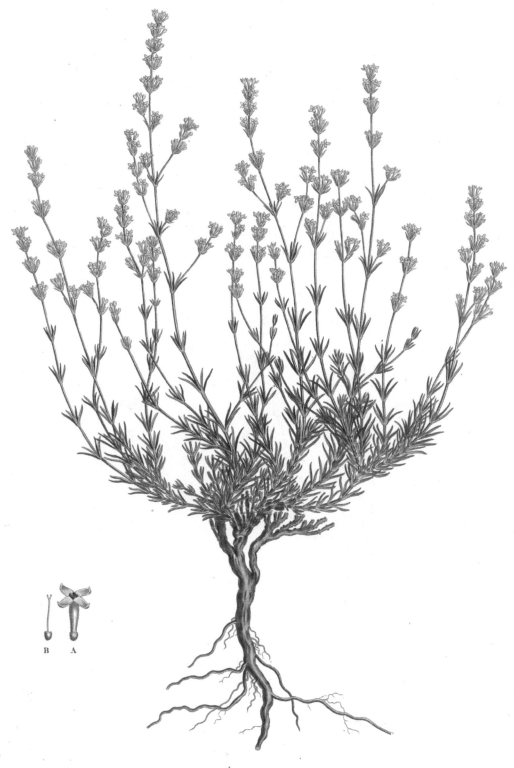

Asperula lutea.

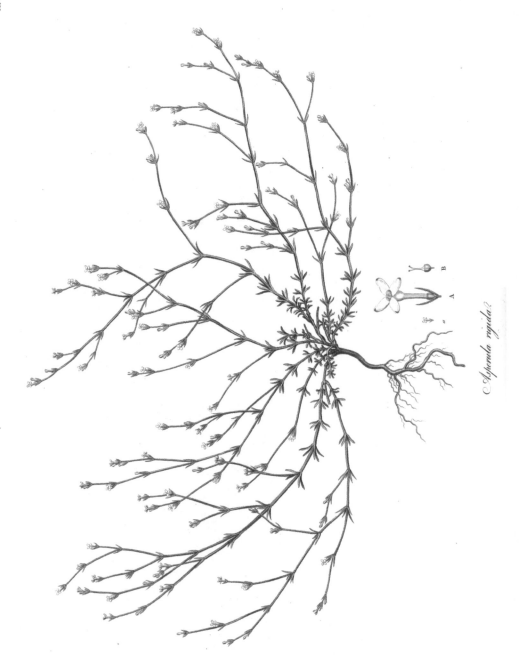

Asperula rigida?

TABULA 120.

ASPERULA LUTEA.

ASPERULA foliis quaternis linearibus glabris, caule erecto, floribus fasciculatis pubescentibus subaristatis.

Rubeola cretica saxatilis frutescens, flore flavescente. *Tourn. Cor. 5?*

In monte Parnasso. ♃.

Radix lignosa, luteo-albida; apice ramosa, multifida, et cæspitosa; cortice molli, fungoso. *Caules* numerosissimi, erecti, pedales, foliosi, glabri; basi ramosi. *Folia* quaterna, erectiuscula, linearia, mucronulata, subrevoluta, undique glabra. *Flores* fusco-lutei, fasciculati, fasciculis subspicatis. *Calyx* minutus, quadridentatus, pubescens. *Corollæ* tubus clavatus, obsoletè pubescens; limbus patens, laciniis concavis, recurvis, mucronulatis. *Stamina* in fauce corollæ, brevia, antheris fuscis. *Stylus* apice furcatus. *Fructum* non vidi.

A. Flos auctus   *B.* Calyx cum stylo.

TABULA 121.

ASPERULA RIGIDA.

ASPERULA foliis linearibus quaternis; superioribus oppositis, floribus sparsis, caule diffuso pubescente, fructu glabro.

In Cretæ collibus et campis, Junio florens. ♃.

Radix lignosa, fusco-rufescens, cæspitosa; cortice molliusculo. *Caules* numerosi, diffusi, spithamæi vel pedales, ramosi, foliosi, quadranguli, rigiduli, obsoletè pubescentes sive scabriusculi. *Folia* brevia, linearia, acuta, scabriuscula; inferiora quaterna; superiora opposita, inæqualia. *Flores* incarnati, subfasciculati, fasciculis terminalibus et lateralibus, sessilibus, paucifloris. *Calyx* nullus. *Corollæ* tubus supernè ampliatus, glaber; limbus patens, concaviusculus, muticus. *Stamina* in fauce corollæ, brevia, antheris luteis. *Germen* glaberrimum. *Stylus* semibifidus.

Ab *Asperulá cynanchicá,* cui maximè affinis est, differt caule scabriore, magis elongato et divaricato, florum fasciculis sparsis, paucifloris, corollá non lineatá.

a, A. Flos cum foliis floralibus.   *B.* Germen cum stylo.

TABULA 122.

ASPERULA LITTORALIS.

Asperula foliis linearibus quaternis: margine cauleque scabris, floribus quadrifidis pilosis, fructu hispido.

Ad maris Euxini littora. ♃.

Radix crassa, lignosa, cortice duro, atro-fusco. *Caules* plurimi, cæspitosi, diffusi, foliosi, quadranguli, pubescentes; basi frutescentes, teretes, flagelliformes, glabrati, quasi proliferi; apice paniculati, trichotomi. *Folia* quaterna, approximata, sub-imbricata, linearia, mucronulata, revoluta, margine denticulato-scabra. *Flores* incarnati, terminales, subfasciculati, pedunculis crassis, scabris, foliis floralibus binis, abbreviatis. *Calyx* nullus. *Corollæ* tubus cylindraceus, undique pilosus; limbi laciniis patentibus, concavis, carinatis, acutis, muticis, glabris. *Stamina* in fauce, antheris fusco-purpureis. *Germen* pilosissimum. *Stylus* brevis, semibifidus. *Fructus* didymus, fusco-purpureus, undique hispidus, utrinque demùm umbilicatus et perforatus, seminibus arcuatis, paululùm distantibus, at longè minùs quàm in *Sherardiâ murali*.

a, *A*. Flos cum foliis floralibus.   *B.* Germen auctum cum stylo.
c. Fructus ferè maturus, magnitudine naturali.

TABULA 123.

ASPERULA SUBEROSA.

Asperula foliis linearibus quaternis subincanis, floribus muticis, caulibus adscendentibus cæspitosis, radice suberosâ.

In rupibus excelsis. ♃.

Radix lignosa, crassa, cortice fusco, crasso, molli et suberoso, supernè ramosissima, cæspitosa. *Caules* numerosissimi, cæspitosi, adscendentes vel subdiffusi, plerumque palmares, densè foliosi, quadranguli, pubescentes, basi ramosi. *Folia* approximata, quaterna, linearia, acuta, revoluta, plùs minùs incana. *Flores* roseo-incarnati, fasciculati, in caulium summitate ferè spicati, sessiles. *Calyx* parvus, quadri-dentatus, obtusus. *Corollæ* tubus tenuè pubescens, supernè paulò ampliatus; limbi laciniis patentibus, ellipticis, obtusis, muticis. *Antheræ* in fauce, atro-purpureæ. *Stylus* apice furcatus. *Germen* subincanum.

A. Flos magnitudine auctus.   *B.* Germen, calyx et stylus.

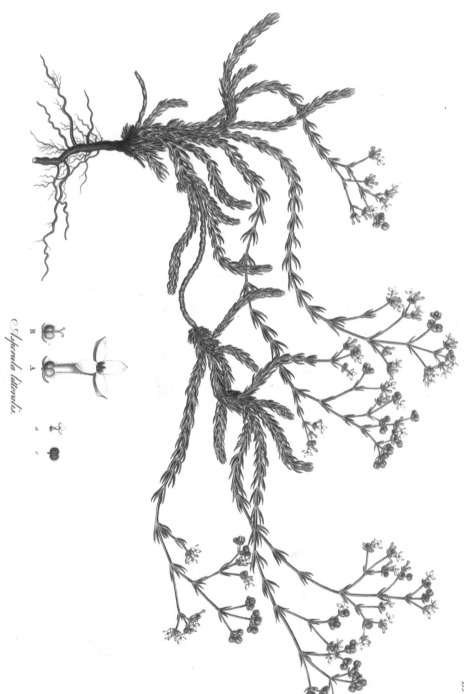

Asperula littoralis.

Asperula suberosa.

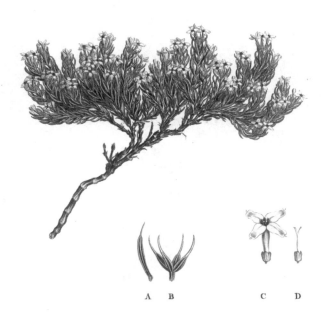

A   B   C   D

Asperula nitida.

Galium coronatum.

TABULA 124.

ASPERULA NITIDA.

ASPERULA foliis linearibus quaternis nitidis aristatis, floribus quadrifidis retusis mucronulatis, caulibus cæspitosis.

Rubeola orientalis minima, flore purpurascente. *Tourn. Cor.* 5.; e sententiâ Sibthorpianâ.

In summitate montis Olympi Bithyni, nive solutâ florens. ♃.

Radix lignosa, longissima, ramosissima, cæspitosa; cortice duro, fusco. *Caules* densè cæspitosi, adscendentes, vix triunciales, densè foliosi, acutè quadranguli, glabri, basi subdivisi. *Folia* quaterna, erectiuscula, linearia, revoluta, glabra, nitida, aristata; aristis pallidis, inflexis; floralia abbreviatâ, dilatatâ, aristis elongatis. *Flores* rosei, pulchri, terminales, fasciculati, sessiles. *Calyx* pubescens, obtusè quadridentatus. *Corollæ* tubus apice paulò ampliatus, glaber; limbi laciniæ patentes, oblongæ, planiusculæ, retusæ, minutè aristatæ, margine attenuatæ. *Germen* glabriusculum. *Stylus* apice furcatus.

> *A.* Folium caulinum duplò auctum.   *B.* Folia floralia.   *C.* Flos.
> *D.* Germen, calyx et stylus.

GALIUM.

Linn. Gen. Pl. 52.   *Juss.* 196.   *Gærtn. t.* 24; Aparine.

Corolla monopetala, plana, supera.   *Semina* duo, subrotunda.

*** Fructu glabro.*

TABULA 125.

GALIUM CORONATUM.

GALIUM foliis quaternis obovatis margine scabris; superioribus ellipticis, pedunculis quinquefidis diphyllis, caule lævi.

Cruciata orientalis glabra humifusa. *Tourn. Cor.* 4; nec *Buxb. Cent.* 5. 47. *f.* 39.

In summitate montis Olympi Bithyni. ♃.

Radix perennis, sublignosa, cæspitosa, fusca.   *Caules* palmares, quandoque spithamæi, diffusi, adscendentes, foliosi, obtusè quadranguli, glaberrimi ; basi subdivisi. *Folia* quaterna, patentia, elliptico-lanceolata, obtusa, integerrima, mutica, margine antrorsùm spinuloso-scabra ; summa latiora, sub verticillis reflexa.   *Verticilli* duo in caulis summitate, multiflori, sertiformes, foliis latioribus suffulti.   *Pedunculi* dichotomi, quinqueflori, medio bracteas geminas, latas, gerentes, oculo armato scabriusculi.   *Flores* lutei, quorum centralis, e pedunculi dichotomiâ, hermaphro-diticus, quadrifidus, tetrandrus, fertilis ; laterales utrinque duo, masculi, quorum inferior quadrifidus, tetrandrus, superior trifidus, triandrus.   *Calyx* nullus. *Corolla* plana, acuta, mutica.   *Stamina* vix corollæ longitudine.   *Stylus* bipartitus. *Germen* glabrum.   *Semina* magna, glaberrima, reniformia, altero plerumque abortiente.

> *A.* Pedunculus cum floribus, a verticillo separatus, magnitudine auctâ.
> *B.* Flos hermaphroditicus, fertilis.
> *C, C.* Flores laterales masculi, quadrifidi.
> *D, D.* trifidi.
> *E.* Pedunculus fructifer, semine haud maturo.

TABULA 126.

GALIUM APRICUM.

G ALIUM foliis quaternis obovatis uniformibus margine scabris, pedunculis trifidis aphyllis, caulibus pilosis diffusis.

In Cretæ et Archipelagi rupibus frequens.   ☉.

Radix, ut videtur, annua, fusiformis, gracilis.   *Caules* plurimi, palmares aut spithamæi, diffusi, graciles, foliosi, quadranguli, pilosi, pilis patentibus, laxis ; basi subdivisi. *Folia* quaterna, distantia, parva, reflexo-patentia, breviùs petiolata, obovata, obtusa, marginem versùs antrorsùm aculeata.   *Verticilli* numerosi, axillares, foliis vix breviores.   *Pedunculi* quatuor in omni verticillo, pilosi, trifidi, triflori, bracteis destituti.   *Flores* pallidè flavi, quorum centralis hermaphroditicus, quadrifidus, tetrandrus ; laterales utrinque solitarii, qui seriores proveniunt, masculi, trifidi, triandri.   *Calyx* nullus.   *Corolla* plana, acutiuscula, mutica.   *Stamina* corollâ breviora.   *Stylus* bipartitus, brevis.   *Germen* glabrum, didymum, nitidum.   *Semina* glaberrima, reniformia, altero sæpiùs abortiente.   *Pedicellus partialis* fructifer arcuato-deflexus.

Huic affinis est *Valantia pedemontana* amicissimi D. Bellardi, *Osserv. Botan.* 61, *Dicks. Dr. Pl. n.* 88 ; a nostrâ tamen differt caule retrorsùm aculeato, foliis sessilibus,

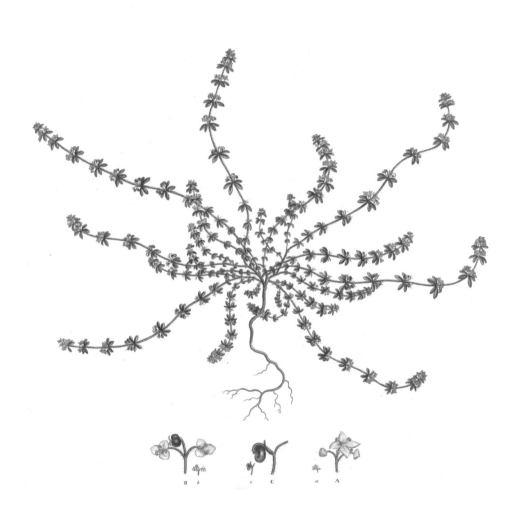

Galium apricum.

Galium junceum.

Galium australum.

ovatis, undique setoso-hispidis, floribus omnibus ferè hermaphroditicis, quadrifidis, fructu didymo. Hæc etiam ad *Galia* proculdubiò referenda.

a, A. Pedunculus florifer, floribus lateralibus nondùm expansis.
b, B. Idem fructu maturascente, floribus lateralibus expansis.
c, C. Fructus maturus cum pedunculo.

TABULA 127.

GALIUM JUNCEUM.

GALIUM foliis quaternis obovato-linearibus obtusis glabris, floribus paniculatis congestis, caulibus erectis lævibus.

Ad sepes et agrorum margines in insulâ Cretâ. ♃.

Radix perennis, repens, ramosa. *Caules* erecti, pedales vel bipedales, ramosi, stricti, foliosi, quadranguli, glaberrimi, rigidi. *Folia* quaterna, patentissima, subæqualia, breviùs petiolata, obovato-linearia, sive angustè cuneiformia, obtusa, mutica, integerrima, glaberrima. *Thyrsi* terminales, congesti, multiflori, pedunculis glabris. *Flores* ochroleuci, omnes quadrifidi, hermaphroditici, fertiles. *Calyx* nullus. *Corolla* planissima, laciniis ovatis, obtusis, muticis. *Stamina* corollâ breviora, divaricato-patentia, antheris fuscis. *Stylus* brevis, bipartitus. *Germen* elliptico-didymum, compressum, glabrum. *Fructus* herbario Sibthorpiano deest.

a, A. Pedunculi cum flore.   B. Fructus semimaturus.

TABULA 128.

GALIUM SUBEROSUM.

GALIUM foliis quaternis lanceolatis acutis glabris, floribus terminalibus ternis, caulibus diffusis ramosissimis lævibus.

In Cretæ montibus ? ♃.

Radix lignosa, crassissima, cortice molli, fungoso, crasso, rimoso, rufo. *Caules* numerosissimi, cæspitosi, pedales aut bipedales, undique diffusi, ramosissimi, divaricati, implexi, quadranguli, glaberrimi; ramulis foliosis. *Folia* quaterna,

VOL. II.   G

patentia, remotiuscula, petiolata, lineari-lanceolata, acuta, margine scabriuscula;
summa diminuta. *Flores* terminales, plerumque terni, viridi-purpurei, sessiles,
bracteolati, bracteolis ovatis, acutis, ciliatis, apice purpureis. *Calyx* nullus. *Co-*
rolla quadrifida, laciniis concaviusculis, acutis, muticis. *Stamina* in fauce, brevissima, lutea. *Germen* glabrum. *Stylus* apice bifidus.

    A. Apex caulis cum floribus, magnitudine auctâ.　　　　*B.* Folia suprema.
    C. Bracteæ.　　　　　　　　　　　　　　　　　　　*D.* Germen cum stylo.

TABULA 129.

GALIUM APICULATUM.

G ALIUM foliis senis lanceolatis scabriusculis, caule incano, pedunculis trichotomis foliolosis, corollâ apiculatâ.

In Parnasso et Athô montibus. ♃.

Radix lignosa, crassa, rubicunda, cortice tenui, lævi. *Caules* numerosissimi, cæspitosi,
spithamæi, erecto-patuli, ramosi, foliosi, quadranguli, incani; basi fruticulosi.
Folia saturatè viridia, patentia, sena, lanceolata, acuta, scabriuscula, integerrima.
Pedunculi ramulos et caulem terminantes, erecti, trichotomi, incani, medio et basi
bracteolati. *Bracteæ* parvæ, oppositæ, ovatæ, acutæ, subincanæ. *Flores* purpureo-
virescentes, tristes. *Calyx* nullus. *Corollæ* segmenta ovata, apiculata, apiculo
pallido, recurvo, lineâ purpureâ, transversâ, basi notato. *Stamina* brevia, divaricata.
Stylus brevissimus, bipartitus. *Germen* glaberrimum.

    A. Pedunculum terminalem, triflorum, indicat, magnitudine auctâ.

TABULA 130.

GALIUM INCANUM.

G ALIUM foliis senis linearibus cauleque incanis, pedunculis trifloris, corollâ aristatâ.

In monte Parnasso. *Sibth. apud Herb. Banks.* ♃.

Caules longiùs radicati, cæspitosi, foliosi, obtusè quadranguli; basi ramosissimi, diffusi;
supernè erecti, simplices, vix palmares; undique incani, rubicundi. *Folia* sena,

Galium apiculatum.

A

Galium incanum.

Galium pyrenaicum.

erecto-patentia, linearia, acuta, revoluta, tomentoso-incana; inferiora densè imbricata, abbreviata, adpressa. *Pedunculi* axillares et terminales, erecti, triflori, glabriusculi, sæpiùs medio bracteolati. *Flores* nivei. *Calyx* nullus. *Corolla* basi concaviuscula, laciniis planis, apice breviùs aristatis, recurvis. *Stamina* in fauce, brevia; *antheris* luteis. *Stylus* bipartitus, brevis. *Germen* glaberrimum.

A. Flos magnitudine auctus, cum apice pedunculi incrassato.

TABULA 131.

GALIUM PYRENAICUM.

GALIUM foliis senis linearibus nitidis aristatis, floribus subsessilibus oppositis solitariis, corollâ obtusâ muticâ.

G. pyrenaicum. *Linn. Suppl.* 121. *Gouan. Obs.* 5. *t.* 1. *f.* 4.
G. saxatile minimum pyrenaicum, musci facie. *Tourn. Inst.* 115.

In cacumine montis Olympi Bithyni, nive solutâ. ♃.

Radix repens, vix lignosa. *Caules* copiosi, cæspitosi; basi subdivisi, denudati, atque elongati; supernè simplices, palmares, adscendentes, foliosi, quadranguli, sulcati, læves. *Folia* sena, glauco-viridia, erecto-patentia, linearia, obtusiuscula, integerrima, revoluta, glabra, nitida; suprà punctata; subtùs carinata, nervo pallido, in setam terminalem, albidam, ipso folio triplò breviorem, desinente. *Flores* apicem versùs caulis, pauci, axillares, oppositi, solitarii, subsessiles, nivei. *Calyx* nullus. *Corolla* basi concava, laciniis planiusculis, patentibus, ovatis, obtusis, muticis, paululùm recurvis; exsiccatione erecto-conniventibus. *Stamina* inclusa, brevia. *Antheræ* semiexsertæ, oblongæ, incurvæ, luteæ. *Germen* glaberrimum. *Stylus* semibifidus, brevis.

A. Folium.   *B.* Flos, cum staminibus et pistillo in situ naturali.
C. Germen cum stylo. Omnia magnitudine auctâ.

TABULA 132.

GALIUM INCURVUM.

GALIUM foliis octonis linearibus glabris aristatis deflexis incurvis, caule paniculato,
corollâ obtusâ muticâ.

In montibus Sphacioticis Cretæ. ♃.

Radix sublignosa, ramosa, multiceps. *Caules* spithamæi, adscendentes, quadranguli;
infernè subsimplices, sæpè pubescentes, densiúsque foliosi; supernè glaberrimi,
paniculato-ramosi, multiflori. *Folia* octona, patentissima, recurva, linearia, breviuscula, obtusiuscula cum exiguo mucrone albido, scarioso; integerrima, revoluta,
glabra; infima breviora, latiora, magisque deflexa, marcescentia, interdùm subvil-
losa. *Panicula* trichotoma, lævis, erecta, multiflora. *Bracteæ* oppositæ, breves,
aristatæ; summæ solitariæ, diminutæ. *Pedicelli* sursùm incrassati, angulati, nudi.
Flores tristè ac pallidè lutescentes. *Calyx* nullus. *Corolla* planiuscula, laciniis
ovatis, obtusis, muticis. *Stamina* petalo duplò breviora, filiformia, recurva.
Antheræ atro-purpureæ, breves, versatiles. *Germen* subrotundo-didymum, glaberrimum. *Stylus* ad basin usque divisus, divaricatus.

A *Galio vero* Linnæi, *Curt. Lond. fasc.* 6. *t.* 13, differt paniculâ laxiore, floribus longè
pallidioribus, foliis brevioribus, glabrioribus, recurvis, formâ totius plantæ humiliori.

a, *A.* Flos, magnitudine naturali et auctâ.   *B.* Germen seorsìm, cum stylo.

* * *Fructu scabro.*

TABULA 133.

GALIUM VERRUCOSUM.

GALIUM foliis senis lanceolatis margine antrorsùm aculeatis, pedunculis axillaribus
trifloris, fructu verrucoso nutante.

G. verrucosum. *Engl. Bot. t.* 2173.
G. tricorne. *Don. Herb. Brit. fasc.* 5. 103.
Valantia Aparine. *Linn. Sp. Pl.* 1491. *Schrad. Spicil.* 55. *t.* 1. *f.* 3.
Aparine semine coriandri saccharati. *Tourn. Inst.* 114. *Vaill. Paris. t.* 4. *f.* 3, b.
A. minor saxatilis, verrucoso semine. *Cupan. Panph. v.* 1. *t.* 21.
Απαρινη *Diosc.*

In arvis Græciæ frequens. ⊙.

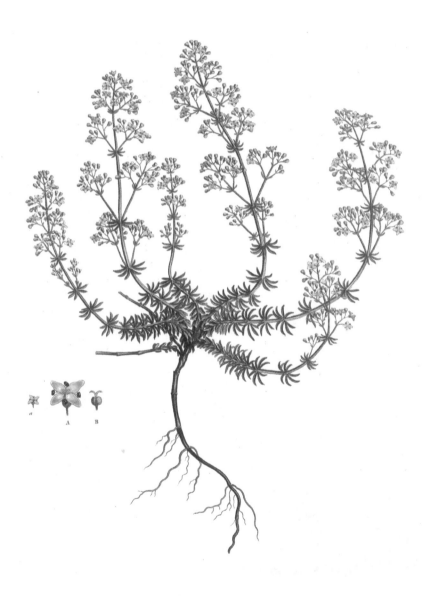

Galium incurvum.

Galium verrucosum.

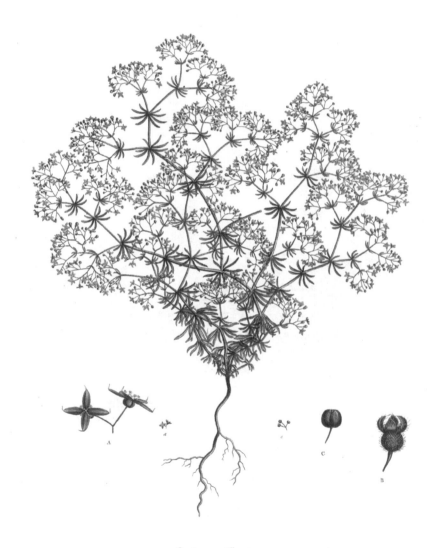

Galium floribundum.

Radix simplex, fibrosa, annua. *Caules* plures, basi subramosi, supernè simplices, spithamæi, patentes vel diffusi, foliosi, tetragoni, angulis acutis, spinuloso-scabris, aculeis aduncis. *Folia* sena, unguicularia, patentia, elliptico-lanceolata, obtusiuscula, mucronulata, utrinque glabra, margine aculeata, subrevoluta, aculeis omnibus antrorsùm spectantibus. *Pedunculi* axillares, oppositi, haud foliorum longitudine, aculeis aduncis asperi, trifidi, triflori, ebracteati. *Flores* parvi, ochroleuci; laterales divaricato-cernui, masculi, pistillo omninò nullo; centralis hermaphroditicus, robustior. *Calyx* nullus. *Corolla* planiuscula, laciniis ovatis, acutiusculis, muticis. *Stamina* corollâ triplò breviora, curvata. *Antheræ* subrotundæ, ochroleucæ. *Germen* subrotundum, rugosum. *Stylus* bipartitus, divaricatus. *Fructus* didymus, in hoc genere ferè maximus, tuberculis pyramidatis, suberosis, obtusis, copiosissimis, undique muricatus.

Hanc speciem, (foliorum margine antrorsùm, nec retrorsùm, aculeato, fructu magno, tuberculato, nutante, certè distinctam,) tanquam *Galii tricornis Fl. Brit.* 176. *Engl. Bot. t.* 1641, varietatem, levitèr attingit celeberrimus Hallerus in *Hist. Stirp. Helvet. v.* 1.319, sub numero 725. Locum sibi nunc jure vindicat in Florâ Helveticâ, ut et Scoticâ, cum *Galio spurio Linn. Sp. Pl.* 154. *Engl. Bot. t.* 1871.

A. Pedunculus auctus, cum floribus tribus, quorum laterales, masculi, nondum expansi sunt.
B. Flos masculus.
c. Fructus maturus, magnitudine naturali.

***

*** *Fructu (sæpiùs) hispido.*

TABULA 134.

GALIUM FLORIBUNDUM.

Galium foliis suboctonis linearibus deflexis scabriusculis, caule divaricato lævi, pedicellis capillaribus, corollâ aristatâ.

In insulâ Cypro. ⊙.

Radix simplex, fibrosa, annua. *Caulis* spithamæus, ramosissimus, foliosus, quadrangulus, fusco-purpurascens, nitidus, lævis, angulis tantùm, in parte inferiori, tactu scabriusculis; supernè patens atque divaricatus, paniculatus, multiflorus. *Folia* plerumque octona, apicem caulis versùs septena, vel sena, semiuncialia, patentissima, plùs minùs deflexa, paululùm recurva, linearia, revoluta, mucronulata, scabriuscula, saturatè viridia, demùm fuscescentia. *Paniculæ* terminales, copiosissimæ, trichotomæ, divaricatæ, capillares, glabræ, fuscæ, multifloræ, nudæ, nec, nisi basin versùs, bracteatæ vel foliolosæ. *Pedicelli* apice incrassati. *Flores* purpureo-fusci, parvi. *Calyx* nullus. *Corolla* omninò horizontalis vel plana, laciniis elliptico-oblongis, aristatis, aristis omnibus geniculatis, erecto-incurvatis, albis. *Stamina* corollâ triplò breviora, adscendentia, capillaria, alba. *Antheræ* subrotundo-didymæ, flavæ. *Germen* subrotundum, purpureo-fuscum, sæpiùs læve atque glaberrimum ; interdùm, sicut dorsum corollæ, pilosissimum, pilis albis, undique patentibus. *Stylus* bipartitus, divaricatus, brevis. *Fructus* subrotundo-didymus, fuscus, nitidulus, lævis, plerumque nudus, rariùs pilosus.

Cum *Galio setaceo Lamarck. Encycl. v.* 2. 584. *Desfont. Atlant. v.* 1. 129, a nobis nondum viso, pluribus notis convenit, sed distinctum videtur.

> *a, A.* Flores, propriis pedicellis suffulti, magnitudine naturali et auctâ.
> *B.* Varietas fructu floreque piloso.
> *c, C.* Fructus maturus.

TABULA 135.

GALIUM BREVIFOLIUM.

GALIUM foliis septenis obovatis aristatis scabris, caule villoso, pedunculis trichotomis terminalibus, corollâ aristatâ.

Ad littora Caramaniæ. *Sibth. in Herb. Banks.* ⊙.

Radix simplex, elongata, gracilis, fibrosa, annua. *Caules* pedales, vel altiores, adscendentes, foliosi, quadranguli, undique villoso-scabri ; basi subdivisi ; apice paniculato-ramosi. *Folia* plerumque septena, patenti-recurva, brevia, vix semuncialia, latè obovata, acuminata, aristata, integerrima ; utrinque, et imprimis margine, antrorsùm aculeato-scabra ; basi attenuata, quasi petiolata. *Paniculæ* terminales, parvæ, trichotomæ, piloso-scabræ, rariùs glabratæ ; basi foliolosæ. *Flores* ochroleuci, parvi. *Calyx* nullus. *Corolla* prorsùs horizontalis, laciniis elliptico-oblongis, aristatis, aristis geniculatis, erectis, albidis, longitudine dimidii laciniarum. *Stamina* corollâ triplò vel quadruplò breviora, erecto-incurva, filiformia, alba. *Antheræ* subrotundæ, luteæ. *Germen* didymum, undique hispidum, setis incurvato-adscendentibus, canis. *Stylus* bipartitus, staminibus brevior. *Fructus* didymus, fuscus, undique setoso-hispidus.

> *A, A.* Flos, duplici sub aspectu, auctus.
> *B.* Fructus maturus.

Galium brevifolium.

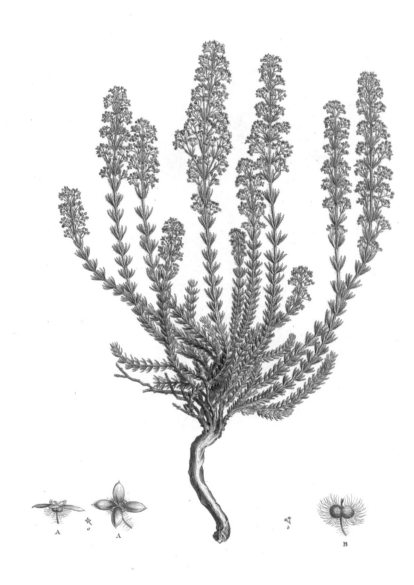

Galium græcum?

TABULA 136.

GALIUM GRÆCUM.

GALIUM hirtum, foliis subsenis lineari-lanceolatis muticis, paniculis lateralibus trichotomis, caulibus basi lignosis.

G. græcum. *Linn. Mant.* 38. *Willd. Sp. Pl. v.* 1. 600.

G. montanum creticum. *Alpin. Exot.* 167. *t.* 166.

Aparine græca saxatilis incana tenuifolia. *Tourn. Cor.* 4.

In Cretæ et montis Parnassi rupibus. ♃.

Radix lignosa, crassa, tortuosa, cortice dilutè fusco, molli et suberoso, apice multiceps, ramosissima. *Caules* numerosi, cæspitosi, erectiusculi, palmares aut spithamæi; basi lignosi, ramosi; supernè simplices, foliosi, stricti, pilosi, obtusè quadranguli, multiflori. *Folia* plerumque sena, approximata, erecto-subpatentia, haud semuncialia, sæpiùs longè breviora, lineari-lanceolata, stricta, rigidula, obtusa, mutica, revoluta, integerrima, carinata, glaucescentia, undique hirta; infima marcescentia, persistentia, albido-rufa. *Paniculæ* axillares, oppositæ, partem caulis superiorem obtegentes, foliis triplò vel quadruplò longiores, erecto-patentes, capillares, trichotomæ, hirtæ, foliosæ; quandoque compositæ aut ramosæ. *Pedunculi* rigiduli, apice incrassati, erecti. *Flores* parvi, fusco-lutei. *Calyx* nullus. *Corolla* horizontalis, planiuscula, laciniis ellipticis, mucronulatis, apice subdeflexis. *Stamina* filiformia, recurva, corollâ triplò breviora. *Antheræ* didymæ, flavæ. *Germen* didymum, subdepressum, pilis longissimis, canis, adscendentibus, undique vestitum. *Stylus* bipartitus, patens, staminibus brevior. *Fructus* parvus, fuscus, reliquis hirsutior.

a, *A*, *A*. Flos, magnitudine naturali et auctâ.
b, *B*. Fructus haud maturus, cum pedicello.

VALANTIA.

Linn. Gen. Pl. 343. Juss. 197.

Galium hispidum. *Gærtn. t. 24.*

Corolla monopetala, plana, supera. *Receptaculum commune* triflorum, monocarpum. *Flores laterales* masculi, trifidi. *Semina* tecta.

TABULA 137.

VALANTIA MURALIS.

Valantia fructu lobato angulis dentato-fimbriatis, verticillis confertis.

V. muralis. *Linn. Sp. Pl.* 1490. *Brot. Lusit. v.* 1. 207. *Allion. Pedem. v.* 1. 10.

V. annua quadrifida verticillata, floribus ex viridi pallescentibus, fructu echinato. *Mich. Gen.* 13. *t.* 7.

Cruciata nova romana minima muralis. *Column. Ecphr.* 298. *t.* 297. *f.* 2.

Rubia quadrifolia, verticillato semine. *Bauh. Hist. v.* 3. 718.

Galium floribus masculis trifidis, pedunculo communi cristato, foliis ciliatis. *Zinn. Goetting.* 233.

In monte Hymetto prope Athenas, et in montibus Argolicis. ☉.

Radix simplex, parva, fibrosa, annua. *Caules* plures, subpalmares, adscendentes, obtusè quadranguli, scabriusculi, pallescentes, nitidi; basi subdivisi; supernè simplices; undique densè foliosi atque floriferi. *Folia* quaterna, approximata, deflexa, ferè trilinearia, obovata, obtusiuscula, mutica, integerrima, plana, utrinque plùs minùs piloso-scabra, oculo armato granulata, vel obsoletè papillosa. *Flores* in singuli folii axillà sessiles, solitarii, indè quasi verticillati, parvi, luteo-virescentes. *Receptaculum commune* pedunculiforme, posticè gibbosum, glabrum; supernè cristatum; anticè deflexum, trilobum, lobis cristatis, dentatis, unifloris. *Flos* centralis major, quadrifidus, hermaphroditicus; laterales masculi, trifidi, triandri. *Calyx* nullus. *Corollæ* laciniæ latè ovatæ, uniformes, patentes, muticæ. *Stamina* filiformia, curva, corollâ duplò breviora. *Antheræ* subrotundæ, luteæ. *Stylus* bipartitus, longitudine vix filamentorum. *Fructus* aspectu peculiaris, e receptaculo communi persistente, aucto, pallidè fuscescente; basi supernè gibbosus; medio declinatus, seminiferus; apice coronatus, multidentatus; anticè trilobus, lobis dentato-cristatis, vel fimbriatis. *Semen* tectum, solitarium, obovatum, fuscum, læve.

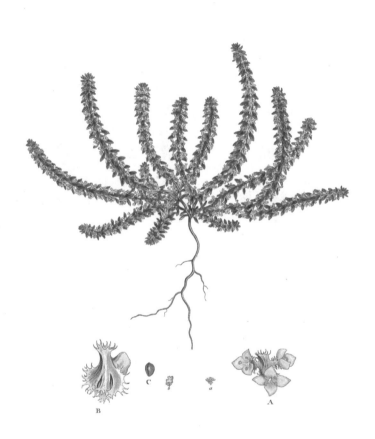

Valantia muralis.

A B

Valantia hispida?

Hoc genus, malè, ni fallor, cum *Galiis* polygamis a Linnæo, Jussieuo, aliisque confusum, pericarpio spurio, e receptaculo vel pedunculo communi persistente, orto, differt. Seminum rudimenta in germine reverà bina sunt, ut in affinibus.

> *a, A.* Receptaculum flores tres sustinens, quorum laterales omninò masculi.
> *b, B.* Fructus maturus. *C.* Semen.

TABULA 138.

VALANTIA HISPIDA.

Valantia fructu hispido, verticillis remotiusculis.

V. hispida. *Linn. Sp. Pl.* 1490. *Desfont. Atlant. v.* 2. 389.

Galium floribus masculis trifidis, omnibus plantæ partibus hispidis. *Zinn. Goetting.* 233.

In Cretæ montibus. ☉.

Priore duplò major. *Radix* simplex, parva, fibrosa, annua. *Caules* plures, spithamæi, adscendentes, quadranguli, setoso-hispidi, foliosi, virides; basi ramosi, ramis oppositis; supernè simplices. *Folia* quaterna, deflexa, saturatè viridia, unguicularia, obovato-oblonga, obtusa cum exiguo mucrone, integerrima, planiuscula, utrinque setoso-scabra. *Flores* axillares, solitarii, ut in præcedente, tristè flavescentes. *Receptaculum commune* oblongum, arcuato-deflexum, undique muricato-setosum; suprà gibbosum; subtùs fornicatum; anticè tricorne, triflorum, cornibus post florescentiam infractis. *Florum* facie et structurâ cum priore specie omninò convenit. *Fructus* sursùm gibbosus, angulosus, hispidus. *Semen* in nostris exemplaribus certè solitarium, subrotundum, fuscum, basi punctatum, in centro fructûs reconditum, nec apici cornu insertum, ut a Gærtnero delineatur.

> *A.* Receptaculum cum floribus lente auctis.
> *B.* Idem, delapso flore centrali, relictis lateralibus masculis, parùm serioribus.

CRUCIANELLA.

Linn. Gen. Pl. 52.   Juss. 197.   *Gærtn. t. 24.*

Corolla monopetala, infundibuliformis ; tubo filiformi ; limbo unguiculato.

Involucrum diphyllum.   *Stigmata* inæqualia.   *Semina* linearia.

TABULA 139.

CRUCIANELLA LATIFOLIA.

Crucianella caule patenti, foliis quaternis elliptico-lanceolatis, floribus spicatis.

C. latifolia.   *Linn. Sp. Pl.* 158.   *Ait. Hort. Kew. ed. 2. v. 1.* 241.   *Schmidel. Ic.* 87.
  t. 23, 24.

Rubia spicata cretica.   *Clus. Hist. v. 2.* 177.   *Ger. Em.* 1119.

Rubeola latiore folio.   *Tourn. Inst.* 130.

In Cretæ umbrosis frequens, et in Laconiâ.   ☉.

Radix simplex, parva, fibrosa, annua.   *Caulis* e basi ramosissimus, undique diffusus,
  ramis mox adscendentibus, ferè pedalibus, oppositis, subdivisis, foliosis, tetragonis,
  angulis scabris, geniculis tumidiusculis.   *Folia* quaterna, patentissima, parùm
  inæqualia, elliptico-lanceolata, acuta, integerrima, utrinque glabra ; margine tantùm
  spinuloso-scabra ; basi angustata : inferiora abbreviata et rotundata.   *Spicæ* in
  ramorum apicibus elongatis, nudis, solitariæ, erectæ, triunciales, simplices, gracillimæ, multifloræ.   *Bracteæ* per paria oppositæ, adpressæ, subimbricatæ, oblongæ,
  acutæ, carinatæ ; margine albæ, scariosæ, denticulato-scabræ.   *Involucra* diphylla,
  bracteis simillima, sed angustiora, paululúmque breviora.   *Perianthium* superum,
  obsoletum.   *Corolla* bracteis longior, ochroleuca ; tubo gracili ; laciniis quatuor,
  ovatis, apice purpurascentibus, mucronulo brevi, erecto, pallido.   *Stamina* in fauce,
  antheris luteis.   *Germen* oblongum, compressum, læve.   *Stylus* tubo brevior, apice
  bifidus, laciniis longitudine valdè inæqualibus, secundis.   *Stigmata* capitata, parva.
  Semina elliptico-linearia, compressa, fusca, maculata, apice marginata.

  a, A. Bractea, magnitudine naturali et auctâ.   *d.* Fructus maturus.
  b, B. Flos, cum involucro diphyllo.   *e, E.* Semen seorsìm.
    C. Germen cum stylo.

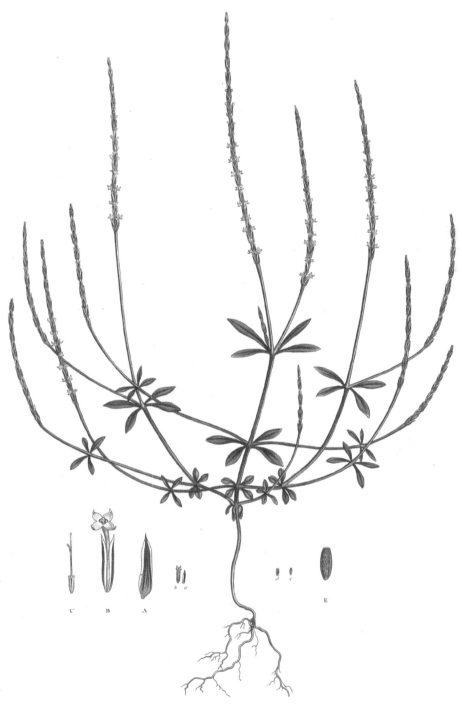

Crucianella latifolia?

Crucianella monspeliaca.

Rubia tinctorum.

TABULA 140.

CRUCIANELLA MONSPELIACA.

CRUCIANELLA caule patenti, foliis lineari-lanceolatis subsenis, floribus spicatis quinquefidis; aristis elongatis tortilibus.

C. monspeliaca. *Linn. Sp. Pl.* 158. *Ait. Hort. Kew. ed.* 2. *v.* 1. 242.

Rubia spicata repens. *Magnol. Monsp.* 225.

Rubeola supina, spicâ longissimâ. *Tourn. Inst.* 130.

In collibus insularum Græcarum non rara. ⊙ .

Habitus præcedentis. *Folia* plerumque sena, quorum inferiora breviora, obovata, quandoque ferè orbicularia ; superiora lineari-lanceolata ; summa linearia. *Spicæ* præcedenti simillimæ, at *flores* diversi. *Corollæ* limbus quinquefidus, lobis longissimè
aristatis, aristis omnibus inflexo-tortilibus. *Stamina* quinque. *Stylus* ultra medium
bipartitus, lobis secundis, longitudine inæqualibus.

Pulchra species, corollis cincinnatis, a nemine ante Sibthorp detectis, distincta.

a. Flos, cum involucro et bracteâ, magnitudine naturali.   D. Flos ab involucro sejuncto.
B. Bractea.   E. Germen cum stylo.
C. Involucrum.

RUBIA.

Linn. Gen. Pl. 52.   *Juss.* 197.

Corolla monopetala, campanulata, supera.   *Baccæ* duæ,

monospermæ.

TABULA 141.

RUBIA TINCTORUM.

RUBIA foliis elliptico-lanceolatis annuis subsenis carinâ asperis, caule aculeato.

R. tinctorum. *Linn. Sp. Pl.* 158.   *Willd. Sp. Pl. v.* 1. 603.   *Ait. Hort. Kew. ed.* 2.
v. 1. 242.

R. tinctorum sativa. *Tourn. Inst.* 114.

R. n. 708. *Hall. Hist. v.* 1. 313; ex Davallio.

Εϱυθϱοδανον *Diosc.*

Ριζάϱι, ῆ λιζάϱι, *hodiè.*

In insulis Græcis, etiam in Asiá minore. ♃.

Radix perennis, latè repens, multiceps, ramosissima, succosa, rubra, tinctoria. *Caules*
herbacei, annui, decumbentes, latissimè diffusi, ramosi, foliosi, obtusè quadranguli,
angulis hamuloso-asperi. *Folia* plerumque sena, patentia, elliptico-lanceolata, acuta,
sesquiuncialia; suprà scabriuscula; basi in petiolum brevem, latum, angustata;
margine, nervoque dorsali, maximâ ex parte retrorsùm, apicem versùs reverà antrorsùm, spinuloso-scabra. *Paniculæ* axillares et terminales, trichotomæ, foliolosæ
sive bracteatæ, scabræ, foliis longiores. *Perianthium* nullum, nisi margo exilis,
vix conspicuus. *Corolla* flavo-virescens; tubo brevi, campanulato; limbo quinquepartito, laciniis lanceolatis, patentibus, apice inflexis. *Stamina* quinque, in fauce
tubi, antheris oblongis, incumbentibus, luteis. *Germen* didymum, glaberrimum.
Stylus longitudine tubi, supernè bifidus. *Stigmata* obtusa. *Baccæ* atropurpureæ,
in globum coalitæ.

Circa Athenas copiosè colitur.

> *a*, *A*. Flos, cum pedicello, magnitudine naturali et decuplò ferè auctâ.
> *b*. Paniculæ fructiferæ ramulus, cum baccâ maturâ.

TABULA 142.

RUBIA LUCIDA.

Rubia foliis ellipticis perennantibus senis carinâ lævibus, caule inermi.

R. lucida. *Linn. Syst. Nat. ed.* 12. *v.* 2. 732. *Willd. Sp. Pl. v.* 1. 605. *Ait. Hort.
Kew. ed.* 2. *v.* 1. 242.

Ριζάϱι *Zacynth.*

In Zacyntho et Cypro insulis. ♄.

Radix perennis, ramosa, multiceps. *Caules* suffruticosi, perennantes, erecto-diffusi,
ramosissimi, inermes, pubescente-scabri; infernè geniculati, teretiusculi, denudati,
grisei; supernè foliosi, quadranguli. *Folia* sena, patenti-recurva, semiuncialia,
sessilia, elliptica, obtusa, mucronulata; utrinque nitida, læviuscula; margine incrassata, antrorsùm spinuloso-scabra. *Paniculæ* axillares, copiosæ, trichotomæ,
paucifloræ, longitudine foliorum, pubescentes. *Perianthium* nullum. *Corolla*

Rubia lucida.

a   c   B

Ernodea montana.

flavo-virescens; tubo brevissimo; limbo quinquepartito, basi campanulato, laciniis ovato-lanceolatis, margine revolutis, apice inflexis. *Stamina* in fauce corollæ, brevia, patentia, antheris brevibus, bilobis, luteis. *Germen* obovatum, obsoletè didymum, subpubescens. *Stylus* semibifidus, stigmatibus obtusis.

A, A. Flos, duplici sub aspectu, decuplò auctus.

ERNODEA.

Swartz. Prodr. 29. *Fl. Ind. Occ. v.* 1. 223. *Schreb. Gen.* 788. *Willd. Sp. Pl. v.* 1. 611.

Corolla monopetala, hypocrateriformis. *Calyx* quadripartitus. *Stylus* simplex. *Bacca* bilocularis. *Semina* solitaria.

TABULA 143.

ERNODEA MONTANA.

Ernodea caule tereti pubescente, foliis petiolatis obtusis muticis.

E. montana. *Prodr. n.* 343. *v.* 1. 98.

Asperula calabrica. *Linn. Suppl.* 120. *L'Herit. Stirp. v.* 1. 65. *t.* 32. *Willd. Sp. Pl. v.* 1. 577.

Sherardia fœtidissima. *Cyrill. Char.* 69. *t.* 3. *f.* 7. *L'Herit.*

Pavetta fœtidissima. *Cyrill. Neap. fasc.* 1. *t.* 1.

Rubeola cretica fœtidissima frutescens myrtifolia, flore magno suaverubente. *Tourn. Cor.* 5.

Nerium fœtidum, antirrhini folio, flore incarnato. *Cupan. Panphyt. ed.* 1. *v.* 1. *t.* 125.

Leandro di Candia frutticoso maggiore fetido. *Zanon. Ist.* 114. *t.* 47; benè.

In montibus Sphacioticis Cretæ. ♄.

Radix lignosa, ramosissima, multiceps, perennis. *Caules* numerosi, ramosissimi, diffusi, subspithamæi, lignosi, teretiusculi, grisei, tortuosi; ramulis obsoletè quadrangulis, pubescentibus, rubicundis, foliosis, apice floriferis. *Folia* opposita, patentissima, semuncialia, breviùs petiolata, ovato-lanceolata, plùs minùs obtusa, integerrima, revoluta; suprà saturatè viridia, nitida, lævia; subtùs pallidiora, nervo margineque

VOL. II.   K

spinuloso-scabra. *Petioli* breves, crassi, pubescentes. *Stipulæ* interpetiolares, parvæ, triangulæ, membranaceæ, subconnatæ, persistentes. *Corymbi* terminales, pauciflori, floribus recurvato-adscendentibus, pulcherrimè rubris. *Pedicelli* breves, bracteati, subpubescentes. *Bracteæ* binæ, oppositæ, lanceolatæ, acutæ, pubescentes, germine duplò breviores. *Perianthium* parvum, superum, quadripartitum, acutum, æquale, persistens. *Corollæ* tubus semuncialis, supernè paululùm ampliatus ; limbus tubo triplò vel quadruplò brevior, quadripartitus, æqualis, laciniis oblongis, obtusiusculis, patentibus, demùm recurvis. *Stamina* in fauce corollæ, brevissima, antheris ovatis, incumbentibus, cærulescentibus. *Germen* ovatum, compressiusculum, glabrum. *Stylus* longitudine tubi, filiformis, simplex, rubicundus. *Stigma* obtusum, bifidum. *Bacca* ovata, utrinque bisulca, nigra.

Elegantiâ formæ cum *Daphne Cneoro* certat, nequaquàm verò fragrantiâ. Odor totius plantæ, vel levissimè tritæ, fœtidissimus est, ferè stercoreus, ut in *Pæderiâ* et *Serissâ.*

a. Flos pedicello bracteisque suffultus.
B. Corolla aucta, et longitudinalitèr fissa, cum staminibus in situ naturali.
C. Pistillum auctum, cum bracteis et calyce.

PLANTAGO.

Linn. Gen. Pl. 57.   *Juss.* 90.   *Gærtn. t.* 51.

Psyllium.   *Juss.* 90.

Calyx quadrifidus.   *Corolla* quadrifida, infera; limbo reflexo.   *Stamina* longissima.   *Capsula* bilocularis, circumscissa.

---

* *Scapo nudo.*

TABULA 144.

PLANTAGO LAGOPUS.

Plantago foliis lanceolatis quinquenervibus remotè denticulatis, spicâ ovatâ hirsutâ, scapo tereti ; pilis erectis.

P. Lagopus. *Linn. Sp. Pl.* 165. *Ait. Hort. Kew. ed.* 2. *v.* 2. 252. *Willd. Sp. Pl. v.* 1. 644.

P. angustifolia, paniculis lagopi. *Bauh. Prodr.* 98. *Tourn. Inst.* 127. *Moris. sect.* 8. *t.* 16. *f.* 13.

P. καταναγκη Græcorum. *Rauw. It. t.* 6.

Αρνογλωσσον μικρον *Diosc.*

Plantago Lagopus.

A   B   C

Plantago albicans.

In Peloponnesi, et insularum Græcarum, apricis aridis vulgatissima. ♃.

Radix fibrosa, perennis. *Caulis* nullus. *Folia* magnitudine et numero varia, radicalia, patentia, lanceolata, acuta, plana, concinnè denticulata; denticulis remotis, uniformibus, quandoque rarissimis; utrinque pilosa, quinquenervia; nervis lateralibus subindè obsoletis; basi attenuata in *petiolum* canaliculatum, marginatum. *Scapi* plures, axillares, solitarii, adscendentes, teretes, simplicissimi, pilis erectis vestiti, foliis duplò plerumque longiores, basi villis densissimis, sericeis, mollibus intertexti. *Spicæ* solitariæ, terminales, erectæ, ovatæ, vel elongato-cylindraceæ, pilosissimæ, albidæ, densæ, multifloræ. *Calycis* laciniæ inæquales, gibbosæ, acutæ, pilosissimæ. *Corolla* calyce duplò longior; tubo albido, supernè dilatato; limbo patentissimo, æquali, laciniis ovatis, acuminatis, albidis, nervo rubro. *Stamina* capillaria, alba, longissimè exserta, antheris subrotundis, muticis, versatilibus, flavis. *Germen* parvum, oblongum. *Stylus* glaber, corollâ parùm longior. *Stigma* acutum. *Capsula* gracilis, tenuissima. *Semina* solitaria, fusca, nitida, subcylindracea, utrinque obtusa, hinc sulcato-umbilicata, illinc convexa.

a, *A.* Flos, calyce orbatus, magnitudine naturali et triplò auctâ.
B. Calyx eâdem proportione auctus, cum pistillo.
c, *C.* Semen.

TABULA 145.

PLANTAGO ALBICANS.

Plantago foliis lanceolatis obliquis undulatis villosis, spicâ cylindraceâ laxiusculâ, scapo tereti foliis longiore.

P. albicans. *Linn. Sp. Pl.* 165. *Willd. Sp. Pl. v.* 1. 645.

P. angustifolia albida hispanica. *Tourn. Inst.* 127.

Holosteum hirsutum albicans majus et minus. *Bauh. Pin.* 190.

H. salmanticense majus. *Clus. Hist. v.* 2. 110.

In Samo, aliisque Archipelagi insulis, sed rariùs. In Peloponneso etiam legit Sibthorp. ♃.

Radix perennis, sublignosa, cæspitosa. *Caules* brevissimi, adeò ut ferè nulli. *Folia* subradicalia, numerosa, patenti-recurva, spithamæa, vel breviora, lineari-lanceolata, acuta, integerrima, obliquè torta, undulata, glaucescentia, pilis mollibus tenuissimis villosa, tri- seu quinque-nervia; basi in petiolum canaliculatum elongata. *Scapi* plures, erecti, stricti, foliis duplò circitèr longiores, teretes, densè lanati, imprimis cum tenelli et incurvati primò erumpant, pilis patentibus, subintricatis. *Spica* cylindracea, gracilis, multiflora, mox laxiuscula vel strigosa. *Bracteæ* sub singulo flore solitariæ,

latè ellipticæ, obtusæ, concavæ, margine membranaceæ, longitudine calycis; dorso
pubescentes vel pilosæ.   *Calyx* quadripartitus, laciniis æqualibus, bracteæ omninò
simillimis.   *Corolla* calyce paulò longior, limbo deflexo, dilutè fusco.   *Filamenta*
rubra.   *Antheræ* pendulæ, ovatæ, flavæ, basi emarginatæ, apice mucronatæ.   *Stylus*
staminibus duplò brevior, undique hirsutus.

> *A.* Bractea, duplò ferè aucta.   *B.* Calyx seorsìm.
> *C.* Flos, dempto calyce, cum staminibus et stylo.

TABULA 146.

PLANTAGO BELLARDI.

PLANTAGO foliis lineari-lanceolatis planis pilosis, scapo tereti hirsuto, spicâ cylindraceâ,
bracteis mucronatis.

P. Bellardi.   *Allion. Pedem. v.* 1. 82. *t.* 85. *f.* 3. *Vahl. Symb. fasc.* 2. 31. *Willd. Sp. Pl.*
v. 1. 646.

Holosteum salmanticum pusillum annuum.   *Grisl. Virid.* 50.

Leontopodium creticum aliud.   *Clus. Hist. v.* 2. 112.

In cacumine montis Olympi Bithyni, nive peractâ florens.   ☉.

Radix fibrosa, annua, nec perennis.   *Caulis* nullus.   *Folia* numerosa, radicalia, patentissima, lineari-lanceolata, acuta, bi- triuncialia, vel omninò integerrima, vel apicem
versùs subdentata, plana, pilosa, trinervia; basi attenuata.   *Scapi* plurimi, erecti,
foliis parùm altiores, subindè breviores, teretes, firmi, pilis patentissimis hirsuti.
Spica uncialis, vel paulò longior, cylindracea, crassiuscula, obtusa, densa, multiflora.
Bracteæ basi ovatæ, apice elongatæ, mucronatæ, patentes, calyce longiores, hirsutæ.
Calyx hirsutus, laciniis ovatis, acuminatis, inæqualibus, quarum duæ exteriores
majores, crassiores, concavæ, reliquas amplectentes.   *Corolla* calyce paulùm longior,
acutissima, flavescens.   *Filamenta* alba.   *Antheræ* flavidæ, bilobæ, appendiculo membranaceo, bilobo, pallido.   *Stylus* glaber.   *Semina* solitaria, punctulata.

> *a, A.* Flos integer, magnitudine naturali et quadruplò auctâ.   *b.* Calyx.
> *C.* Idem auctus, arte expansus, cum germine et stylo.   *d, D.* Semen.

Plantago Bellardi.

D   B   C   b   a   e f   G

Plantago cretica?

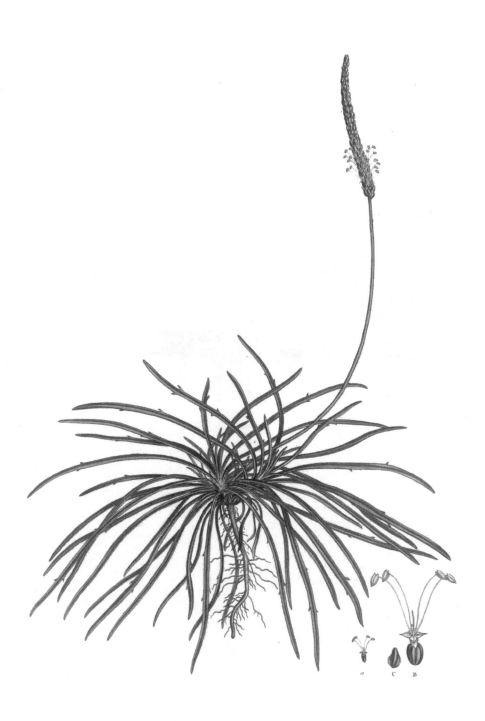

Plantago maritima.

TABULA 147.

PLANTAGO CRETICA.

PLANTAGO foliis linearibus planis pilosis, scapo lanato brevissimo, capitulo subrotundo nutante.

P. cretica. *Linn. Sp. Pl.* 165. *Willd. Sp. Pl. v.* 1. 646.

P. cretica minima tomentosa, caule adunco. *Tourn. Cor.* 5.

Leontopodium creticum. *Clus. Hist. v.* 2. 111.

In Cretâ et Cypro insulis. ⊙.

Radix fibrosa, annua. *Caulis* omninò nullus. *Folia* radicalia, numerosa, undique patentia, triuncialia, linearia vel lanceolato-linearia, obtusiuscula, integerrima, plana, obsoletè nervosa, sericeo-pilosa; basi in petiolum marginatum attenuata. *Scapi* plurimi, foliis triplò breviores, rigidi, crassiusculi, teretes, densissimè lanati, post anthesin recurvato-deflexi. *Capitulum* hemisphæricum, subsexflorum. *Bracteæ* solitariæ sub singulo flore, ovatæ, acutæ, concavæ, pilosæ. *Calycis* laciniæ æquales, ovatæ, obtusæ, erectæ, pilosissimæ. *Corolla* flava, laciniis cordatis, acutis, maculâ ad basin atrosanguineâ. *Filamenta* rubra. *Antheræ* flavidæ, bilobæ, appendiculo terminali, membranaceo, albo, indiviso. *Stylus* ruber, hirsutus. *Semina* solitaria, lævia.

    a. Scapi apex cum bracteis.
    b, B. Flos calyce orbatus, magnitudine naturali et auctâ.
    C. Calyx seorsìm.
    D. Pistillum.
    e. Corolla emarcida.
    f. Semina duo in situ naturali.
    G. Semen seorsìm, auctum.

TABULA 148.

PLANTAGO MARITIMA.

PLANTAGO foliis linearibus subintegerrimis canaliculatis, spicâ cylindraceâ arctâ, scapo tereti foliis longiore.

P. maritima. *Linn. Sp. Pl.* 165. *Willd. Sp. Pl. v.* 1. 647. *Fl. Brit.* 184. *Engl. Bot. v.* 3. *t.* 175. *Fl. Dan. t.* 243.

P. maritima major tenuifolia. *Tourn. Inst.* 127.

P. marina. *Lob. Ic.* 306.

In maritimis cœnosis insulæ Cypri. ♃.

Radix perennis, elongata, fibrosa. *Herba* magnitudine maximè variabilis, acaulis. *Folia* cæspitosa, copiosa, linearia, obtusiuscula, subcarnosa, canaliculata, subindè pilosa; margine vel prorsùs integerrima, vel laxè dentata; basi lanata, vix angustata. *Scapi* pauciores, adscendentes, foliis duplò plerumque longiores, teretes, pilosiusculi. *Spica* cylindracea, gracilis, densa, multiflora. *Bracteæ* sub singulo flore solitariæ, latè ovatæ, concavæ, plùs minùs acutæ, margine membranaceæ, calyce breviores, subpilosæ. *Calycis* laciniæ subæquales, ellipticæ, margine membranaceæ. *Corolla* calyce paulò longior, albida. *Filamenta* alba. *Antheræ* pendulæ, ovatæ, flavæ, basi emarginatæ, apice mucronulatæ. *Stylus* staminibus duplò brevior, hirsutus. Structura floris *Plantagini albicanti* proxima est.

　　　a. Flos bracteâ suffultus.　　　*B.* Flos triplò auctus.　　　*C.* Bractea seorsìm.

** *Caule ramoso, folioso.*

TABULA 149.

PLANTAGO PSYLLIUM.

Plantago caule ramoso herbaceo, foliis subdentatis recurvatis, capitulis aphyllis.
P. Psyllium. *Linn. Sp. Pl.* 167. *Willd. Sp. Pl. v.* 1. 650.
Psyllium majus erectum. *Tourn. Inst.* 128.
Ψυλλιον *Diosc.*
Ψυλλόχορτον *hodiè.*

In vineis Græciæ et Archipelagi frequens. ⊙.

Radix annua, fibrosa. *Caulis* solitarius, erectus, strictus, subpedalis, teres, pubescens, undique foliosus et florifer, ramis paucis, brevibus, oppositis, simplicibus. *Folia* opposita, sessilia, uncialia vel paulò longiora, patenti-recurva, lineari-lanceolata, acuta, plana, scabra; basi attenuata, integerrima; ultrà medium parcissimè dentata. *Pedunculi* axillares, plerumque solitarii, rariùs bini, unciales, teretes, piloso-scabri, simplicissimi. *Capitula* subrotunda, vel ovata, multiflora. *Bracteæ* ovato-lanceolatæ, pilosæ, calyce paulò longiores, margine membranaceæ. *Calycis* laciniæ ferè æquales, ellipticæ, obtusæ, concavæ, carinâ viridi, pilosâ, margine membranaceo, albo. *Corolla* calyce duplò longior, ochroleuca, laciniis ovatis, acuminatis. *Filamenta* limbo duplò longiora, rubicunda. *Antheræ* albidæ, pendulæ, subrotundæ, bilobæ, cum appendiculo exiguo, obtuso, membranaceo, terminali. *Stylus* hirsutus, staminibus dimidio brevior. *Capsula* obovata, membranacea, prope basin circumscissa, bilocularis. *Semina* solitaria, oblonga, saturatè fusca, nitidissima, intùs canaliculata et umbilicata.

Plantago Psyllium.

a   b   c   E   F   D

Epimedium alpinum.

Hujus inter auctorum icones ligneas vix simulacrum verum invenies, cum omnes folia integerrima repræsentant. *Plantago afra* a *Psyllio* vix, nisi caule lignosiore, discrepat. *Plantago Psyllium* sic dictum apud *Bulliard. Plant. Gallic. t.* 363, *Cynops* est.

a. Flos integer.	*D.* Flos, calyce avulso.
b. Bractea.	*e, E.* Capsula, proportione naturali et auctâ.
C. Calyx auctus cum pistillo.	*f, F.* Semen.

EPIMEDIUM.

Linn. Gen. Pl. 59. Juss. 287.

Petala quatuor. *Nectaria* quatuor, saccata, petalis incumbentia. *Calyx* petalis oppositus, caducus. *Siliqua* supera, unilocularis, polysperma.

TABULA 150.

EPIMEDIUM ALPINUM.

Epimedium alpinum. *Linn. Sp. Pl.* 171. *Willd. Sp. Pl. v.* 1. 660. *Sm. Fl. Brit.* 187. *Engl. Bot. v.* 7. *t.* 438. *Ait. Hort. Kew. ed.* 2. *v.* 1. 260.
Epimedium. *Tourn. Inst.* 232. *Dod. Pempt.* 599. *Ger. em.* 480. *Lind. Alsat.* 136. *t.* 6.

In sylvis ad pagum *Belgrad*, in agro Constantinopolitano. ♃.

Radix perennis, repens, teres, ramosa, fusca; radiculis copiosis, filiformibus, elongatis, subsimplicibus, albidis; gemmis terminalibus, solitariis, bivalvibus. *Caules* solitarii, spithamæi, erecti, simplicissimi, omninò nudi, teretes atque glaberrimi, basi plerumque purpurascentes. *Folium* solitarium, terminale, erecto-patens, petiolatum, irregularitèr decompositum, vel supradecompositum; foliolis sesquiuncialibus, petiolatis, ternatis, dependentibus, cordatis, acutis, spinuloso-serratis, reticulato-venosis; suprà lætè virentibus, glabris; subtùs glaucis, tenuissimè pubescentibus. *Petioli* teretes; sub geniculis, ut et basi apiceque, densè villosi, et barbato-glandulosi. *Panicula* terminalis, solitaria, ad basin petioli communis, longitudine folii, alternatìm decomposita, patens, multiflora, pedunculis filiformibus, rubicundis, pilosis, viscidis. *Bracteæ* parvæ, ovatæ, acutæ, glabræ, solitariæ ad basin paniculæ et pedunculorum. *Flores* nutantes, pulchelli, inodori. *Calyx* fusco-virens, foliolis quatuor, æqualibus, ovatis, acutis, integerrimis, concavis, glabris, adhuc inaperto flore caducus. *Petala* calyci conformia et opposita, sed duplò majora, sanguinea, nec tam brevi decidua. *Nectaria* petalis aliquantulùm minora, iisque incumbentia, flavo-hyalina, saccata, apice obtusa, paululúmque inflata, melle turgentia. *Stamina* nectariis opposita, receptaculo inserta; filamentis brevibus, erectis, glabris; antheris longitudinalitèr filamento adnatis, lanceolato-oblongis, bilocularibus, extùs valvulâ duplici, à basi ad summitatem abscedente, dehiscentibus. *Germen* pedicellatum, erectum, cylindraceum, læve. *Stylus* cylindraceus, rectiusculus, staminibus vix longior. *Stigma* simplex, obtusum. *Siliqua* ovata, tenuis, bivalvis, unilocularis, polysperma.

Επιμηδιον Dioscoridis stirpem ab hâc diversam censemus, cum *Osmundâ Lunariâ* Linnæi magis congruentem.

> *a.* Calyx seorslm.
> *b.* Petala.
> *c.* Nectaria cum staminibus pistilloque, omnia proportione naturali.
> *D.* Nectarium singulum, quadruplò auctum.
> *E.* Stamina et pistillum, antherarum valvulis jam revolutis, et in apicem evectis.
> *F.* Pistillum, avulsis staminibus.

151

Cornus mascula.

CORNUS.

Linn. Gen. Pl. 59. Juss. 214. Gœrtn. t. 26.

Calyx quadridentatus. *Petala* quatuor. *Drupa* infera, nuce biloculari.

TABULA 151.

CORNUS MASCULA.

Cornus arborea, umbellis involucrum æquantibus.

C. mascula. *Linn. Sp. Pl.* 171. *Willd. Sp. Pl. v.* 1. 661. *Ait. Hort. Kew. ed.* 2. *v.* 1. 261. *L'Herit. Corn. n.* 4.

C. sylvestris mas. *Bauh. Pin.* 447. *Tourn. Inst.* 641.

Cornus. *Lob. Ic. v.* 2. 169. *Clus. Hist. v.* 1. 12. *Matth. Valgr. v.* 1. 235.

Κρανια *Diosc.*

Frequens in Græciâ. In Arcadiæ nemoribus; etiam in sylvis inter Smyrnam et Bursam copiosè provenit, ut et circa Byzantium. ♄.

Caulis arborescens, ligno duro, albido. *Rami* copiosi, oppositi, brachiati, teretes; ramulis compressiusculis, crebriùs articulatis, apice floriferis et posteà foliosis. *Cortex* lævis, fusco-canescens. *Folia* opposita, petiolata, patula, biuncialia, ovata, acuta, integerrima, tenuia, saturatè viridia, utrinque pilis exiguis, adpressis, albis, sparsis, magìs minùsve canescentia, nervo solitario, tum venis pluribus lateralibus, obliquis, subparallelis, ornata, decidua. *Petioli* semiunciales, canaliculati, extùs incani. *Gemmæ* axillares, ovatæ, compressæ. *Stipulæ* nullæ. *Pedunculi* terminales, sæpiùs gemini; vel laterales, oppositi; breves, crassi, obtusè quadranguli, incani, biarticulati. *Bracteæ* oppositæ, ovato-lanceolatæ, concavæ, incanæ; basi connatæ. *Involucrum* tetraphyllum; foliolis latè ovatis, concavis, coloratis, flavescentibus, extùs purpurascentibus, sericeo-incanis; exterioribus majoribus. *Umbella* multiflora; pedicellis simplicibus, pilosis, vix involucri longitudine, post florescentiam elongatis. *Flores* parvi, undique aurei, maximâ ex parte abortivi. *Calyx* exiguus, brevissimus, superus. *Petala* ovata, acuminata, æqualia, horizontalitèr patentia. *Stamina* petalis breviora et alterna. *Germen* ovatum, obtusum, sericeum, pilis demùm deciduis.

VOL. II. M

Stylus brevis, erectus. *Stigma* simplex, obtusum. *Drupa* pendula, elliptica, coccinea, nitida, succosa, vix uncialis; apice umbilicato-concava. *Nux* elliptica, lapidea, semper bilocularis, non dehiscens.

Fructus gratè acidulus ad potum refrigerantem, vulgò *Sorbet*, apud Turcos sæpè inservit.

a, A. Flos, magnitudine naturali et auctâ.
b. Drupa matura.   *c.* Nux.

ELÆAGNUS.

Linn. Gen. Pl. 62.   *Juss.* 75.

Corolla nulla. *Calyx* quadrifidus, campanulatus, superus; intùs coloratus. *Nectarium* globosum, basin styli amplectens. *Drupa* infera, nuce uniloculari.

TABULA 152.

ELÆAGNUS ANGUSTIFOLIA.

Elæagnus foliis lanceolatis.

E. angustifolia. *Linn. Sp. Pl.* 176. *Willd. Sp. Pl. v.* 1. 688. *Ait. Hort. Kew. ed.* 2. *v.* 1. 271. *Pallas. Ross. v.* 1. 10. *t.* 4.

E. orientalis angustifolius, fructu parvo olivæformi subdulci. *Tourn. Cor.* 53. *Duham. Arb. v.* 1. 213. *t.* 89.

Elæagnos. *Camer. Epit.* 106.

Olea sylvestris, folio molli incano. *Bauh. Pin.* 472. *Hort. Angl.* 52. *t.* 19.

Oliva boemica, sive Elæagnos. *Matth. Valgr. v.* 1. 178.

Ελαια αιθιοπικη *Diosc.*

In insulâ Samo, et inter Bursam et Smyrnam. ♄.

Caulis arboreus. *Rami* alterni, teretes, cortice fusco, glaberrimo, nitido; juniores nitidissimè squamulosi, argentei, ut et petioli, pedunculi, pars exterior calycis, et foliorum pagina inferior. *Folia* alterna, petiolata, elliptico-lanceolata, acutiuscula, integerrima, plerumque biuncialia, uninervia, subvenosa, decidua; suprà cinereo-virentia, squamulosa, at longè minùs argentea. *Petioli* lineares, semiunciales, canaliculati. *Stipulæ* nullæ. *Pedunculi* axillares, solitarii, bini, vel terni, uniflori, petiolis breviores,

152

Elaagnus angustifolia

GF e C DE H h B A

Camphorosma Pteranthus.

ebracteati. *Flores* odorati, semiunciam lati, intùs lutei; basi campanulati; limbo quadrifido, patentissimo. *Stamina* brevissima, in fauce calycis, inter limbi lacinias. *Antheræ* subrotundæ. *Germen* omninò inferum, elliptico-oblongum, squamoso-argenteum. *Stylus* filiformis, staminibus longior, infernè *nectario* ovato, tumido, vestitus. *Stigma* obliquum, aduncum, indivisum. *Drupa* pendula, ovata, magnitudine ferè *Corni masculæ*, spadiceo-rubra, subcanescens, dulcis; apice umbilicato-concava, mucronulata. *Nux* elliptico-oblonga, sulcata, unilocularis.

a. Flores tres cum pedunculis.
b. Calyx arte expansus, cum staminibus in situ naturali.
c. Germen.
d. Nectarium cum stylo.
e. Drupa.
f. Nux. Omnes magnitudine naturali.

CAMPHOROSMA.

Linn. Gen. Pl. 64. Juss. 84.

Pteranthus. *Juss. 404.*

Calyx urceolatus, quadripartitus, laciniis duabus oppositis alternisque minimis. *Corolla* nulla. *Capsula* monosperma, calyce tecta.

TABULA 153.

CAMPHOROSMA PTERANTHUS.

CAMPHOROSMA ramosissima, pedunculis ancipitibus dilatatis compressis, bracteis cristatis recurvis.

C. Pteranthus. *Linn. Mant.* 41. *Willd. Sp. Pl. v.* 1. 697.

Pteranthus. *Forsk. Ægyptiaco-Arab.* 36.

Louichea cervina. *L'Herit. Monogr. t.* 1.

L. Pteranthus. *L'Herit. Stirp. v.* 1. 135. *t.* 65.

In insulæ Cypri campestribus. ☉.

Radix fibrosa, apice simplex, teres, annua. *Caules* plures, spithamæi, undique patentes, ramosi, repetito-dichotomi, teretes, scabriusculi, foliosi, multiflori. *Folia* verticillata, plerumque sena, sessilia, linearia, acutiuscula, angusta, integerrima, subcarnosa, glaucescentia, glabra, vix uncialia. *Stipulæ* interfoliaceæ, membranaceæ, laciniatæ, acuminatæ. *Pedunculi* e dichotomià caulis, et apicibus ramorum, solitarii, numerosi, obovati, maximè compressi, ancipites, concavi, semiunciales, pubescentes, apice ramos duos, propriæ longitudinis, multifloros, bracteatos, cum flore intermedio sessili, gerentes. *Bracteæ* imbricatæ, alternæ, ovatæ, compressæ, pubescentes; margine scariosæ, crenatæ, albæ; apice aduncæ, recurvæ. *Flores* virides, compressi, pubescentes. *Calyx* ferè tetraphyllus; foliolis basi oblongis, conniventibus; apice mucronatis, patentibus; duobus exterioribus mucrone magìs dilatato, verticali, margine scarioso, albo. *Stamina* quatuor, filiformia, æqualia, calyce paulò breviora. *Antheræ* parvæ, subrotundæ. *Germen* superum, parvum, subrotundum. *Stylus* filiformis, staminibus brevior. *Stigmata* duo, patentia. *Capsula* parva, ovata, tenuis, non dehiscens, calyce tecta, unilocularis, monosperma.

　　　A. Pedunculus communis, cum floribus, magnitudine duplò auctus.
　　　B. Pedunculus partialis, cum bracteis.
　c, C. Flos integer.
　　　D. Idem, avulsis laciniis calycinis majoribus.
　　　E. Lacinia calycis major seorsìm.
　　　F. Stamina cum Pistillo.
　　　G. Pistillum.
　h, H. Capsula.

PARIETARIA.

Linn. Gen. Pl. 544.　Juss. 404.　Sm. Fl. Brit. 189.　Gærtn. t. 119.

Calyx quadrifidus, inferus. *Corolla* nulla. *Stamina* elastica. *Semen* unicum, calyce elongato tectum. Flores aliquot fœminei, calyce immutato.

TABULA 154.

PARIETARIA CRETICA.

Parietaria foliis subovatis, involucris fructiferis lateralibus bilabiatis: basi tubulosis; labio exteriori maximo.

P. cretica. *Linn. Sp. Pl.* 1492.

P. cretica minor, capsulis seminum alatis. *Tourn. Cor.* 38.

In Cretæ et Cimoli rupibus. ♃.

Radix fibrosa, supernè simplex, teres; ut mihi videtur, perennis. *Caules* numerosi, undique diffusi, spithamæi, ramosi, teretes, pilosi, rubicundi, foliosi. *Rami* breves,

Parietaria cretica.

alterni, foliolosi. *Folia* alterna, petiolata, ovata, vel subrotunda, obtusa, integerrima, plerumque tri- vel quadrilinearia, venosa, pilosa, saturatè viridia; supra calloso-punctulata. *Petioli* longitudine dimidii foliorum, pilosi. *Stipulæ* nullæ. *Flores* axillares, sessiles, terni; intermedius fœmineus. *Involucra* solitaria sub singulo flore, monophylla, lobata, pilosa, persistentia: intermedium immutatum, clausum: lateralia mox ampliata, colorata, obtusa, bilabiata; labio exteriore majori, obovato; interiore spatulato. *Calyx* pallidè rubicundus, vix longitudine involucri, persistens; laciniis æqualibus, in flore fœmineo acutioribus et erectioribus. *Filamenta* alba, laciniis calycinis opposita, vix longiora, patentissima, transversè rugoso-plicata, elastica. *Antheræ* didymæ, extùs poro dehiscentes, albidæ. *Germen* in floribus lateralibus subrotundum, stylo orbatum, sterile; in centrali ovatum, stylo capillari, calyce longiori, stigmate subcapitato. *Semen* ovatum, nitidum, involucro et calyce, intùs pilosissimo, tectum.

  a, A. Flores, magnitudine naturali et auctâ, cum involucris.
  b, B. Fructûs involucra, delapsis floribus lateralibus.

TETRANDRIA DIGYNIA.

HYPECOUM.

Linn. Gen. Pl. 66.   *Juss.* 236.   *Gærtn. t.* 115.

Calyx diphyllus.   *Petala* quatuor; exterioribus duobus latioribus.
Siliqua superior.

TABULA 155.

HYPECOUM PROCUMBENS.

HYPECOUM siliquis arcuatis compressis articulatis, petalis exterioribus trilobis; interioribus tripartitis : laciniâ centrali dentato-ciliatâ.

H. procumbens.   *Linn. Sp. Pl.* 181.   *Willd. Sp. Pl. v.* 1. 704.   *Ait. Hort. Kew. ed.* 2.
   v. 1. 276.

H. latiore folio.   *Tourn. Inst.* 230.

H. legitimum.   *Clus. Hist. v.* 2. 93.

Cuminum sylvestre alterum siliquosum.   *Lob. Ic.* 744.

'Υπηχοον *Diosc.*

In arenosis maritimis insularum Græcarum.   ☉.

Radix annua, teres, longissimè descendens, fibrillosa, vix ramosa.   *Caules* numerosi, palmares, undique patentissimi, vel decumbentes, teretes, glabri; infernè simplices,
   nudi; apice dichotomi, foliolosi, vix quinquefiori.   *Folia* radicalia copiosa, stellatìm
   patentia, subdepressa, oblonga, ferè palmaria, glauco-viridia, glabra, bipinnatifida;
   laciniis acutis, elliptico-oblongis, subindè cuneatis, trifidis : caulina pauca, opposita
   ad omnem caulis divisionem, parva, profundè pinnatifida, vel digitata; laciniis lanceolatis, acuminatis.   *Pedunculi* e caulis dichotomiâ, vel in apicibus ramulorum,
   simplices, teretes, glabri, uniflori, divaricato-patentes.   *Flores* lutei, magnitudine
   Violæ.   *Calycis* foliola opposita, ovata, acuta, subcolorata, petalis duplò vel triplò
   breviora, decidua.   *Petala* duo majora, sive exteriora, calyce contraria, patentia,

Hypecoum procumbens.

Hypecoum imberbe.

equalia, cuneata, concaviuscula, obtusè triloba; carinâ apice virenti: interiora duplò
ferè breviora, calyci opposita, tripartita; laciniis obovatis, obtusis, intermediâ subin-
flexâ, concavâ, ciliato-dentatâ. *Stamina* quatuor, æqualia, erecta, flava, longitudine
petalorum minorum, antheris oblongis, erectis. *Germen* cylindraceum, staminibus
paulò longius, erectum; post florescentiam elongatum, arcuatum, compressum.
Styli duo, breves, divaricati, recurvi. *Stigmata* simplicia. *Siliqua* biuncialis, oblonga, compressa, arcuata, striata, torulosa, glabra, utrinque attenuata, demùm
articulata; articulis intùs fungosis, monospermis.

> *a.* Calyx cum staminibus et pistillo.
> *b.* Petalum exterius.
> *c, C.* Petalum interius, magnitudine naturali, et duplò auctâ.
> *D.* Stamina cum Pistillo.

TABULA 156.

HYPECOUM IMBERBE.

Hypecoum siliquis arcuatis compressis articulatis, petalis omnibus imberbibus.

In insulâ Cypro. ☉.

Radix ferè prioris. *Herba* magìs glauca. *Caules* erectiores, magìsque ramosi, spithamæi.
Folia radicalia erectiuscula, laciniis angustioribus, pinnatifidis: caulina majora, bipinnatifida. *Flores* facie præcedentis, at structurâ diversi. *Calyx* dentato-fimbri-
atus. *Petala* interiora semitrifida, nec tripartita; lobis lateralibus oblongis, divaricatis; intermediâ cordatâ, subpetiolatâ, margine lævi et integerrimâ. Reliqua ut
in *Hypecoo procumbente.*

> *a.* Flos integer.
> *B.* Petalum exterius, triplò auctum.
> *C.* Petalum interius.
> *D.* Calyx, cum staminibus et pistillo, avulsis petalis.
> *e.* Siliquæ portio.
> *f, F.* Semen.

PENTANDRIA MONOGYNIA.

HELIOTROPIUM.

Linn. Gen. Pl. 73.　*Juss.* 130.　*Gœrtn. t.* 68.

Corolla hypocrateriformis, quinquefida, dentibus interjectis : fauce nudâ.
Semina quatuor, connata, corticata.

TABULA 157.

HELIOTROPIUM SUPINUM.

Heliotropium foliis ovatis integerrimis tomentosis plicatis, spicis solitariis.
H. supinum.　*Linn. Sp. Pl.* 187.　*Willd. Sp. Pl. v.* 1. 742.　*Ait. Hort. Kew. ed.* 2. *v.* 1. 285.
　　Clus. Hist. v. 2. 47.　*Ger. Em.* 335.　*Gouan. Fl. Monsp.* 17, *cum icone.*
H. minus supinum.　*Tourn. Inst.* 139.
H. humifusum, flore minimo, semine magno.　*Tourn. Cor.* 7.　*It. v.* 1. 85, *cum icone.*

In Archipelagi insulis rariùs.　In Amorgi campis maritimis.　☉.

Radix annua, teres, fusca, infernè ramosa.　*Caules* plures, undique diffusi, pedales,
　ramulosi, foliosi, multiflori, teretiusculi, piloso-incani, basin versus subindè verrucu-
　losi ; ramuli alterni, vix foliis longiores, densè pilosi.　*Folia* alterna, petiolata, sæpiùs
　uncialia, ovata, obtusa, integerrima, nec nisi rarissimè et parcissimè crenata, vel
　sub repanda : suprà densè piloso-incana, pilis depressis, divaricatis, cum paucioribus
　longioribus, porrectis, niveis, interstinctis ; nervo centrali, ut et venis obliquè trans-
　versis, sulcato-depressis : subtùs densiùs pilosa, ferè lanata, nervo venisque promi-
　nentibus.　*Petioli* longitudine dimidii ferè foliorum, lineares, piloso-setosi.　*Stipulæ*
　nullæ.　*Spicæ* laterales, interpetiolares, solitariæ, vix ac ne vix unquam geminæ,
　breviùs pedunculatæ, lineares, unciales vel biunciales, piloso-incanæ, multifloræ,
　ebracteatæ ; apice recurvatæ.　*Flores* sessiles, sursùm secundi, parvi, albi.　*Calyx*
　cylindraceo-oblongus, vix semiquinquefidus, erectus, undique hirtus, pilis horizon-

Heliotropium supinum.

Lithospermum apulum.

talitèr patentibus; fructu maturescente ovatus, persistens. *Corollæ* tubus cylindraceus, flavescens, longitudine calycis; limbus quintuplò brevior, niveus, horizontalis,
laciniis reniformibus, æqualibus, integerrimis; dentibus interjectis subfornicatis;
faux pervia. *Antheræ* in fauce corollæ, subrotundæ, flavæ. *Germen* in fundo calycis,
subrotundum, quadrilobum, læve. *Stylus* filiformis, longitudine tubi. *Stigma*
simplex. *Semen* solitarium, reliquis tribus semper, ut videtur, abortientibus, calyce
tectum, ovatum, obtusum, durum, hìnc complanatum, utrinque corrugato-scabrum,
margine incrassatum, uniloculare, nucleo solitario.

    a. Flos magnitudine naturali.
    B. Calyx auctus, cum pistillo.
    C. Corolla cum staminibus.
    D. Germen cum stylo.
    e. Fructus maturus, calyce tectus, atque corollâ emarcidâ coronatus.
    f. Semen seorsìm.
    G. Idem, duplici sub aspectu, quintuplò auctum.

LITHOSPERMUM.

Linn. Gen. Pl. 74.   *Juss.* 130.   *Gærtn. t.* 67.

Corolla infundibuliformis: fauce perviâ, nudâ.   *Calyx* quinquepartitus.

TABULA 158.

LITHOSPERMUM APULUM.

Lithospermum foliis lineari-lanceolatis, spicis terminalibus, bracteis lanceolatis, staminibus intra basin tubi globosam.

L. apulum.   *Vahl. Symb. v.* 2. 33.   *Willd. Sp. Pl. v.* 1. 752.   *Ait. Hort. Kew. ed.* 2.
     v. 1. 287.

Myosotis apula.   *Linn. Sp. Pl.* 189.

Buglossum luteum annuum minimum.   *Tourn. Inst.* 134.

Echioides lutea minima apula campestris.   *Column. Ecphr. v.* 1. 184. *t.* 185.

Σκορπιοειδες *Diosc. ? Sibth.*

In Samo, aliisque Archipelagi insulis.   ☉.

Radix annua, teres, fuscescens, infernè ramosa.   *Caulis* solitarius, erectus, vix semipe-
dalis, sæpiùs simplex, foliosus, teres, undique scaber, setis albis, pellucidis, partìm

VOL. II.   o

adpressis, partìm patulis. *Folia* lineari-lanceolata, obtusiuscula, integerrima, uncialia, vel paulò majora, saturatè virentia, undique piloso-hispida atque minutissimè
tuberculata; caulina alterna, patula; radicalia numerosiora, patentissima; omnia
sessilia, uniformia. *Spicæ* plures, terminales, alternæ, pedunculatæ, erecto-patentes,
piloso-hispidæ, multifloræ. *Bracteæ* ovato-lanceolatæ, hispidæ, solitariæ sub singulo
flore, persistentes, calyce longiores. *Flores* congesti, sursùm secundi, flavi, vix
semiunciales. *Calyx* quinquepartitus, undique hispidus. *Corollæ* tubus omninò
pervius, basi inflatus et ferè globosus, dein statìm angustatus, supernè verò cylindraceus; limbus horizontalis, quinquepartitus, laciniis uniformibus, oblongis, obtusis, integerrimis, nudis, tubo triplò brevioribus. *Stamina* quinque, brevissima,
squamis totidem obtusis interstinctis, tubo, ex infimâ parte, inserta, et intra globosam ejus basin latitantia. *Antheræ* incumbentes, subrotundæ. *Germen* subrotundum, quadrilobum, læve. *Stylus* brevissimus. *Stigma* obtusum. *Semina* quatuor,
nuda, albida, nitida, tuberculosa, subovata, utrinque gibbosa, apicibus incurvis
conniventia, testâ, ut in reliquis hujusce generis speciebus, fragili.

     a. Calyx.
     b. Corolla.
     C. Eadem aucta, longitudinalitèr secta et expansa, cum staminibus in situ naturali.
     d. Calyx fructu maturo prægnans.
     e. Fructus integer.
     F. Semen seorsìm, quadruplò ferè auctus.

TABULA 159.

LITHOSPERMUM TENUIFLORUM.

LITHOSPERMUM foliis lineari-lanceolatis obtusis, floribus axillaribus, corollæ tubo piloso :
     basi inflato; fauce æquali.

L. tenuiflorum. *Linn. Suppl.* 130. *Willd. Sp. Pl. v.* 1. 755. *Ait. Hort. Kew. ed.* 2.
     v. 1. 288 *Jacq. Coll. v.* 4. 138. *Ic. Rar. t.* 313.

Buglossum chium arvense annuum, lithospermi folio, flore cæruleo. *Tourn. Cor.* 6.

In insulâ Cypro. ☉.

Herba omninò *Lithospermi arvensis,* at triplò minor, *radice* vix rubicundâ, *caulibus* magìs
aliquantulùm patentibus. *Folia* tristiùs virentia, glaucescentia, setoso-hispida.
Flores axillares, solitarii, subsessiles, exigui, albi, nec, ut in herbario Linnæano conspiciendum est, cærulei. *Calycis* laciniæ oblongæ, obtusæ, hispidæ, corollâ longiores.
Corollæ tubus extùs pilosus, basi inflatus, subglobosus, medium versùs constrictus,
supernè sensìm ampliatus; limbus longitudine vix dimidii tubi, laciniis horizontali-

D   C   B   a   e   f f   G

Lithospermum tenuiflorum.

Lithospermum orientale.

bus, ovatis, obtusis, sinubus planiusculis, nec, modò iconi summa fides habenda sit, tumidulis, quâ notâ, nec non tubi inflatione, a *Lithospermo arvensi* præcipuè forsitan distinguenda. *Semina* quatuor, fusco-nitida, incurva, undique tuberculosa, omninò *Lithospermi arvensis,* cui nimiùm affinis est hæc species.

   a. Flos.
   B. Calyx auctus, cum pistillo.
   C. Corolla.
   D. Tubi pars infima, magìs aliquantulùm aucta, et arte expansa, ut stamina in conspectum veniant.
   e. Calyx fructifer.
f, f. Semina.
   G. Semen seorsìm, insignitèr auctum.

TABULA 160.

LITHOSPERMUM ORIENTALE.

LITHOSPERMUM foliis oblongis repandis, spicis terminalibus axillaribusque, bracteis ovatis calyce duplò longioribus.

L. orientale. *Linn. Syst. Nat. ed.* 12. *v.* 2. 145. *Willd. Sp. Pl. v.* 1. 753. *Ait. Hort.*
   Kew. ed. 2. *v.* 1. 287. *Curt. Mag. t.* 515.
Anchusa orientalis. *Linn. Sp. Pl.* 191.
Buglossum orientale, flore luteo. *Tourn. Cor.* 6. *Buxb. Cent.* III. 17. *t.* 29. *Dill.*
   Elth. 60. *t.* 52.

In insulis Græcis. ♃.

Radix cylindracea, nigra, perennis, infernè fibrosa. *Caules* plures, herbacei, pedales vel ultrà, laxè diffusi, adscendentes, foliosi, teretes, piloso-scabri, basi subdivisi. *Folia* copiosa, sparsa, oblongo-lanceolata, obtusiuscula, repanda, basi angustata, undique densè pilosa, molliuscula, saturatè viridia. *Spicæ* in apicibus caulium et ramulorum, longissimæ, multifloræ, apice revolutæ. *Bracteæ* ovato-lanceolatæ, subindè cordatæ, calycem plùs minùs superantes, foliaceæ, piloso-scabræ. *Flores* aurei, erecti; inferiores pedicellati, demùm reflexi. *Calycis* laciniæ lanceolatæ, acutissimæ, hirtæ. *Corollæ* tubus calyce longior, cylindraceus, medio constrictus; limbus tubo quadruplò brevior, recurvato-convexus, laciniis rotundatis, sinubus parùm elevatis. *Stamina* brevissima, ad tubi angustiam inserta. *Antheræ* oblongius-culæ, erectæ. *Semina* quatuor, incurvato-gibba, fusca, nitida, tuberculoso-scabra.

   a, A. Calyx, magnitudine naturali et auctâ, cum stylo.
     b. Corolla.
     C. Eadem arte expansa.
     d. Calyx fructifer.
   e, E. Semen.

TABULA 161.

LITHOSPERMUM FRUTICOSUM.

Lithospermum fruticosum erectum, foliis lineari-lanceolatis ramisque hispidis, seminibus glaberrimis.

L. fruticosum. *Linn. Sp. Pl.* 190. *Willd. Sp. Pl. v.* 1. 754. *Ait. Hort. Kew. ed.* 2. *v.* 1. 288.

L. frutescens angustifolium. *Bauh. apud Matthiol.* 658.

Anchusa lignosior monspeliensium, flore violaceo. *Barrel. Ic. t.* 1168.

Buglossum fruticosum, rorismarini folio. *Tourn. Inst.* 134. *Garid. Prov.* 68. *t.* 15.

Tragoriganum nothum. *Dalech. Hist.* 889.

β Anchusa arborea. *Alpin. Exot.* 69. *t.* 68.

Buglossum samium frutescens, foliis rorismarini obscurè virentibus lucidis et hirsutis. *Tourn. Cor.* 6.

Δαδάκι hodiè.

In montosis Græciæ, et in Archipelagi insulis. ♄.

Radix crassa, lignosa, perennis. *Caulis* fruticosus, erectus, pedalis aut sesquipedalis, determinatè ramosus, subdivisus, teres, tortuosus; cortice fusco-nigricante. *Ramuli* sæpiùs alterni, foliosi, piloso-hispidi, pilis erecto-adpressis, canis, nitidiusculis. *Folia* copiosa, sparsa, patula, subsessilia, lanceolata, plùs minùs angustata, longitudine varia, obtusiuscula, integerrima, revoluta, uninervia, plerumque decidua; suprà saturatè viridia, tuberculato-scabra, vel squamulosa, parciùs pilosa, pilis depressis; subtùs densè piloso-sericea, concaviuscula, nervo prominente, paululùm denudato. *Stipulæ* nullæ. *Flores* ramulorum apicem versùs, axillares, solitarii, formosi, amœnè cærulei; inferiores subpedunculati. *Calyx* ad basin ferè quinquepartitus, laciniis erectis, linearibus, acutis, utrinque, at imprimis margine, piloso-incanis, fructu maturescente auctis, persistentibus. *Corollæ* tubus calyce duplò longior, ferè uncialis, dilutè purpureus; extùs pilosus; supernè sensìm ampliatus; limbus tubo dimidò brevior, saturatè cyaneus, ultra medium quinquefidus, laciniis subovatis, obtusiusculis, patentibus, sinubus æqualibus, planis; fauce nudâ. *Stamina* tubi apicem versùs, brevia. *Antheræ* erectæ, oblongiusculæ, flavescentes, fauce inclusæ, nec prominentes. *Germen* parvum, glabrum. *Stylus* longitudine tubi, filiformis, glaber. *Stigma* obtusum, paulò ultra antheras prominens. *Semina* quatuor, ovata, subcarinata, fusco-albicantia, omninò lævia atque glaberrima, nitida, fragilia, nec lapidea. Varietas β vix, nisi foliis brevioribus, differt.

> *a.* Calyx cum pistillo.
> *b.* Corolla, cum stylo in fauce.
> *c.* Eadem arte expansa, cum staminibus in apice tubi.
> *d, d.* Semina. Omnia magnitudine naturali.

Lithospermum fruticosum.

C   B   a

Lithospermum hispidulum.

Anchusa paniculata.

TABULA 162.

LITHOSPERMUM HISPIDULUM.

LITHOSPERMUM fruticosum diffusum, foliis elliptico-oblongis obtusis hispidis, ramis incanis, seminibus scabris.

In insulâ Rhodo. ♄.

Pulcherrima species, præcedenti affinis, at omninò distincta. *Radix* lignosa, crassissima. *Caules* lignosi, crassi, ramosissimi, diffusi, abbreviati, coarctati, depressi, cæspitosi, scopulos, ut videtur, operientes. *Ramuli* sericeo-incani. *Folia* elliptico-oblonga, vel obovata, obtusa, plerumque semiuncialia, hispida, scaberrima. *Flores* in apicibus ramulorum, axillares, foliis duplò longiores, cyanei, pulcherrimi. *Calyx* ferè præcedentis. *Corollæ* tubus calyce duplò longior, extùs glaber; faux inflata; limbi laciniis orbicularibus, obtusis. *Stamina* in fauce corollæ, apice tubi inserta. *Antheræ* oblongæ, flavescentes, prominulæ. *Stylus* et *stigma* prioris. *Semina* tuberculato-scabra, nec lævia, cæterùm præcedentis simillima.

a. Flos integer.
B. Calyx auctus, cum stylo.
C. Corolla expansa, cum staminibus.

ANCHUSA

Linn. Gen. Pl. 74. *Juss.* 131.
Buglossum. *Gærtn. t.* 67.

Corolla infundibuliformis : fauce clausâ fornicibus. *Semina* immarginata ; basi insculpta.

TABULA 163.

ANCHUSA PANICULATA.

ANCHUSA foliis lanceolatis strigosis subintegerrimis, paniculâ dichotomâ; ramis racemosis, calycibus quinquepartitis; laciniis subulatis.

VOL. II.   P

A. paniculata. *Ait. Hort. Kew. ed.* 1. *v.* 1. 177. *ed.* 2. *v.* 1. 288. *Willd. Sp. Pl. v.* 1. 756.

A. italica. *Retz. Obs. fasc.* 1. 12. *Willd. ibid.*

Buglossum angustifolium majus, flore cæruleo. *Tourn. Inst.* 134.

B. vulgare. *Matth. Valgr. v.* 2. 528. *Dalech. Hist.* 579.

B. angustifolium. *Lob. Ic.* 576.

Buglossa italica. *Trag. Hist.* 232.

B. longifolia. *Cord. Hist.* 135.

B. vulgaris. *Ger. Em.* 798.

Cirsium italicum. *Fuchs. Hist.* 343.

Βȣγλωσσον *Diosc.*

Βȣδόγλωσσον *hodiè.*

In Græciâ vulgaris.　♂.

Radix fusiformis, subindè divisus, biennis. *Herba* undique strigoso-hispida, calloso-tuberculata, saturatè virens. *Caulis* erectus, bipedalis, vel altior, teres, foliosus, supernè ramosus. *Folia* alterna, lanceolata, acuta, obsoletè repanda ; infima longiùs petiolata, spithamæa ; superiora sessilia ; summa ovata, vel cordato-amplexicaulia, abbreviata. *Paniculæ* rami racemosi, patentes, multiflori, rubicundi, supernè dichotomi ; demùm elongati, stricti. *Pedunculi* inferiores longitudine calycis ; superiores duplò vel triplò breviores. *Bracteæ* lineari-lanceolatæ. *Calyx* ultra semiuncialis, ad basin usque quinquefidus ; laciniis erectis, subulatis, acutis, rubicundis. *Corollæ* tubus calyce paulò longior, cylindraceus, glaber, pallidè purpurascens ; limbus horizontalitèr patens, pulchrè cæruleus, laciniis obovatis, longitudine dimidii tubi, paululùm inæqualibus ; faux arctè clausa valvulis quinque, fornicatis, conniventibus, e tubo prominentibus, apice obtusis, tomentoso-niveis, basi setoso-muricatis. *Stamina* brevia, fauce tubi inserta, valvulis occulta atque tecta. *Stylus* cylindraceus, longitudine tubi. *Stigma* obtusum, valvulis tectum. *Semina* obovata, corrugata, fusca, hinc canaliculata ; hilo parvo, albo.

Hanc speciem, ex horto Kewensi, olim mecum communicavit optimus Aiton, sub nomine quod reliquis hîc prætuli. Ab *A. officinali* distincta est ; hinc synonyma hujusce speciei, apud Floram Britannicam, quam maximè castigationem postulant.

   a. Calyx cum stylo.
   b. Corolla cum valvulis in situ naturali.
   c. Eadem arte aperta, cum staminibus sub singulis valvulis.
   d. Semen vix maturum.

Anchusa angustifolia.

TABULA 164.

ANCHUSA ANGUSTIFOLIA.

ANCHUSA foliis lineari-lanceolatis hispidis subintegerrimis, paniculâ dichotomâ; ramis spicatis, calycibus semiquinquefidis obtusis.

A. angustifolia. *Linn. Sp. Pl.* 191. *Ait. Hort. Kew. ed.* 1. *v.* 1. 178. *ed.* 2. *v.* 1. 289. *Willd. Sp. Pl. v.* 1. 757.

A. officinalis. *Linn. Sp. Pl. ed.* 1. 133.

A. Alcibiadion, et A. minor. *Ger. Em.* 800.

Buglossum angustifolium minus. *Bauh. Pin.* 256. *Tourn. Inst.* 134. *Moris. v.* 3. 438. sect. 11. *t.* 26. *f.* 4.

Buglossa sylvestris. *Trag. Hist.* 234.

Boragine silvestre perenne di Candia, di fiore rosso cremesino. *Zanon. Ist.* 49. *t.* 20.

Echii facie Buglossum minimum, flore rubente. *Lob. Ic.* 576.

Cirsium germanicum. *Fuchs. Hist.* 342.

In arvis vineisque insularum Græcarum vulgatissima. ♃.

Radix perennis, fusiformis. *Herba* undique punctis callosis piliferis scabra. *Caulis* erectus, bipedalis, ramosus, teres, foliosus. *Folia* alterna, sessilia, lineari-lanceolata, acuta, obsoletè denticulata, vel subrepanda; superiora quandoque basi dilatata, et semiamplexicaulia. *Paniculæ* rami spicati, patentes, multiflori, fuscescentes; demùm elongati, stricti. *Flores* erecto-secundi; inferiores tantùm brevissimè pedunculati. *Bracteæ* ovato-lanceolatæ. *Calyx* longitudine dimidii præcedentis, ovatus, ad medium usque quinquefidus; laciniis erectis, obtusis; basi subcampanulatus, demùm ampliatus. *Corollæ* tubus calyce duplò ferè longior, cylindraceus, glaber, pallidè purpureus, medio constrictus; limbus horizontalis, saturatè cyaneus, laciniis obovatis, æqualibus, longitudine dimidii tubi; faux arctè clausa valvulis quinque, fornicatis, conniventibus, e tubo paululùm prominentibus, extùs tomentoso-niveis. *Stamina* medio tubi inserta, valvulis breviora. *Stylus* cylindraceus, tubo brevior. *Stigma* obtusum, inclusum. *Semina* cinerea, granulata, ovata; basi pulchrè insculpta, crenata; lateribus corrugata; apice carinato-compressa.

> *a.* Calyx cum stylo.
> *b.* Corolla longitudinalitèr expansa, cum staminibus.
> *c.* Corolla cum valvulis in situ naturali.

TABULA 165.

ANCHUSA UNDULATA.

ANCHUSA foliis oblongis dentatis undulatis, paniculâ dichotomâ; ramis racemosis, calycibus semiquinquefidis: fructiferis pendulis.

A. undulata. *Linn. Sp. Pl.* 191. *Willd. Sp. Pl. v.* 1. 757. *Ait. Hort. Kew. ed.* 2. *v.* 1.
290.

A. angustis dentatis foliis. *Bocc. Mus. t.* 77. *Barrel. Ic. t.* 578, malè.

Buglossum lusitanicum, echii folio undulato. *Tourn. Inst.* 134.

In Melo, aliisque Archipelagi insulis. ♃.

Habitus præcedentium. *Caules* pedales, aut sesquipedales, erecti, apice paniculati.
Folia uniformia, oblonga, obtusiuscula, undulato-repanda, dentata, saturatè viridia,
undique piloso-hispida, vix calloso-punctata; radicalia basi attenuata. *Paniculæ*
rami patentes, racemosi; *bracteis* cordatis. *Calyx* ovatus, semiquinquefidus, laciniis
acutiusculis; post florescentiam reflexo-pendulus, ampliatus, inflatus. *Corollæ* tubus
calyce sesquilongior, cylindraceus, purpurascens, glaber, æqualis; limbus patens,
atro-purpureus, tubo triplò brevior, laciniis obovatis; faux clausa valvulis quinque,
cylindraceo-oblongis, elevatis, supernè saccatis, incarnatis, margine tantùm pubescentibus. *Stamina* tubi apicem versùs inserta, valvulis breviora. *Stylus* cylindraceus,
sub stigmate incrassato-globosus. *Semina* haud vidi matura.

     A. Corolla arte expansa, duplò aucta, cum valvulis et staminibus.
     B. Germen, stylus, atque stigma, calyce avulso.

TABULA 166.

ANCHUSA TINCTORIA.

ANCHUSA foliis oblongis, bracteis calycem quinquepartitum superantibus, valvulis corollæ
staminibus brevioribus.

A. tinctoria. *Desfont. Atlant. v.* 1. 156. *Ait. Hort. Kew. ed.* 2. *v.* 1. 290; nec Linn.

A. monspeliana. *Bauh. Hist. v.* 3. 584.

A. parva. *Lob. Ic.* 578.

A. prima. *Matth. Valgr. v.* 2. 341; minùs benè.

Lithospermum tinctorium. *Andr. Repos. t.* 576; nec Linn.

Anchusa undulata.

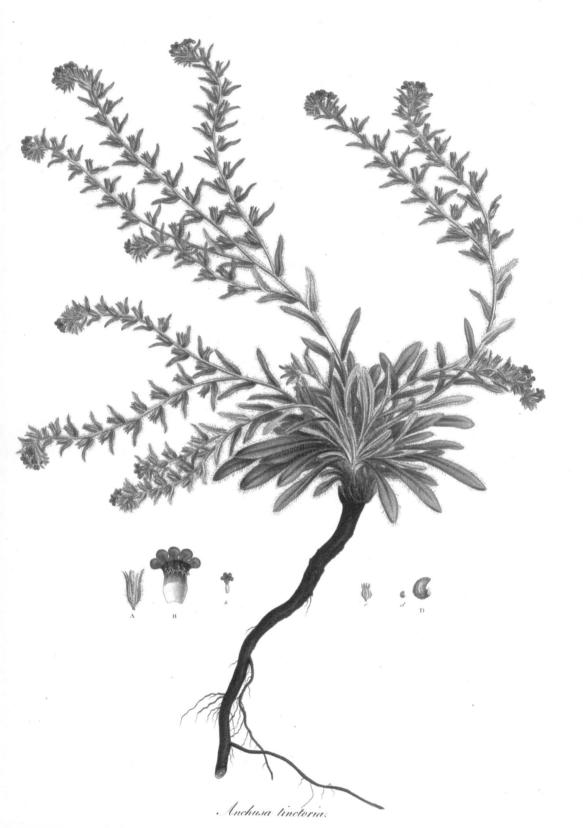

Anchusa tinctoria.

E   c   d   a   B   C   C

Anchusa parviflora.

Buglossum radice rubrâ, sive Anchusa vulgatior, floribus cæruleis. *Tourn. Inst.* 134. Αγχουσα *Diosc.*

In Peloponneso, et in insulâ Cypro. ♃.

Radix perennis, lignosa, multiceps, cylindracea, longissimè descendens, atro-sanguinea, pulchrè tinctoria. *Herba* undique piloso-hispida, tuberculisque exiguis cartilagineis scabra, nequaquàm tomentosa aut villosa. *Caules* numerosi, spithamæi, diffusi, teretes, foliosi; supernè divisi, multiflori. *Folia* oblonga, integerrima; suprà convexa; subtùs carinata: radicalia numerosa; basi attenuata et elongata: caulina breviora, alterna; basi dilatata, semiamplexicaulia. *Spicæ* sæpiùs binæ, rariùs ternæ vel quaternæ, terminales, recurvæ, multifloræ; mox elongatæ, rectæ. *Bracteæ* calyce duplò ferè longiores, basi ovatæ. *Calyx* rubicundus, pilosissimus, quinque-partitus, laciniis lanceolatis, carinatis, acutis. *Corollæ* tubus longitudine calycis; basi inflatus, pallidè virens; supernè angustior, atro-sanguineus, valvulis quinque parvis, rotundatis, convexis, sub fauce insertis; limbus patens, saturatè cæruleus, tubo triplò brevior, laciniis obovato-rotundatis, convexis, ultra medium divisis. *Stamina* brevia, sub fauce, inter valvulas, inserta, easque superantia. *Antheræ* breves, incumbentes. *Stylus* longitudine calycis. *Semina* ovato-oblonga, arctè inflexa, undique tuberculato-exasperata.

Hæc est *Anchusa tinctoria* officinalis, e Monspelio plerumque evecta, at Linnæo haud benè nota, nec cum descriptione apud *Sp. Pl.* conveniens. Diversa omninò est a *Lithospermo tinctorio, Sp. Pl. ed.* 1. 132, ut etiam ab *Anchusâ lanatâ.* Synonymon Dioscoridis ex descriptione, nec non e radicis usu œconomico, huc retuli. Corollæ valvulas omninò præteriit Andrews.

     A. Calyx paululùm auctus, cum pistillo.
     b. Corolla magnitudine et formâ naturali.
     B. Eadem arte expansa, cum staminibus et valvulis in fauce.
     c. Calyx fructûs.
    d, D. Semen.

TABULA 167.

ANCHUSA PARVIFLORA.

Anchusa foliis linearibus obtusis hispidis, caulibus diffusis, calyce quinquepartito strigoso, seminibus hemisphæricis rugosis.

A. parviflora. *Willd. Sp. Pl. v.* 1. 759.

Buglossum orientale angustifolium, flore parvo cæruleo. *Tourn. Cor.* 6.

Prope Athenas. ☉.

Radix annua, filiformis, longissima, fusco-rubens, fibrillosa. *Caules* plures, palmares vel spithamæi, diffusi, plùs minùs ramosi, teretes, foliosi, undique hispidi, setis patentibus copiosis. *Folia* lineari-oblonga, obtusiuscula, subintegerrima, lætè virentia, hispida. *Spicæ* terminales, solitariæ, densæ, foliosæ, parvæ. *Flores* exigui, congesti. *Calyx* subglobosus, ad basin ferè quinquepartitus, clausus, setis validis densè muricatus. *Corollæ* tubus calyce duplò longior, pallidus, supra medium angustatus; limbus tubo triplò brevior, dilutè cyaneus, laciniis ovatis, horizontalibus; faux clausa valvulis fornicatis, pallidis, parùm elevatis, apice longiùs barbatis vel penicillatis. *Stamina* brevia, fauce, infra valvulas, collocata. *Stylus* intra tubum. *Stigma* peltatum. *Semina* plerumque solitaria, magna, hemisphærica, fusca, nitida, venis elevatis corrugata; basi excavato-concava, marginata, acutè dentata.

     a. Flos integer.
     B. Calyx quintuplò auctus, cum stylo.
     C, C. Corolla integra, et arte expansa.
     d. Calyx fructûs.
     e, E. Semen.

TABULA 168.

ANCHUSA VENTRICOSA.

Anchusa foliis lanceolatis obtusis piloso-scabris, caulibus procumbentibus, calycibus fructiferis inflatis pendulis.

Lycopsis echioides β. *Herb. Linn.*

In Græciæ campestribus, et in insulâ Cypro. ☉.

Radix annua, filiformis, fusca, fibrillosa. *Caules* plures, spithamæi, undique diffusi, subdivisi, teretes, piloso-scabri, foliosi. *Folia* lanceolato-oblonga, obtusa, integerrima, piloso-scabra; floralia acutiora, basi ovata. *Spicæ* terminales, solitariæ, foliosæ, multifloræ. *Flores* albi, exigui, erecti. *Calyx* ovatus, hispidus, vix semiquinquefidus. *Corollæ* tubus calyce parùm longior, medio constrictus; faux clausa valvulis fornicatis, albis, haud elevatis, apice penicillatis; limbus patens, laciniis obovatis. *Stamina* medio tubi inserta, valvulis breviora. *Calyx* fructiferus subpedicellatus, pendulus, ampliatus, inflatus, clausus. *Semina* quatuor, parva, reniformia, fusca, lævia.

     a. Calyx floris.
     b. Corolla.
     C. Eadem aucta et expansa, cum valvulis et staminibus.
     d, d. Semina.

Anchusa ventricosa.

Anchusa cæspitosa.

Cerinthe aspera.

TABULA 169.

ANCHUSA CÆSPITOSA.

ANCHUSA foliis linearibus obtusis scabris patentibus caule longioribus, racemo paucifloro, calyce quinquepartito.

A. cæspitosa. *Lamarck. Dict. v.* 1. 504. *Willd. Sp. Pl. v.* 1. 759.

Buglossum creticum humifusum acaulon perenne, echii folio angustissimo. *Tourn. Cor.* 6.

In Cretæ montibus Sphacioticis. ♃.

Radix perennis, lignosa, longissima, atro-fusca, multiceps. *Caules* plures, brevissimi, cæspitosi, foliosi, vix quadriflori. *Folia* copiosa, undique patentia, triuncialia, caulibus triplò plerumque longiora, linearia, obtusiuscula, obsoletè repanda, saturatè viridia, piloso-scabra; basi attenuata. *Flores* sæpiùs bini, terminales, pedicellati, pro ratione plantæ magni, formosi. *Calyx* ad basin usque quinquefidus, scaber. *Corollæ* tubus calyce duplò longior, infundibuliformis, albidus, supernè incarnatus; limbus tubo duplò brevior, patentissimus, laciniis obcuneatis, utrinque impensè ac saturatè cyaneis; valvulæ omninò supra faucem elevatæ, oblongæ, incurvato-fornicatæ, conniventes, extùs barbatæ, niveæ. *Stamina* brevia, fauci inserta, valvulis paulò breviora. *Semina* subrotunda, lævia, fusca; subtùs carinata, biscrobiculata.

   a. Calyx cum pistillo.
   b. Corolla.
   C. Eadem expansa, et duplò aucta.
   d. Semen.

CERINTHE.

Linn. Gen. Pl. 76. *Juss.* 130. *Gærtn. t.* 67.

Corollæ limbus tubulato-ventricosus, quinquedentatus; faux pervia.
Nuces duæ, biloculares. *Calyx* inæqualis.

TABULA 170.

CERINTHE ASPERA.

CERINTHE corollâ subcylindraceâ incurvâ: medio constrictâ; dentibus patentissimis, staminibus corollam æquantibus.

C. aspera.   *Roth. Catal. v.* 1. *33.*   *Willd. Sp. Pl. v.* 1. 772.   *Ait. Hort. Kew. ed.* 2. *v.* 1. 295.

C. major *β*.   *Linn. Sp. Pl.* 196.

C. flore flavo asperior.   *Bauh. Pin.* 258.   *Ger. Em.* 538.

C. quorundam major, spinoso folio, flavo flore.   *Bauh. Hist. v.* 3. 602.   *Tourn. Inst.* 80.

Σκαλιζονάκι *hodiè.*

Παλαδρακέλια *Zacynth.*

In Peloponneso, in monte Athô, et insulâ Zacyntho. ☉.

Radix annua, fusiformis, parva.   *Caulis* erectus, pedalis vel sesquipedalis, alternatìm ramosus, foliosus, teres, glaber atque lævissimus, multiflorus.   *Folia* alterna, sessilia, patentia, obovato-oblonga, obtusa, integerrima, spinuloso-ciliata; suprà cartilagineopunctata; subtùs ferè lævia; utrinque glaucescentia; basi cordata, amplexicaulia. *Spicæ* terminales, solitariæ, multifloræ, recurvato-deflexæ.   *Bracteæ* imbricatæ, unifloræ, foliis consimiles, at triplò minores; subtùs coloratæ. *Flores* cernui, bracteis parùm longiores.   *Calycis* foliola inæqualia, spinuloso-ciliata; exteriora cordata. *Corolla* calyce duplò longior, uncialis, curvata; tubus obovatus, fusco-purpureus; limbus longitudine tubi, ovatus, basi constrictus, margine quinquedentatus, dentibus acutis reflexis; faux pervia, nuda.   *Stamina* apice tubi inserta, subulata, brevia. *Antheræ* verticales, lineares, erectæ, paululùm exsertæ, basi sagittatæ.   *Germen* parvum, didymum.   *Stylus* filiformis, staminibus æqualis, demùm elongatus.   *Stigma* simplex.   *Nuces* duæ, ovato-triquetræ, parvæ, læves, glaucæ, biloculares.

     a. Calyx cum stylo.
     b. Corolla integra, cum staminibus in fauce.
     c. Eadem expansa.
     d, d. Semina.

TABULA 171.

CERINTHE RETORTA.

CERINTHE corollâ clavato-cylindraceâ retortâ : apice constrictâ; limbo patentissimo, staminibus corollam æquantibus.

In Peloponneso; etiam in Cariæ cultis submontosis. ☉.

Præcedente elatior.   *Folia* extùs latiora, emarginata cum mucronulo.   *Spicæ* elongatæ; floribus inferioribus pedicellatis.   *Bracteæ* primo ortu magìs coloratæ, purpureæ.

Cerinthe retorta.

Onosma echioides.

Corolla duplò quàm in præcedente minor, recurvata; tubus flavus, sensìm dilatatus; limbus violaceus, tubo duplò vel triplò brevior, basi latior, apice constrictus, dentibus pallidis, acutis, patentibus. *Stamina* apice tubi inserta, vix limbum æquantia. *Nuces* subrotundæ, fusco variatæ.

    a. Flos integer.
    b. Calyx floris, cum stylo.
    C. Corolla duplò aucta.
    d. Corolla magnitudine naturali, arte expansa, cum staminibus in fauce.
    e, e. Calyx fructûs.
    f. Semina.

ONOSMA.

Linn. Gen. Pl. 76.   *Juss.* 130.   *Gærtn. t.* 67.

Corolla infundibuliformis ; limbo ventricoso, quinquedentato ; fauce perviâ.
Nuces quatuor, uniloculares.   *Calyx* æqualis.

TABULA 172.

ONOSMA ECHIOIDES.

O n o s m a foliis spatulato-oblongis, pilis simplicissimis, caulibus ramosis diffusis, floribus
    pendulis, fructu erecto.
O. echioides β. *Linn. Sp. Pl.* 197.
Cerinthe echioides. *Linn. Sp. Pl. ed.* 1. 137.
Symphytum echii folio ampliore, radice rubrâ, flore luteo. *Tourn. Inst.* 138.
Anchusa tertia. *Camer. Epit.* 736.

Ad Ponti Euxini littora. ♃.

Radix perennis, repens, lignosa, fusca; quandoque purpurascens. *Caules* lignosi, diffusi, ramosissimi, foliosi, piloso-hispidi; pilis deflexis, canis, basi callosis, nec stellatis. *Folia* alterna, sessilia, spatulato-oblonga, acutiuscula, integerrima, sesquiuncialia ; basi angustata; suprà convexa; undique piloso-hispida, pilis patulis, basi plùs minùs callosis, niveis, nitidis, nequaquàm stellatis. *Racemi* terminales, gemini, curvato-deflexi, bracteati, setosi, subquinqueflori. *Bracteæ* foliis conformes, sed quadruplò minores. *Flores* omninò penduli, unciales, lutei. *Calyx* quinquepartitus, valdè setosus, laciniis linearibus, æqualibus, erectis. *Corolla* calyce duplò ferè longior, recta; tubus cylindraceus, strictus, pallidè flavescens, vix longitudine calycis; limbus ovatus, inflatus, saturatè flavus, dentibus regularibus, acutis, recurvis. *Antheræ* parùm exsertæ. *Stylus* staminibus longior, filiformis. *Stigma* obtusum. *Calyx fructûs* erectus, ampliatus. *Nuces* quatuor, ovatæ, lapideæ, nitidæ, glaucæ, uniloculares, quarum duæ vel tres sæpiùs abortiunt.

Synonyma cautiùs eruenda.

> *a.* Calyx floris, cum stylo.
> *b.* Corolla seorsìm cum staminibus in fauce.
> *c, c.* Nuces.

TABULA 173.

ONOSMA ERECTA.

Onosma foliis linearibus, pilis basi stellatis intertextis, caulibus simplicibus floribusque erectis.

Symphytum creticum, echii folio angustiore longissimis villis horrido, flore croceo. *Tourn. Cor.* 6.

In montibus Cretæ elatioribus. ♃.

Radix perennis, lignosa, elongata, fusco-nigra. *Caules* herbacei, cæspitosi, erecti, spithamæi, simplices, foliosi, densè piloso-hispidi; pilis canis, patulis, cum plurimis minoribus deflexis, intertextis, ad basin. *Folia* copiosa, conferta, patenti-recurva, biuncialia, obovato-linearia, subrevoluta, undique, caulium more, hispida, pilis minoribus ad basin densè stellatis. *Spicæ* geminæ, terminales, hispidæ. *Bracteæ* lineares, longitudine ferè calycis. *Flores* erecti, conferti, flavi, unciales. *Corollæ* tubus calyce longior, supernè paululùm dilatatus; limbus inflatus, quinquesulcatus, dentibus parvis, obtusis, reflexis. *Stamina* fauce tubi inserta. *Antheræ* versatiles, vix extra corollam prominentes. *Nuces* sæpiùs binæ, nitidæ, fuscæ, carinatæ, acumine inflexo.

> *a.* Calyx cum stylo.
> *b.* Corolla.
> *c.* Eadem expansa, cum staminibus.
> *d.* Stamen seorsìm.
> *e, e, E.* Nuces, magnitudine naturali et auctâ.

c   d   b   a   E   *e   e*

Onosma erecta.

Onosma fruticosa.

Borago orientalis.

TABULA 174.
ONOSMA FRUTICOSA.

ONOSMA foliis ellipticis revolutis, pilis subsimplicibus, caulibus fruticosis ramosis, floribus solitariis terminalibus cernuis.

In insulâ Cypro. ♄.

Caulis erectus, pedalis, lignosus, ramosissimus, subcorymbosus; cortice fusco, glabrato, deciduo; ramis ramulisque piloso-incanis, hispidis, foliosis. *Folia* conferta; in ramulis floriferis alterna; elliptica, obtusa, revoluta, incana atque setosa, haud uncialia. *Flores* in apicibus ramulorum, solitarii, pedunculati, cernui, unciales, flavi. *Calyx* hispidus, corollâ duplò brevior. *Corollæ* tubus cylindraceus, pallidus, longitudine calycis; limbus tubo æqualis, inflatus, saturatè flavus, dentibus acutis, recurvis. *Stamina* basi ferè tubi inserta. *Antheræ* terminales, erectæ, extra limbum prominentes. *Nuces* binæ, vix plures, ovatæ, carinatæ, tuberculosæ.

  a. Calyx cum stylo.
  b. Corolla, antheris extra faucem prominentibus.
  c. Eadem expansa.
  d. Nuces binæ maturæ, in situ naturali, cum stylo persistente.
  e, E. Nux seorsìm.

BORAGO.

Linn. Gen. Pl. 77. *Juss.* 131. *Gœrtn. t.* 67.

Corolla rotata; fauce radiis clausâ.

TABULA 175.
BORAGO ORIENTALIS.

BORAGO corollæ radiis brevissimis rotundatis emarginatis, calycibus tubo brevioribus, foliis cordatis.

B. orientalis. *Linn. Sp. Pl.* 197. *Willd. Sp. Pl. v.* 1. 778. *Ait. Hort. Kew. ed.* 2. *v.* 1. 297.

B. constantinopolitana, flore reflexo cæruleo, calyce vesicario. *Tourn. Cor.* 6. *It. v.* 2. 13, *cum icone. Buxb. Cent.* 5. 16. *t.* 30. *Mill. Ic. t.* 68.

In sylvâ ad pagum *Belgrad,* et circa Byzantium, primo vere florens. ♃.

Radix tuberosa, perennis; extùs nigra. *Caulis* herbaceus, erectus, pedalis aut sesquipedalis, angulato-teres, hispidus, purpurascens; supernè paniculato-ramosus, foliolosus. *Folia radicalia* maxima, longiùs petiolata, cordata, acuta, undulata, reticulato-
venosa; utrinque setoso-scabra; subtùs pallidiora: *caulina* minora, alterna, breviùs
petiolata; superiora ovato-lanceolata, basi elongata, angustata, subsessilia. *Petioli*
canaliculati, subretrorsùm hispidi, basi vaginantes. *Racemi* in apicibus ramorum,
gemini, breves, pilosi, nutantes, bracteati. *Bracteæ* ovatæ, obtusæ, pilosæ, pedicellis
breviores. *Flores* copiosi, purpuro-cærulei, cernui. *Calycis* laciniæ obovato-oblongæ,
pilosæ, erectæ. *Corollæ* tubus calyce duplò ferè longior, albus, sursùm ampliatus;
faux intùs pilosa, valvulis brevibus, rotundatis, emarginatis, pubescentibus, albis,
coronata; limbus purpuro-cæruleus, tubo longior, laciniis linearibus, subtùs pilosis,
basi horizontalibus, apice revolutis. *Stamina* fauce inserta, limbo explanato breviora,
subulata, erecta, conniventia, incarnata, intùs pilosa. *Antheræ* incumbentes, oblongæ,
nigræ. *Germen* parvum, quadrifidum. *Stylus* filiformis, roseus, glaber, staminibus
parùm longior. *Stigma* obtusum, nigrum.

    a. Calyx cum stylo.
    b. Corolla cum staminibus.
    B. Eadem magnitudine aucta, tubo longitudinalitèr diviso.

TABULA 176.

BORAGO CRETICA.

BORAGO corollæ radiis subulatis, staminibus basi barbatis, calycibus longitudine tubi,
    foliis ovatis obtusis.
B. cretica. *Willd. Sp. Pl. v.* 1. 778.
B. cretica, flore reflexo elegantissimo suaverubente. *Tourn. Cor.* 6.

In Cretâ et Zacyntho insulis, et monte Athô. ♃.

Radix perennis, fusiformis, fusca. *Herba* undique piloso-scabra. *Caulis* pedalis, vel
paulò altior, erectus, subflexuosus, ramosus, rubicundus, foliosus. *Folia* alterna,
petiolata, patentia, ovata, obtusa, crenato-undulata, rugosa; subtùs pallidiora.
Petioli longitudine circitèr foliorum, marginati; superiores abbreviati, basi dilatati,
amplexicaules. *Racemi* terminales, gemini, nutantes, hirti, multiflori. *Flores* cernui,
præcedente vix minores, albi, staminibus roseis. *Calycis* laciniæ patentes, lanceolatæ, longitudine tubi; demùm erectæ, ampliatæ. *Corollæ* tubus vix dilatatus;
limbus priore angustior, magìsque revolutus; radii erecti, subulati, glabri. *Stamina*
rosea, radiis duplò longiora, basi intùs barbata, supernè nuda. *Antheræ* oblongæ,
flavæ. *Stylus* albus.

    a. Calyx cum stylo.
    b. Corolla cum staminibus.
    B. Eadem aucta et expansa.

Borago cretica.

Asperugo procumbens.

ASPERUGO.

Linn. Gen. Pl. 77.   Juss. 131.

Calyx fructûs compressus; lamellis plano-parallelis, sinuatis.

TABULA 177.
ASPERUGO PROCUMBENS.

Asperugo calycibus fructûs complanatis.

A. procumbens. *Linn. Sp. Pl.* 198. *Willd. Sp. Pl. v.* 1. 778. *Sm. Fl. Brit.* 220.
    Engl. Bot. t. 661. *Fl. Dan. t.* 552.

A. vulgaris. *Tourn. Inst.* 135. *Raii Syn.* 228.

A. spuria. *Dod. Pempt.* 356.

Alysson germanicum echioides. *Lob. Ic.* 803. *Dalech. Hist. v.* 2. 1143.

Aparine major Plinii. *Ger. Em.* 1122.

Borrago minor sylvestris καρποχηνοπυς. *Column. Ecphr.* 181. *t.* 183.

Κολλητζίδα *hodiè.*

In ruderatis insulæ Cypri, et in agro Argolico. ☉.

Radix annua, parva, gracilis. *Caules* procumbentes, flagelliformes, ramosi, foliosi, angulato-teretes, spinulis aduncis asperi. *Folia* opposita, subpetiolata, adscendentia, oblonga, obtusa, integerrima, uninervia, venosa, undique piloso-hispida; inferiora majora, sparsa. *Flores* axillares, oppositi, sæpiùs solitarii, pedunculati, parvi, cærulei,
pulchelli, cernui. *Calyx* semiquinquefidus, æqualis, piloso-hispidus, parvus; post
florescentiam auctus, dilatatus, compressus, dentatus, venosus, ciliato-spinosus, clausus,
semina occultans, persistens. *Corollæ* tubus brevissimus, cylindraceus, albidus;
limbus quinquepartitus, vividè cyaneus, laciniis obovatis, patentibus, æqualibus, longitudine tubi, basi fusco-sanguineis; faux clausa valvulis quinque rotundatis, fornicatis, incarnato-albidis, læviusculis, stamina, nec stylum, occultantibus. *Stamina*
brevissima, tubo inserta, cum valvulis alternantia. *Antheræ* subrotundæ, bilobæ,
flavescentes. *Germen* quadrilobum, glabrum. *Stylus* cylindraceus, longitudine ferè
tubi. *Stigma* parvum, capitatum. *Semina* quatuor, erecta, ovata, compressa, carinata, lævia.

    a. Flos seorsìm.
    B. Calyx floris, auctus.
    c. Calyx fructûs, magnitudine naturali.
    D. Corolla, cum valvulis in situ.
    E. Eadem, arte divisa et expansa, ut stamina in conspectum veniant.
    F. Germen auctum, cum stylo.

VOL. II.   s

LYCOPSIS.

Linn. Gen. Pl. 78. Juss. 131. Gœrtn. t. 67.

Corolla tubo incurvato, fauce clausâ squamis convexis.

TABULA 178.
LYCOPSIS VARIEGATA.

Lycopsis foliis repandis dentato-spinosis callosis, caule decumbente, corollis cernuis.

L. variegata. *Linn. Sp. Pl.* 198. *Willd. Sp. Pl. v.* 1. 780. *Ait. Hort. Kew. ed.* 2. *v.* 1. 298.

Buglossoides cretica. *Riv. Monop. Irr. t.* 9. *f.* 2.

Buglossum creticum verrucosum. *Stiss. Bot. Cur.* 57, *cum icone.*

B. creticum, verrucosum, perlatum quibusdam. *Tourn. Inst.* 134.

B. annuum humile, bullatis foliis, flore cæruleo et elegantèr variegato. *Moris. v.* 3. sect. 11. 439. *t.* 26. *f.* 10.

Borago variegata cretica. *Whel. It.* 414.

Σκαρδαξίκα *hodiè.*

In insulâ Cretâ. In Archipelago et in Peloponneso rariùs occurrit. ☉. Primo vere floret.

Radix annua, teres, gracilis, ramulosa, fusca, nec rubicunda. *Caules* plures, spithamæi, decumbentes, vel subadscendentes, simplices, foliosi, teretes, setoso-asperi. *Folia* alterna, sessilia, oblonga, obtusiuscula, repanda, subdentata, dentibus spinulosis; utrinque piloso-scabra, nec non punctis sparsis, convexis, callosis, pallidis, setiferis, quasi bullata. *Spicæ* solitariæ, terminales, simplices, revoluto-deflexæ, rubicundæ, setosæ, multifloræ. *Bracteæ* lanceolatæ, vix longitudine calycis. *Flores* vix pedicellati. *Calycis* segmenta linearia, acuta, ad basin usque distincta, setoso-aspera. *Corollæ* tubus longitudine calycis, sursùm curvus, purpureo-ruber, basi albus; limbus longitudine ferè tubi, deflexus, concavus, semiquinquefidus, aliquantulùm irregularis, obtusus, elegantèr cyaneus, venulosus, laciniis duabus superioribus sanguineo-maculatis; faux clausa valvulis quinque rotundatis, albis. *Stamina* inclusa. *Stylus* vix longitudine tubi, persistens. *Semina* quatuor, ovata, corrugata, basi insculpta, hilo marginato, ut in *Anchusa.*

Flores, monente Whelero, Violam odoratam quodammodò redolent.

> *a.* Calyx.
> *b.* Corolla seorsìm.
> *c, c.* Semina matura, cum stylo persistente.

Lycopsis variegata.

Echium plantagineum.

ECHIUM.

Linn. Gen. Pl. 78. *Juss.* 130. *Gœrtn. t.* 67.

Corolla irregularis, fauce nudâ. *Stigma* bipartitum.

TABULA 179.

ECHIUM PLANTAGINEUM.

Echium caule piloso, foliis radicalibus ovatis lineatis petiolatis; caulinis amplexicaulibus.

E. plantagineum. *Linn. Mant.* 202. *Willd. Sp. Pl. v.* 1. 786. *Jacq. Hort. Vind. v.* 1. 17.
t. 45.

E. orientale, folio oblongo molli et cinericio. *Tourn. Cor.* 6?

E. lato plantaginis folio italicum. *Barrel. Ic. n.* 145. *t.* 1026.

E. creticum primum. *Clus. Hist. v.* 2. 164, ex descriptione.

Βέγλωσσον, ἢ βεδόγλωσσον, *hodiè.*

In insulis Græcis, solo fertiliore, haud infrequens. ☉.

Radix annua, fusiformis, rubro-fusca, altè descendens. *Caules* solitarii vel plures, erecti,
pedales aut sesquipedales, foliosi, teretes, piloso-hispidi; supernè paniculato-ramosi,
thyrsoidei, multispicati. *Folia radicalia* copiosa, patentissima, ovata, obtusiuscula
cum mucronulo, integerrima, undique pilosissima, cana, venis parallelis lineata; basi
decurrentia in *petiolum,* propriæ ferè longitudinis, marginatum, pilosissimum : *caulina* plurima, sparsa, sessilia, oblonga, pilosissima; basi dilatata, amplexicaulia.
Spicæ pedunculatæ, alternæ, recurvato-deflexæ, multifloræ, setosæ, bracteatæ, *bracteis* ovatis, acuminatis, longitudine calycis. *Flores* erecti, magni, speciosi, purpurocyanei, ante anthesin coccinei. *Calyx* quinquepartitus, laciniis linearibus, setosis,
subæqualibus. *Corollæ* calyce triplò longior, extùs pilosa; tubo brevi; fauce amplâ,
perviâ; labio superiore erecto, bipartito, rotundato, biplicato; inferiore tripartito,
breviore. *Stamina* quinque, rubra, quorum duo infima declinata, adscendentia, corollâ
longiora. *Antheræ* incumbentes, cærulescentes. *Stylus* arcuatus, sub labio superiore,
longitudine ferè corollæ, ruber, pilosus. *Stigma* parvum, bipartitum, acutum.

> a. Calyx cum stylo.
> b, b. Corolla cum staminibus.

TABULA 180.

ECHIUM PUSTULATUM.

Echium foliis lineari-oblongis repandis tuberculatis hispidis, caule erecto, spicis lateralibus, staminibus exsertis.

E. pustulatum. *Sibth. Cat. Iconum.*

In Siciliâ tantùm legit Cl. Sibthorp. ♂.

Radix fusiformis, gracilis, fuscus. *Herba* sesqui- aut bi-pedalis, undique piloso-hispida, setis basi ventricosis, atque, in caule præcipuè, fuscatis. *Caulis* erectus, strictus, teres, foliosus, supernè paniculato-racemosus. *Folia* alterna, patentia, sessilia, ferè linearia, obtusa, subrevoluta, repanda, utrinque hispida. *Spicæ* laterales et terminales, patentes, graciles, apice recurvato-deflexæ. *Bracteæ* lanceolatæ, laxæ, calycem vix æquantes. *Flores* graciliores, cærulei; extùs pilosissimi, subincarnati; ante explicationem rubri. *Stamina* et *Stylus* ferè prioris, stigmate paulò majori.

    a. Calyx cum pistillo.

    b. Corolla cultro longitudinalitèr divisa, cum staminibus fauce insertis, atque minùs quam in præcedente per tubum decurrentibus.

TABULA 181.

ECHIUM HISPIDUM.

Echium foliis lineari-oblongis hispidis subtuberculatis, caule erecto pilosissimo, spicis lateralibus, staminibus exsertis.

E. hispidum. *Sibth. Cat. Iconum.*

E. creticum alterum. *Clus. Hist. v. 2. 165?* ex descriptione.

In agro Neapolitano hanc speciem invenit Sibthorp. *Herb. Banks.* ♂.

Radix longissimè descendens, rectus, teres, fuscus. *Herba* pedalis, vel sesquipedalis, undique hispido-pilosissimus, canus, etiam inter setas densè pubescens. *Caulis* erectus, e basi ad apicem crebrò ramulosus, teres, foliosus, rubro punctatus. *Folia* copiosa, sparsa, sessilia, deflexo-patentia, linearia, acutiuscula, subrepanda; setis paginæ tantùm superioris basi tuberculosis. *Spicæ* alternæ, pedunculatæ, densæ, revoluto-deflexæ. *Flores* magnitudine et formâ ferè præcedentis, cum *calyce* verò majori, et *corollâ* puniceâ. *Antheræ* cæruleæ.

    a. Calyx cum pistillo.

    b, b. Corolla et stamina, duplici sub aspectu.

Echium pustulatum.

Echium hispidum.

Echium diffusum.

Echium creticum.

TABULA 182.

ECHIUM DIFFUSUM.

Echium foliis lineari-spatulatis tuberculatis hispidis, caule diffuso, spicis terminalibus solitariis, staminibus inclusis.

In insulâ Cretâ. ☉.

Radix crassiuscula, sublignosa, fusca, annua, vel forsitàn biennis. *Caules* plurimi, spithamæi, undique diffusi, foliosi, teretes, pilosi, minùs hispidi, parùm ramosi. *Folia* sparsa, reflexo-patentia, sessilia, obovato-linearia, vel subspatulata, convexiuscula, tuberculosa, setosa, uncialia vel sesquiuncialia. *Spicæ* terminales, solitariæ, multifloræ, revoluto-deflexæ, sub florescentiam maximè elongatæ. *Bracteæ* ovato-spatulatæ, calyce plerumque longiores, recurvæ. *Flores* punicei, præcedenti similes, at paulò minores, staminibus corollâ brevioribus. *Stylus* albidus. *Semina* mucronata, angulata, muricata, fusca, calyce valdè setoso, persistente, tecta.

> *a, a.* Corolla cum staminibus.
> *b.* Calyx cum stylo.
> *c, C, C.* Semina, magnitudine naturali et auctâ.

TABULA 183.

ECHIUM CRETICUM.

Echium foliis oblongis, caule diffuso, spicis terminalibus solitariis foliosis, calycibus fructiferis distantibus ampliatis.

E. creticum. *Linn. Sp. Pl.* 200. *Willd. Sp. Pl. v.* 1. 788; synonymis plurimùm confusis. *Ait. Hort. Kew. ed.* 2. *v.* 1. 302.

E. creticum, flore variegato. *Tourn. Inst.* 136?

Αγχȣσα ἑτερα *Diosc. Sibth.*

In arenosis maritimis Cretæ, et per totam Græciam, vulgatissimè occurrit. ☉.

Radix gracilis, fusca, annua. *Caules* plurimi, spithamæi vel pedales, latè diffusi, foliosi, teretes, piloso-hispidi, vix, nisi ad basin, ramosi. *Folia* patenti-reflexa, saturatè viridia, sessilia, oblonga, obtusiuscula, calloso-punctata, hispida; superiora basi dilatata, amplexicaulia, florifera, in bracteas sensìm decrescentia. *Spicæ* foliosæ, multifloræ; juniores revolutæ; fructiferæ laxæ, elongatæ. *Flores* parvi, rubro-violacei.

Stamina corollâ breviora. *Antheræ* albæ. *Stylus* albus, pilosus. *Stigmata* ma-
juscula. *Calyx* fructifer ampliatus, patulus, foliaceus, hispidus. *Semina* ferè præcedentis.

Synonymon Tournefortii, in Prodromo nostro, ex **Linn**æi auctoritate, citatum, ad *Echium
hispidum* forsitàn relegandum, modò hîc non aliquis lateat error de stirpe Clusianâ.

> *a.* Calyx floris.
> *b.* Corolla.
> *B.* Eadem arte expansa, cum staminibus apice tubi insertis.
> *C.* Pistillum lente auctum.

PRIMULA.

Linn. Gen. Pl. 80.   *Juss.* 96.   *Gœrtn. t.* 50.

Capsula unilocularis, ore decemfido.   *Corollæ* tubus cylindraceus, fauce
perviâ.   *Stigma* globosum.

TABULA 184.

PRIMULA VULGARIS β, RUBRA.

PRIMULA foliis dentatis rugosis, scapis unifloris, corollæ limbo plano. *Sm. Fl. Brit.* 222.
P. veris constantinopolitana, flore dilutè purpureo. *Tourn. Inst.* 125.
Verbasculum constantinopolitanum. *Vallot Hort. Paris.* 183.
Car chichec Turcarum, sive Primula veris constantinopolitana. *Cornut. Canad.* 85.

In agro Byzantino. ♃.

Hæc varietas, corollæ limbo roseo, nec sulphureo, a *Primulâ vulgari* nostro tantùm discrepat. Mediâ hyeme, quandoque inter nives, in solo natali frequentiùs floret; hinc
apud Turcos nomine *Car chichec,* sive *Flos nivalis,* audit. Parisiis, abhinc ducentis
circitèr annis, primùm apud hortulanos innotuit; nec infrequens est hodiè, flore
pleno, in hortis Anglicis. Confer Curt. Mag. t. 229. Ait. Hort. Kew. ed. 2.
v. 1. 307.

> *a.* Calyx cum stylo.
> *b.* Corolla arte divisa et expansa, cum staminibus in situ naturali.
> *c.* Pistillum seorsìm.

Primula vulgaris β. rubra.

Cyclamen latifolium.

CYCLAMEN.

Linn. Gen. Pl. 82. Juss. 97. Tourn. t. 68.

Corolla rotata, reflexa; tubo brevissimo; fauce prominente. *Bacca* tecta capsulâ.

TABULA 185.

CYCLAMEN LATIFOLIUM.

CYCLAMEN foliis cordatis duplicato-crenatis: nervis petiolisque lævibus.
C. hederifolium. *Prodr. v.* 1. 128; excluso synonymo Aitoni.
C. amplissimo folio, cordiformi, sericeo et variegato. *Tourn. Cor.* 8.
Κυκλαμινος *Diosc.*

In umbrosis Græciæ vulgaris. ♃.

Radix orbiculata, depressa, maxima, palmæ latitudinis, multiceps; extùs nigra; subtùs fibrosa. *Folia* sex circitèr, radicalia, longiùs petiolata, patentia, triuncialia, cordata, obtusiuscula, elegantèr et crebrò duplicato-crenata, vix angulata, undique lævia atque glaberrima; suprà saturatè viridia, glauco variata, nitida; subtùs pallidiora, opaca, venis quinque vel septem e basi radiantibus, lævibus, dichotomis, notata. *Petioli* spithamæi, teretes, undique læves; basi gracillimi, flexuosi. *Scapi* numerosi, foliis altiores, petiolis similes, at glanduloso-scabriusculi; apice incurvi; fructu maturescente in terram deflexi. *Flores* nutantes, magni, formosi. *Calycis* laciniæ ovatæ, acutæ, longitudine tubi corollæ; extùs scabriusculæ. *Corolla* purpureo-incarnata, ore sanguineo; limbi laciniis reflexis, verticalibus, oblongis, obliquè tortis, tubo quadruplò longioribus. *Stamina* basi corollæ inserta, brevissima. *Antheræ* magnæ, cordato-oblongæ, fulvæ, e tubo vix prominentes; extùs transversè corrugatæ. *Germen* ovatum, glabrum. *Stylus* filiformis, longitudine tubi. *Stigma* simplex. *Capsula* globosa, colorata.

A *Cyclamine hederifolio* auctorum differre videtur, foliis majoribus, haud angulatis, duplici vel triplici serie obtusè crenatis; nervis, venis, atque petiolis, lævissimis, nec glanduloso-scabris. Cum descriptione apud Dioscoridem, ut et cum Tournefortii definitione, suprà citatâ, optimè convenit.

    a. Apex pedunculi, cum calyce et pistillo.
    b. Corolla arte expansa, cum staminibus.
   C, C. Stamina seorsìm, duplò aucta.

TABULA 186.

CYCLAMEN REPANDUM.

Cyclamen foliis cordatis repandis, petiolis apice scabris.
C. radice castaneæ magnitudinis. *Tourn. Inst.* 155.
Cyclaminus Byzantinus. *Clus. Hist. v.* 1. 264.

In agro Byzantino. ♃.

Radix parva, uncialis, orbicularis, depressa, fusca, lævis; subtùs fibrillosa. *Folia* circitèr
quinque, biuncialia, cordata, obtusa, dentato-repanda, undique lævia atque glaberrima, ut in præcedente; suprà viridia, glauco maculata, nitida; subtùs livido-pur-
purea, nervis virescentibus. *Petioli* apicem versùs purpurascentes, glanduloso-scabri.
Scapi foliis duplò altiores, supernè scabriusculi, fuscescentes. *Flores* præcedente
duplò ferè minores, cernui, rosei, ore puniceo. *Stylus* staminibus duplò longior,
stigmate obtuso.

      A. Stamina cum pistillo, duplò aucta.

LYSIMACHIA.

Linn. Gen. Pl. 83.   *Juss.* 95.   *Gærtn. t.* 50.

Corolla rotata.   *Capsula* globosa, mucronata, decemvalvis.

TABULA 187.

LYSIMACHIA ATRO-PURPUREA.

Lysimachia spicis terminalibus, corollæ laciniis lanceolatis conniventibus, staminibus
corollâ longioribus.
L. atro-purpurea. *Linn. Sp. Pl.* 209.   *Willd. Sp. Pl. v.* 1. 817.
L. orientalis angustifolia, flore purpureo. *Tourn. Cor.* 7.   *Commel. Rar.* 33. *t.* 33.

In uliginosis Parnassum versùs. ☉.

Radix fibrosa, rufo-fusca, annua. *Caules* plures, pedales, erecti, subramosi, foliosi, obsoletè angulati, tenuissimè pubescentes, vel omninò glabri, monostachyi, multiflori.
Folia sparsa, patentia, petiolata, lanceolata, acutiuscula, integerrima, subundulata,

Cyclamen repandum.

Lysimachia atro-purpurea.

Lysimachia dubia.

uninervia, glabra, exstipulata. *Spicæ* terminales, solitariæ, erectæ, spithamææ, multifloræ, laxiusculæ. *Flores* sessiles, horizontalitèr ferè patentes, subcylindracei, haud semiunciales. *Bracteæ* parvæ, subulatæ, coloratæ, solitariæ sub singulo flore, calyce duplò breviores. *Calyx* sanguineus, quinquepartitus, laciniis obovatis, obtusis, erecto-conniventibus, æqualibus, glabris. *Corolla* rosea, calyce paulò longior, quinquepartita, laciniis calyci conformibus, sed alternis. *Stamina* filiformia, rosea, corollâ sesquilongiora, basi ejus inserta, laciniis opposita. *Antheræ* subrotundæ, incumbentes, nigræ. *Germen* globosum, pallidum. *Stylus* subulatus, longitudine filamentorum, ruber. *Stigma* simplex, acutum. *Capsula* globosa, fusca, lævis, stylo persistente, pungente, mucronata, unilocularis, valvulis decem, non nisi ætate provectiori discedentibus, intùs nitidè lævigatis. *Receptaculum* globosum, alveolatum, liberum. *Semina* plurima, alato-triquetra.

> *a, A.* Flos, cum bracteâ seorsìm adpositâ, magnitudine naturali et auctâ.
> *B.* Flos calyce orbatus.
> *C.* Corolla arte expansa, cum staminibus in situ naturali.
> *D.* Pistillum.
> *e, e.* Capsula vix matura, cum calyce persistente, decolorato.

TABULA 188.

LYSIMACHIA DUBIA.

Lysimachia racemis terminalibus, corollæ laciniis obovatis conniventibus, staminibus corollâ brevioribus, foliis lanceolatis petiolatis.

L. dubia. *Ait. Hort. Kew. ed.* 1. *v.* 1. 199. *ed.* 2. *v.* 1. 314. *Willden. Sp. Pl. v.* 1. 817.

L. atro-purpurea. *Murray Comm. Goett. anno* 1782. 6. *t.* 1.

L. spicata purpurea minor. *Buxb. Cent.* 1. 22. *t.* 33.

In uliginosis ad lacum Nicææ. ♂.

Habitus præcedentis. *Radix,* fide hortulanorum, biennis. *Flores* racemosi, nec spicati; pedicellis calyce longioribus, erectiusculis, basi bracteatis. *Calycis* laciniæ ellipticæ, rubro marginatæ. *Corolla* albo-incarnata, laciniis obovatis, *Stamina* alba longè superantibus. *Antheræ* flavæ. *Capsula* præcedente minor.

Species, si quæ alia, distincta.

> *A.* Pedicellus, cum bracteâ, calyce et pistillo, duplò vel triplò auctus.
> *B.* Corolla arte explicata, stamina gerens.
> *c.* Capsula magnitudine naturali.
> *d.* Eadem transversè secta.
> *e, E.* Semen.

TABULA 189.

LYSIMACHIA LINUM-STELLATUM.

Lysimachia pedunculis axillaribus unifloris, calycibus corollam longè superantibus, caule ramoso erecto.

L. Linum-stellatum. *Linn. Sp. Pl.* 211. *Willden. Sp. Pl. v.* 1. 820. *Ait. Hort. Kew. ed.* 2. *v.* 1. 315.

L. annua minima, polygoni folio. *Tourn. Inst.* 142.

Linum minimum stellatum. *Bauh. Pin.* 214. *Prodr.* 107. *Magnol. Monsp.* 163. *t.* 162.

In Peloponnesi collibus, et in insulâ Cypro. ☉.

Radix annua, gracilis, flexuosa, fibrillosa. *Caulis* erectus, ramosus, foliosus, gracilis, quadrangularis, glaber, plerumque triuncialis. *Folia* opposita, subsessilia, lineari-lanceolata, acuta, integerrima, uninervia, semiuncialia, pallidè viridia, utrinque nuda; margine scabra. *Flores* axillares, solitarii, pedunculati, patentes, subdeflexi, albido-incarnati, exigui. *Pedunculi* capillares, ebracteati, foliis duplò vel triplò breviores. *Calycis* laciniæ latè patentes, lanceolatæ, acutæ, subaristatæ, trinerves, corollâ qua-druplò longiores; margine scabræ. *Corollæ* limbus planiusculus, horizontalitèr pa-tens, laciniis subrhombeis. *Stamina* fauce inserta, erecta, subulata, glabra, limbo vix æqualia. *Antheræ* didymæ, luteæ. *Stylus* longitudine staminum. *Stigma* ob-tusum. *Capsula* semine sinapeos minor, dilutè fusca, valvulis quinque, bipartibili-bus. *Receptaculum* ellipticum, scrobiculatum. *Semina* minuta, nigricantia.

     a, A. Flos verticalitèr, magnitudine naturali et aucta.
     B. Corolla horizontalitèr, stamina erecta gerens.
     C. Pistillum seorsìm.
     d. Pedunculus cum cápsulâ, calyce persistente suffultâ, proportione naturali.
     E. Capsula aucta, stylo persistente coronata.
     F. Seminum receptaculum.

TABULA 190.

LYSIMACHIA ANAGALLOIDES.

Lysimachia pedunculis axillaribus unifloris, foliis ovatis obtusis, caule ramosissimo dif-fuso, staminibus lævibus.

Anagallis cretica, vulgari simillima, flore luteo. *Tourn. Cor.* 7.

In montibus Cretæ, Junio florens. ♃.

Ex horto Kewensi, anno 1789, florentem habuimus, e seminibus Sibthorpianis.

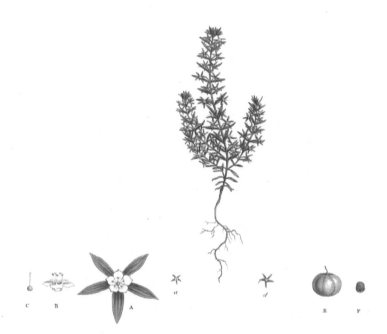

Lysimachia Linum-stellatum.

Lysimachia anagalloides.

Plumbago europæa.

Radix sublignosa, teres, multiceps, ramosa, perennis. *Herba* glabra, facie *Anagallidis*, at flores flavi. *Caules* spithamæi, ramosissimi, diffusi, foliosi, quadrangulares. *Folia* opposita, brevissimè petiolata, ovata, plùs minùs obtusa, integerrima, semiuncialia, uninervia, saturatè viridia, utrinque glabra. *Pedunculi* axillares, solitarii, patentes, uniflori, graciles, quadranguli, glabri, foliis duplò longiores ; post florescentiam recurvato-deflexi. *Calycis* segmenta lanceolata, acuminata, carinata, lævia, persistentia. *Corolla* calyce paulò longior, patens, aurea ; laciniis subrhombeis. *Stamina* corollâ duplò ferè breviora, filiformia, adscendentia, glaberrima, flava uti antheræ. *Capsula* globosa, paululùm depressa, mucronulata, fusca, nitida, valvulis quinque demùm bipartibilibus. *Semina* pauciora, triquetra, scabriuscula.

A. Flos, duplò circitèr auctus.
b, *B.* Capsula.
c, *C.* Semen.

PLUMBAGO.

Linn. Gen. Pl. 86. *Juss.* 92. *Gærtn. t.* 50. *Sm. apud Rees. Cyclop. v.* 27.

Corolla infundibuliformis. *Stamina* receptaculo inserta. *Stigmata* quinque. *Capsula* membranacea, unilocularis. *Semen* solitarium.

TABULA 191.

PLUMBAGO EUROPÆA.

PLUMBAGO foliis amplexicaulibus lanceolato-oblongis scabris, caule stricto erecto.

P. europæa. *Linn. Sp. Pl.* 215. *Willden. Sp. Pl. v.* 1. 837. *Ait. Hort. Kew. ed.* 2. *v.* 1. 323.

P. quorundam. *Tourn. Inst.* 141. *Clus. Hist. v.* 2. 124.

P. Plinii. *Ger. Em.* 1254.

Dentaria sive Dentillaria Rondeletii et Narbonensium. *Lob. Ic.* 321.

Tripolium Dioscoridis. *Column. Ecphr.* 160. *t.* 161.

Λεπιδόχορτον *hodiè.*

Ad vias in Archipelagi insulis frequens ; etiam in Laconiâ, et inter Smyrnam et Bursam. ♃.

Radix fusiformis, perennis, fusca. *Caulis* herbaceus, tripedalis, erectus, strictus, foliosus, teres, sulcatus, purpurascens, subpruinosus, ramulosus, polystachyus; ramulis alternis, foliolosis, erectis. *Folia* alterna, sessilia, patenti-recurva, oblonga, obtusa, dentato-repanda, glauco-viridia, punctulato-scabra; infernè angustata; basi dilatata, rotundata, amplexicaulia. *Spicæ* terminales, solitariæ, erectæ, paucifloræ, bracteatæ. *Bracteæ* parvæ, solitariæ sub singulo flore, foliis ramulorum diminutis simillimæ, calyce duplò breviores, recurvæ. *Calyx* inferus, oblongus, tubulosus, quinqueplicatus, quinquedentatus, setis glandulosis undique muricatus, persistens. *Corolla* calyce duplò longior, pallidè rosea; tubo supernè ampliato; limbo quinquepartito, patente, laciniis ovatis, emarginatis. *Stamina* filiformia, pallida, glabra, tubo breviora, receptaculo inserta; basi simplicia, paululùm dilatata. *Antheræ* incumbentes, oblongæ, albæ, vix extra faucem prominentes. *Germen* subrotundum. *Stylus* cylindraceus, longitudine staminum. *Stigmata* quinque, oblonga, patentiuscula. *Capsula* ovata, nigra, membranacea, nitida, semiquinquevalvis, unilocularis. *Semen* solitarium, magnum, ovatum.

a, A. Calyx, magnitudine naturali et duplò auctâ.
  b. Corolla seorsìm, cum antheris in fauce.
  C. Eadem longitudinalitèr fissa et vi expansa, cum staminibus in situ naturali, tubo parallelis nec insertis.
  D. Germen, stylus et stigmata.
e, E. Capsula.

CONVOLVULUS.

Linn. Gen. Pl. 86.   Juss. 133.   Gærtn. t. 134.

Corolla campanulata, plicata.   *Stigmata* duo.   *Capsula* bi- vel tri-locularis; loculis dispermis.

* *Caule volubili.*

TABULA 192.

CONVOLVULUS SCAMMONIA.

Convolvulus foliis sagittatis posticè truncatis, pedunculis teretibus subtrifloris, bracteis lanceolatis a calyce remotis.

C. Scammonia. *Linn. Sp. Pl.* 218. *Willden. Sp. Pl. v.* 1. 845. *Ait. Hort. Kew. ed. 2. v.* 1. 328. *Woodv. Med. Bot. v.* 1. 13. *t.* 5.

C. syriacus, et Scammonia syriaca. *Tourn. Inst.* 83. *Moris. Hist. v.* 2. 12. *sect.* 1. *t.* 3. *f.* 5. *Mill. Ic. v.* 1. 68. *t.* 102.

Scammonia syriaca. *Bauh. Pin.* 294.

Convolvulus Scammonia.

Scammonium syriacum. *Ger. Em.* 866.
Scammonea. *Matth. Valgr. v.* 2. 601.

Ad sepes in insulâ Rhodo. ♃.

Radix perennis, fusiformis, longissima, flavescens, succo acri cathartico scatens. *Caules*
plures, annui, herbacei, ramosi, graciles, volubiles, altè scandentes, foliosi, teretes,
glabri, uti tota planta; supernè subangulati, angulis rubicundis. *Folia* alterna,
petiolata, dependentia, biuncialia, sagittato-oblonga, acuta, integerrima, venosa,
glaberrima; posticè truncata et angulata; lobis acutis patentibus. *Petioli* canaliculati, lobis transversis breviores. *Stipulæ* nullæ. *Pedunculi* axillares, solitarii,
patentes, teretes, foliis vix duplò longiores; apice trifidi, triflori. *Pedicelli* erecti,
uniflori, subæquales, longitudine ferè calycis. *Bracteæ* oppositæ, lanceolatæ, acutæ,
integerrimæ, pedicellis breviores; quarum duæ majores ad basin pedicellorum
communem; duæ minores, medium versus, in singulo pedicello laterali. *Calyx*
imbricatus, foliolis laxiusculis, glabris, ovatis, repandis, obtusis cum acumine reflexo,
margine coloratis. *Corolla* patentissima, calyce triplò longior, uncialis, vel major,
ochroleuca, plicarum carinâ extùs purpureâ. *Stamina* erecta, conniventia, albida,
corollâ triplò breviora. *Stylus* longitudine staminum, stigmatibus oblongis, erectis,
parallelis, distantibus, albis.
Radicis succus concretus, levis, friabilis, cinerascens, *Scammonii* nomine ubique notus, ex
Aleppo præcipuè officinas nostras advenit.—Σκαμμωνια Dioscoridis, caule et foliis
pubescentibus, ad *Convolvulum farinosum, Linn. Mant.* 2. 203, optimè monente
Cl. Sibthorp, referenda videtur.

      a. Calyx cum staminibus et pistillo, magnitudine naturali.
      b. Pistillum a calyce disjunctum.

TABULA 193.

CONVOLVULUS SAGITTIFOLIUS.

Convolvulus foliis cordato-hastatis pilosis : basi angulatis, pedunculis subunifloris, capsulâ hirsutâ.

C. græcus, sagittæ foliis, flore albo. *Tourn. Cor.* 1 ; ex inventoris sententiâ; at C. minimus, angusto auriculato folio, *Bocc. Mus. t.* 33, longè quidèm differt, utpote
C. arvensis varietas.

In vineis et arvis Sami, aliarumque Archipelagi insularum. ♃.

Radix, ni fallor, repens. *Herba* tristè virens, subglauca, undique pilosa, pilis patenti-

bus.   *Caules* plurimi, volubiles, scandentes, vel laxè diffusi, ramosi, teretes.   *Folia*
petiolata, patentia, ferè biuncialia, hastata, angulata, repanda ; basi cordata, trinervia.   *Pedunculi* axillares, longitudine vix foliorum, plerumque uniflori, ultra medium
bracteati, *bracteis* binis, oppositis, linearibus, a flore remotis, longitudine calycis,
persistentibus.   *Calycis* foliola ovata, acuta, erecta, pilosissima ; margine membranacea.   *Corolla* patentissima, ferè biuncialis, incarnato-alba, ore purpureo ; extùs
pilosa, plicarum carinis rubris.   *Stamina* corollâ triplò breviora, alba, antheris rufis.
Germen pilosissimum.   *Stigmata* linearia, recurvato-patula.   *Capsula* paululùm depressa, hirta.

> *a.* Calyx cum staminibus et pistillo.
> *b.* Pistillum seorsìm.
> *c.* Capsula cum stylo persistente.
> *d.* Semen.

TABULA 194.

CONVOLVULUS ALTHÆOIDES.

CONVOLVULUS foliis cordatis sinuatis repandis sericeo-pilosis ; superioribus pedatifidis,
pilis patulis, pedunculis subunifloris.

C. althæoides.   *Linn. Sp. Pl.* 222.   *Willden. Sp. Pl. v.* 1. 862.   *Ait. Hort. Kew. ed.* 2.
v. 1. 333.   *Desfont. Atlant. v.* 1. 173.

C. peregrinus pulcher, folio betonicæ.   *Tourn. Inst.* 85.   *Bauh. Hist. v.* 2. 159.

C. altheæ folio.   *Clus. Hist. v.* 2. 49.

C. argenteus, altheæ folio.   *Bauh. Pin.* 295.   *Ger. Em.* 862.

C. betonicæ altheæque foliis, repens, argenteus, flore purpureo.   *Barrel. Ic. t.* 312.

Αγριο περιπλοκάδι *Zacynth.*

Ad sepes insularum Græcarum non rara.   ♃.

Radix latè repens, gracilis.   *Herba* glaucescens, undique pilosissima ; pilis patentibus,
minùs sericeis.   *Caules* e basi ramosi, scandentes vel diffusi, teretes, foliosi.   *Folia*
inferiora longiùs petiolata, cordata, obtusa, crenata, repanda, vel sublobata, uncialia
vel sesquiuncialia ; superiora sensìm elongata, breviùs petiolata, profundiùsque divisa, pedatifida, laciniis oblongis, integerrimis, obtusis.   *Pedunculi* axillares, foliis
longiores, uniflori, vix unquam biflori, apicem versus bracteati.   *Bracteæ* oppositæ,
lineares, patentes.   *Calyx* hirtus, foliolis ovatis, erectis.   *Corolla* patentissima, biuncialis, pulcherrimè rosea.   *Stigmata* erecto-patentia.   *Capsula* orbiculata, mucronulata, glabra, trisperma.

> *a.* Pedunculi apex, cum bractcis, calyce, et fœcundationis organis.
> *b.* Capsula.
> *c, c.* Semina.

Convolvulus tenuissimus.

TABULA 195.

CONVOLVULUS TENUISSIMUS.

Convolvulus foliis pedatis sericeis nitidissimis : lobis linearibus obtusis ; radicalibus cordatis serratis, pedunculis unifloris.

C. althæoides β. *Linn. Sp. Pl.* 222. *Willden. Sp. Pl. v.* 1. 862. *Ait. Hort. Kew. ed.* 2. *v.* 1. 333. *Vahl. Symb. v.* 1. 15.

C. althæoides. *Curt. Mag. t.* 359.

C. argenteus elegantissimus, foliis tenuitèr incisis. *Tourn. Inst.* 85.

C. sericeus. *Forsk. Ægyptiaco-Arab.* 204.

Τὸ Καλόγερυ τὸ χόρτον Zacynth.

In Cretâ, et circa Athenas, collibus elatioribus siccis ; etiam in Zacyntho. ♃.

Differt a præcedente partium omnium magnitudine duplò minore, *bracteis* brevioribus, ovatis, nec non *foliis* summis omninò pedatis, lobis aut foliolis linearibus, integerrimis, angustissimis. Præcipuè verò dignoscitur pubescentiâ omnia dpressâ, holosericeâ, nitidissimâ, argenteâ, densâ, nec laxâ, pilosâ, patulâ, ut in *C. althæoide*. *Corolla* uncialis, rosea.

> *a.* Corolla arte expansa.
> *b, B.* Calyx cum staminibus et pistillo, magnitudine naturali et triplò auctâ.

** *Caule non volubili.*

TABULA 196.

CONVOLVULUS SICULUS.

Convolvulus foliis cordato-ovatis, pedunculis unifloris, bracteis lanceolatis, flore subsessili, caule laxo.

C. siculus. *Linn. Sp. Pl.* 223. *Willden. Sp. Pl. v.* 1. 866. *Ait. Hort. Kew. ed.* 2. *v.* 1. 335.

C. siculus minor, flore parvo auriculato. *Bocc. Sic.* 89. *t.* 48. *Tourn. Inst.* 83.

C. africanus minor. *Moris. v.* 2. 18. *t.* 7. *f.* 5.

In Peloponneso, et in montibus umbrosis Cretæ. ☉.

Radix simplex, fibrosa, annua. *Herba* virens, plùs minùs pilosa, pilis patentibus. *Caules* plures, diffusi, laxi, teretes, vix ramosi ; quandoque sùbvolubiles ; pedales aut bipedales. *Folia* uncialia vel sesquiuncialia, petiolata, patentia, ovata, acuta, integerrima, utrinque viridia; inferiora subcordata. *Pedunculi* axillares, solitarii, uniflori, hirti, foliis plerumque breviores. *Bracteæ* in apice ferè pedunculorum, a calyce parùm distantes, lanceolatæ, patentes. *Calyx* hirtus, foliolis ovatis, acutis, supernè patulis. *Corolla* vix plus quàm semiuncialis, cyanea, patula; tubo brevi, pallido, nec flavescente. *Stigmata* divaricato-patentia, elongata, filiformia. *Capsula* globosa, glabra. *Semina* corrugata, nigra.

> *a.* Corolla seorsìm, arte expansa.
> *b.* Calyx, cum staminibus styloque, bracteis suffultus.
> *B.* Idem magnitudine auctus, bracteis avulsis.
> *c.* Capsula.
> *d.* Semen.

TABULA 197.

CONVOLVULUS PENTAPETALOIDES.

Convolvulus foliis lanceolatis obtusis nudiusculis lineatis, caule declinato, floribus solitariis: limbo semiquinquefido.

C. pentapetaloides. *Linn. Syst. Nat. ed.* 12. *v.* 3. 229. *Willden. Sp. Pl. v.* 1. 867. *Ait. Hort. Kew. ed.* 2. *v.* 1. 335; excluso synonymo Jacquini.

C. africanus minimus. *Tourn. Inst.* 83.

In insulis Græciæ. ⊙.

Radix simplex, annua, fibrosa. *Caules* plures, spithamæi, simplices, diffusi, foliosi, teretes, pilosi. *Folia* sparsa, subtùs præcipuè pilosa, quandoque nuda; inferiora obovata, obtusa, longiùs petiolata; superiora oblongo-lanceolata, sessilia, quandoque subamplexicaulia; omnia integerrima, saturatè viridia. *Pedunculi* axillares, solitarii, uniflori, foliis vix duplò breviores, hirti ut et *petioli*. *Bracteæ* apicem versus pedunculorum, ovatæ, sub-membranaceæ, exiguæ. *Calyx* glabratus. *Corolla* tubo elongato, flavo; fauce albâ; limbo semiquinquefido, cyaneo. *Stamina* receptaculo inserta, alba. *Stigmata* brevia, obtusiuscula. *Capsula* orbiculata, glabra.

> *a.* Corolla expansa, seorsìm.
> *b.* Calyx cum bracteis, staminibus et pistillo.
> *c.* Capsula.
> *d.* Semen.

Convolvulus pentapetaloides.

Convolvulus evolvuloides.

199

Convolvulus lineatus.

TABULA 198.

CONVOLVULUS EVOLVULOIDES.

CONVOLVULUS foliis spatulatis obtusis pilosis: superioribus amplexicaulibus, caule declinato, floribus solitariis sessilibus.

C. evolvuloides.   *Desfont. Atlant. v.* 1. 176. *t.* 49.

C. humilis.   *Jacq. Coll. v.* 4. 209. *t.* 22. *f.* 2.

C. minor africanus.   *Tourn. Inst.* 83 ?

In insulâ Cypro.   ☉.

Habitus ferè præcedentis, at robustior.   *Caules* apice adscendentes.   *Folia* pilosa, omnia
spatulata, sive obovata, subemarginata, integerrima; inferiora petiolata; superiora
sessilia, basi dilatata, amplexicaulia, conferta.   *Flores* axillares, solitarii, subsessiles,
ebracteati.   *Calyx* pilosus.   *Corolla* ferè præcedentis, at minùs profundè quinque-
fida.   *Stamina* tubo, medium versus, nec receptaculo, inserta.   *Stigmata* linearia,
elongata, pilosa.   *Capsula* hirsuta.

Synonymon Jacquini huc potiùs spectat, minimè cum præcedente congruens.

        a. Corolla expansa, cum staminibus in situ naturali.
       b, B. Calyx cum pistillo.
        c. Capsula.

TABULA 199.

CONVOLVULUS LINEATUS.

CONVOLVULUS foliis lanceolatis sericeis lineatis petiolatis, caulibus floriferis simplicibus,
corymbis terminalibus, calyce subfoliaceo.

C. lineatus.   *Linn. Sp. Pl.* 224.   *Willden. Sp. Pl. v.* 1. 867.   *Ait. Hort. Kew. ed.* 2.
v. 1. 335.

C. spicæfolius.   *Lamarck. Dict. v.* 3. 549.

C. minor, spicæ foliis, hispanicus.   *Barrel. Ic. t.* 311.

C. marinus repens, angusto et oblongo folio, flore purpureo.   *Ibid. t.* 1132.

C. serpens maritimus, spicæfolius.   *Triumf. Obs.* 91. *t.* 90. *f.* 2.

C. argenteus angustifolius umbellatus, partim erectus, partim supinus.   *Tourn. Cor.* 1.

Dorycnium.   *Alpin. Exot.* 74. *t.* 73.

In scopulo *Caloyero* dicto.   ♃.

VOL. II.   Y

Radix perennis, lignosa, multiceps, quandoque subrepens. *Herba* undique piloso-sericea, nitida, staturâ variabilis. *Caules* plurimi, herbacei, vel sublignosi, decumbentes, teretes, foliosi, vix ramosi; floriferi adscendentes, vel erecti, spithamæi. *Folia* sparsa, obovato-lanceolata, angusta, obtusa, integerrima, utrinque sericea; supra venis depressis quasi exarata; inferiora longiùs petiolata; superiora remotiora, cum fasciculis axillaribus foliorum minorum. *Flores* corymbosi, terminales, erecti, numero varii, *pedunculis* plerumque simplicibus, medium versus bracteatis. *Bracteæ* lineari-lanceolatæ, oppositæ, magnitudine variæ, calycem nunquàm superantes. *Calyx* sericeus, foliolis plùs minùs apice elongatis, foliaceis. *Corolla* uncialis, rosea, lineis quinque sanguineis; plicis extùs sericeis. *Stamina* vix basi corollæ inserta. *Stigmata* linearia.

a. Pedunculus, cum bracteis, calyce, staminibus et pistillo.
b. Corolla seorsìm, expansa.

TABULA 200.

CONVOLVULUS CNEORUM.

Convolvulus foliis obovato-lanceolatis sericeis petiolatis confertis, caule fruticoso ramoso erecto, floribus cymosis.

C. Cneorum. *Linn. Sp. Pl.* 224. *Willden. Sp. Pl. v.* 1. 868. *Ait. Hort. Kew. ed.* 2. *v.* 1. 336. *Curt. Mag. t.* 459.

C. argenteus. *Lamarck. Dict. v.* 3. 552.

C. argenteus umbellatus erectus. *Tourn. Inst.* 84.

Cneorum album, folio oleæ argenteo molli. *Bauh. Pin.* 463.

C. album Dalechampii. *Dalech. Hist.* 1363. *Bauh. Hist. v.* 1. 597.

Dorycnium Plateau. *Clus. Hist. v.* 2. 254.

Dorienio d'alcuni. *Pon. Bald.* 135.

D. di Dioscoride. *Imperat. Hist. Nat.* 656.

In scopulis Samo vicinis. ♄.

Radix lignosa. *Caulis* fruticosus, erectus, pedalis aut sesquipedalis, ramosus; ramis erectis, simplicibus, teretibus, sericeis, densè foliosis; ligno durissimo, buxei coloris. *Folia* alterna, erectiuscula, conferta, ferè imbricata, uncialia vel sesquiuncialia, obovato-lanceolata, obtusiuscula, mucronulata, integerrima, uninervia, utrinque sericea, nitida, ferè avenia; basi angustata, et in petiolum breviusculum decurrentia.

200

Convolvulus Cneorum.

Flores terminales, subcymosi. *Bracteæ* obovatæ, petiolatæ, sericeæ, calycem æquantes, foliis duplò vel triplò minores. *Calyx* villosus, foliolis acutis. *Corolla* sesquiuncialis, alba; plicis suprà purpurascentibus; subtùs roseis, sericeis; fauce flava. *Stamina* corollæ tubo, medium versus, inserta. *Stigmata* linearia.

   a. Calyx cum pistillo.
   b. Corolla, longitudinalitèr divisa et expansa, cum staminibus in situ naturali.
   c. Germen cum stylo atque stigmatibus.

FINIS VOLUMINIS SECUNDI.

LONDINI

IN ÆDIBUS RICHARDI ET ARTHURI TAYLOR

M . DCCC . XVI.

FLORA

GRÆCA

Sibthorpiana.

CENTURIA · TERTIA.
1819.

MONS OLYMPUS BITHYNUS, cum BURSA URBE.

FLORA GRÆCA:

SIVE

PLANTARUM RARIORUM HISTORIA,

QUAS

IN PROVINCIIS AUT INSULIS GRÆCIÆ

LEGIT, INVESTIGAVIT, ET DEPINGI CURAVIT,

JOHANNES SIBTHORP, M.D.

S. S. REG. ET LINN. LOND. SOCIUS,

BOT. PROF. REGIUS IN ACADEMIA OXONIENSI.

HIC ILLIC ETIAM INSERTÆ SUNT

PAUCULÆ SPECIES QUAS VIR IDEM CLARISSIMUS, GRÆCIAM VERSUS NAVIGANS, IN
ITINERE, PRÆSERTIM APUD ITALIAM ET SICILIAM, INVENERIT.

———————

CHARACTERES OMNIUM,

DESCRIPTIONES ET SYNONYMA,

ELABORAVIT

JACOBUS EDVARDUS SMITH, EQU. AUR. M.D.

S. S. IMP. NAT. CUR. REG. LOND. HOLM. UPSAL. PARIS. TAURIN. OLYSSIP. PHILADELPH. NOVEBOR.
PHYSIOGR. LUND. BEROLIN. PARIS. MOSCOV. GOTTING. ALIARUMQUE SOCIUS;

SOC. LINN. LOND. PRÆSES.

———————

VOL. III.

———————

LONDINI:

TYPIS RICHARDI ET ARTHURI TAYLOR.

VENEUNT APUD PAYNE ET FOSS, IN VICO PALL-MALL.

MDCCCXIX.

Convolvulus Dorycnium.

Convolvulus lanatus.

PENTANDRIA MONOGYNIA.

TABULA 201.

CONVOLVULUS DORYCNIUM.

CONVOLVULUS foliis lanceolatis villosis sessilibus, caule paniculato dichotomo divaricato, calycibus obtusis cum mucrone.

C. Dorycnium. *Linn. Sp. Pl.* 224. *Willden. Sp. Pl. v.* 1. 871. *Lamarck. Dict. v.* 3. 548.
C. ramosus incanus, foliis Pisellæ. *Tourn. Inst.* 84.

Prope Caneam in insulâ Cretâ, et ad vias circa Corinthum. ♄.

Radix lignosa, tortuosa, perennis. *Caules* suffruticosi, teretes, villosi, foliosi; basi parùm ramosi; supernè paniculati, ramosissimi, dichotomi, divaricati, sericei, multiflori, aphylli. *Folia* pauciora, biuncialia, alterna, sessilia, patentia, lanceolata, obtusiuscula, repanda; utrinque villosa; subtùs pallidiora; basi angusta. *Flores* solitarii, subsessiles, e dichotomiâ caulis, vel in ramulorum apicibus, lateribusque, subracemosi. *Bracteæ* exiguæ, lanceolatæ, binæ sub singulâ dichotomiâ. *Pedicelli* calyce duplò vel triplò breviores. *Calyx* parvus, subsericeus, demùm glabratus, foliolis obovatis, quandoque retusis, cum mucronulo crasso. *Corolla* uncialis, vel major, pulchrè rosea; plicis saturatioribus, dorso pilosis; tubo flavescente. *Stamina* vix corollæ adnata. *Stigmata* linearia. *Capsula* parva, obovata, rufa, glabra.

> *a.* Calyx cum fœcundationis organis.
> *b.* Corolla arte expansa.
> *c.* Capsula matura.
> *d.* Semen seorsìm.

TABULA 202.

CONVOLVULUS LANATUS.

CONVOLVULUS foliis lanceolatis tomentosis sparsis, caule fruticoso erecto; ramis spinescentibus, capitulis axillaribus villosis.

C. lanatus. *Vahl. Symb. v.* 1. 16. *Willden. Sp. Pl. v.* 1. 871.

VOL. III.   B

C. Cneorum.   *Forsk. Ægypt.-Arab.* 63 *et* 106 ; ex ipso auctore.

C. orientalis humilis argenteus latifolius erectus et villosus.   *Tourn. Cor.* 1.

In Cretæ collibus siccis.   ♄ .

Caulis bipedalis, fruticosus, ramosissimus, erectus; ligno duro; cortice suberoso; ramulis
     erectis, strictis, teretibus, villosis, foliosis, multifloris, subspicatis ; anno insequente
     divaricatis, denudatis, incanis, spinescentibus, pungentibus.   *Folia* alterna, subses-
     silia, erectiuscula, uncialia, elliptico-lanceolata, obtusa, integerrima ; utrinque densè
     tomentosa, glauco-albida; subtùs venosa: inferiora petiolata, basi angustata.   *Capi-*
     tula axillaria, pedunculata, bracteata, foliis breviora.   *Bracteæ* ovatæ, glaucæ, pilo-
     sissimæ, vix calycem superantes.   *Calycis* foliola ovato-lanceolata, obtusa, villosissima.
     Corolla uncialis, vel major, alba, subdiaphana; plicis extùs purpurascentibus, villosis;
     tubo dilutè flavescente.   *Stamina* medio tubo inserta.   *Stigmata* linearia.

         a. Bractea.
         b. Calyx cum pistillo.
         c. Germen, stylus, et stigmata.
         d. Corolla expansa, cum staminibus.

CAMPANULA.

Linn. Gen. Pl. 88.   *Juss.* 164.   *Tourn. t.* 37.   *Gærtn. t.* 31.

Corolla campanulata, fundo clauso valvis staminiferis.   *Stigma* trifidum.
Capsula infera, poris lateralibus dehiscens.

* *Foliis lævioribus.*

TABULA 203.

CAMPANULA SPATULATA.

Campanula pubescens, foliis inferioribus spatulatis crenatis; superioribus lanceolatis,
     caule subunifloro, calyce dentato.

In Olympo Bithyno, et Parnasso, montibus.   ♃ ?

Radix fortè annua vel biennis, gracilis, tortuosa.   *Caulis* solitarius, adscendens, vix spi-

B   a

Campanula spatulata.

Campanula ramosissima.

thamæus, plerumque simplex, foliosus, angulatus, plùs minùs pilosus; rarissimè ramum unum vel alterum exerens. *Folia* alterna, uncialia, venosa, pilosiuscula; inferiora petiolata, abbreviata, spatulata, obovata, vel subrotunda, crenata, reflexo-patentia; superiora lanceolato-oblonga; summa lineari-subulata, acuminata, glabriora et ferè integerrima. *Flos* solitarius, terminalis, pedunculatus, ebracteatus, erectus, cæruleus, *Campanulæ patulæ* formâ similis, at magnitudine paulò minor. *Calycis* laciniæ corollâ parùm breviores, lineari-subulatæ, erectæ, trinerves, vel utrinque pilosæ, vel margine tantùm scabriusculæ, basi utrinque bi- vel tri-dentatæ, persistentes. *Corolla* affabrè campanulata, limbo acutè quinquefido, patulo. *Stamina* cum *valvulis* dilutè purpurea, glabra, ut et *stylus* cum *stigmatibus*. *Antheræ* flavæ, stylo duplò breviores. *Pollen* cærulescens. *Germen* turbinatum, pentagonum. *Capsula* sphæroidea, decemcostata, calyce coronata.

C. patulæ quam maximè affinis, at, ni fallor, distincta; caule plerumque simplicissimo, unifloro; foliis rotundioribus; dentibus calycinis paucioribus, minùsve conspicuis; fructu subgloboso, nec turbinato. *C. pulla*, Jacq. Austr. t. 285, a nostrâ differt, radice repente, floreque nutante, cui calyx integerrimus est.

> *a.* Calyx cum staminibus et pistillo, demptâ corollâ.
> *B.* Stamina magnitudine aucta, cum polline copiosissimo, cærulescente, in stylum delapso.

TABULA 204.

CAMPANULA RAMOSISSIMA.

CAMPANULA glabriuscula, foliis serratis lanceolatis; infimis obovatis, caule ramosissimo multifloro erecto pentagono.

'Αγρια Γελιά *Zacynth.*

In Olympo Bithyno, et Parnasso, montibus; etiam in insulâ Zacyntho. ☉.

Radix annua, parva, ramosa. *Caulis* solitarius, vix spithamæus, erectus, foliosus, multiflorus, angulosus, angulis scabriusculus, e basi ramosissimus, ramis alternis, patentibus, subdivisis. *Folia* uncialia, alterna, lanceolato-oblonga, patentia, laxiùs serrata; basi angustata, integerrima; utrinque lævia, venosa; margine tantùm scabriuscula: summa angustata; infima dilatata et abbreviata, ferè petiolata. *Flores* cæruleo-violacei, terminales, solitarii, longiùs pedunculati, erecti, *pedunculis* angulosis, glabris vel scabriusculis, ebracteatis. *Calycis* laciniæ patentissimæ, lineari-lanceolatæ, trinerves; basi subdentatæ; margine præcipuè scabræ; persistentes, et demùm ferè unciales evadentes. *Corolla* ultra medium quinquefida, patentissima; tubo brevi, pallido; limbo planiusculo, vix calycis longitudine; post anthesin contracta et convoluta, persistens.

Stamina in tubo latentia, flava, glabra.   *Germen* turbinatum, angulatum, plùs minùs pilosum.   *Stylus* staminibus duplò altior, pubescens.   *Stigmata* erecta.   *Capsula* turbinata, decangularis, costis setosis.

     a. Calyx cum staminibus et pistillo.
     B. Stamina cum stylo, duplò aucta.
     C. Portio caulis, triplò ferè aucta.
     d. Fructus maturus, calyce persistente, ut et corollâ, coronatus.

TABULA 205.

CAMPANULA PERSICIFOLIA.

CAMPANULA foliis radicalibus obovatis; caulinis lanceolato-linearibus subserratis sessilibus remotis, caule simplici racemoso.

C. persicifolia. · *Linn. Sp. Pl.* 232.   *Fl. Suec. ed.* 2. 66.   *Willden. Sp. Pl. v.* 1. 897.
     Ait. Hort. Kew. ed. 2. *v.* 1. 346.   *Fl. Dan. t.* 1087.   *Bulliard Herb. de la Fr. t.* 367.
     Ger. Em. 451.   *Lob. Ic.* 327.

C. Persicæ folio.   *Tourn. Inst.* 111.   *Clus. Hist. v.* 2. 171.

C. media.   *Dod. Pempt.* 166.

In sylvis umbrosis Bithyniæ, Olympum versùs; etiam in monte Athô, et prope Byzantium. ♃.

Radix perennis, cæspitosa, subrepens, albida.   *Caules* annui, erecti, stricti, bi- vel tripedales, simplices, foliosi, teretes, glaberrimi.   *Folia* radicalia plurima, longiùs petiolata, obovata vel elliptico-oblonga, venosa, crenata, uncialia; caulina numerosa, sparsa, patentissima vel subdeflexa, sessilia, ferè linearia, acuta, denticulato-serrata, semipedalia; omnia saturatè viridia, nitida, glaberrima.   *Flores* pauci, cærulei, in racemo simplice, terminali, erecto, folioloso.   *Pedicelli* breves, glabri.   *Calyx* patens, laciniis lineari-lanceolatis, acuminatis, integerrimis, trinervibus, glabris, haud uncialibus.   *Corolla* calyce duplò longior, latè campanulata, subinflata, lævigata, nitida. *Stamina* parva, valvulis purpurascentibus.   *Germen* turbinatum, decemcostatum, setoso-hirtum.   *Stylus* cylindraceus, lævis, purpureus, longitudine tubi corollæ. *Stigmata* albida, patentia.   *Capsula* obovata, calyce aucto coronata, reticulata, decemcostata, plùs minùs hispida, poris tribus, orbicularibus, magnis, lateralibus.

In hortis Europæis frequens est, imprimis flore pleno, sæpè niveo, pulcherrimo. Hallerus in Hist. Stirp. Helvet. v. 1. 309, sub numero 697, hanc cum *C. patulâ*, ibid. n. 698, notis et observationibus confudit.

     a. Flos, corollâ orbatus, magnitudine naturali.

Campanula persicifolia.

Campanula graminifolia.

Campanula versicolor

TABULA 206.

CAMPANULA GRAMINIFOLIA.

Campanula foliis linearibus integerrimis, caulibus simplicibus, capitulis solitariis terminalibus, bracteis recurvis.

C. graminifolia. *Linn. Sp. Pl.* 234. *Willden. Sp. Pl. v.* 1. 902.

C. alpina, Tragopogi folio. *Bauh. Pin.* 94. *Tourn. Inst.* 110.

Trachelium Tragopogi folio, montanum. *Column. Phyt. v.* 2. 25. *t.* 26. *ed.* 2. 118. *t.* 34.
   Bauh. Hist. v. 2. 802.

T. minus gramineum cærulo-violaceum. *Barrel. Ic. t.* 332.

In insulâ Zacyntho. ♃.

Radix cylindraceo-fusiformis, fuscescens, lactifluus, multiceps, perennis. *Caules* plures, herbacei, adscendentes, spithamæi, simplices, teretiusculi, foliosi, subindè piloso-scabri. *Folia radicalia* plurima, cæspitosa, patentia, graminea, triuncialia, linearia, acuta, angusta, integerrima, plana, glabra, nitida ; basi ciliata : *caulina* alterna, paulò latiora atque breviora ; apice recurva ; basi dilatata, semiamplexicaulia ; margine sæpè scabra. *Capitulum* terminale, subseptemflorum, sessile, *bracteis* pluribus, foliaceis, imbricatis, recurvis ; basi dilatatis, ciliatis, nervosis ; obvallatum. *Flores* breviùs pedicellati, erecti, conferti, elegantèr cærulei. *Calycis* laciniæ erectiusculæ, lanceolatæ, integerrimæ, carinatæ, subrevolutæ, scabræ. *Corolla* angustè campanulata ; tubo ferè cylindraceo, pubescente, unciali, calyce duplò longiori ; limbo patente-recurvo, acuto, semiunciali. *Stamina* alba, parva. *Germen* parvum, hemisphæricum, costatum, glabrum. *Stylus* clavatus, tubo aliquantulùm longior. *Stigma* bifidum.

   a. Calyx germine suffultus.
   b. Stamina et pistillum seorsìm.

TABULA 207.

CAMPANULA VERSICOLOR.

Campanula foliis cordatis serratis lævibus, thyrso terminali, laciniis calycinis subulatis, corollâ rotato-patulâ.

C. versicolor. *Andr. Repos. t.* 396. *Ait. Hort. Kew. ed.* 2. *v.* 1. 347.

Χαριτζιὰ *hodiè.*

VOL. III.   c

Prope Thessalonicam. ♃.

Radix perennis, tuberosa, albida, apice subdivisa. *Caules* herbacei, erecti, bipedales vel altiores, simplices, crassiusculi, teretes, solidi, glaberrimi, undique foliosi. *Folia* cordata, biuncialia, obtusè et inæqualitèr serrata, uninervia, venosa, glaberrima, subcoriacea : radicalia longiùs petiolata : caulina breviùs, magisque ovata, recurva. *Thyrsus* cylindraceo-oblongus, compositus, foliolosus, multiflorus, pedunculis glabris. *Flores* formosi, albo, violaceo, et dilutè purpureo, variati, magnitudine in solo natali vix *C. pyramidalis.* *Calyx* glaberrimus, laciniis patulis, subulatis, acuminatis, basi dilatatis, integerrimis. *Corollæ* tubus brevissimus, e parte internâ violaceus; limbus patentissimus, laciniis ovatis, acutis, basi medioque albidis, extùs purpurascentibus, apice recurvis. *Stamina* brevia, cærulea vel rubicunda. *Antheræ* lineares, exsertæ, patentissimæ, flavæ. *Germen* profundè sulcatum. *Stylus* subclavatus. *Stigmata* tria, recurva.

Perpulchra species, *C. pyramidali* proxima ; discrepans verò *radice* perenni, nec bienni ; *inflorescentiâ* thyrsoideâ, nec sparsâ ; denique corollâ minùs campanulatâ, et quasi rotatâ.

a. Calyx cum germine et pedicello.
b. Idem cum fœcundationis organis.
c. Portio corollæ.

TABULA 208.

CAMPANULA HETEROPHYLLA.

Campanula foliis glabris integerrimis ; radicalibus ovato-lanceolatis ; caulinis subrotundis, caulibus diffusis.

C. heterophylla. *Linn. Sp. Pl.* 240. *Willden. Sp. Pl. v.* 1. 917.
C. saxatilis, foliis inferioribus Bellidis, cæteris Nummulariæ. *Tourn. Cor. 3. It. v.* 1. 93, *cum icone.*

In insulâ Chéro, rarissimè. ♃.

Radix perennis, fusiformis, crassa, lactescens, dulcis. *Caules* plures, spithamæi, simplices, teretes, glabri, undique foliosi. *Folia radicalia* plurima, cæspitosa, patentia, ovato-lanceolata, obtusiuscula, uncialia vel sesquiuncialia, basi in petiolum canaliculatum, suæ circitèr longitudinis, decurrentia : *caulina* copiosissima, alterna, breviùs petiolata, longè minora et ferè orbiculata, plùs minùs obtusa : *omnia* integerrima, lævia, subcarnosa, uninervia, paululùm venosa. *Racemi* terminales, adscendentes, subsimplices, densi, cylindracei ; *bracteis* sparsis, obovatis, vel subrotundis ; *pedunculis*, ut

Campanula heterophylla.

Campanula cichoracea.

et *calyce*, pubescentibus. *Corolla* haud uncialis; tubo campanulato, albido; limbo cæruleo, laciniis angustis, acutis, recurvis, tubo brevioribus. *Stamina* alba, *antheris* flavescentibus, tubo inclusis. *Stylus* exsertus, albus, *stigmate* tripartito. *Germen* depressum, pentagonum.

Inter rarissimas sui generis species jure numeratur, nec in hortis nostris adhuc obvia est.

    a. Calyx cum staminibus pistilloque, pedunculo bracteis ornato suffultus.
    b. Stamina et stylus.
    c. Corolla seorsìm, longitudinalitèr divisa.

** *Foliis scabris.*

TABULA 209.

CAMPANULA CICHORACEA.

Campanula capsulis obtectis, foliis oblongis undulatis hispidis; radicalibus sinuatis, floribus glomeratis sessilibus terminalibus.
C. capitata. *Sims in Curt. Mag. t.* 811? *Ait. Epit.* 365?

In Thessaliâ. ♂.

Herba undique piloso-scabra, lactescens. *Radix* fusiformis, biennis. *Caulis* tripedalis, erectus, ramosus, teres, sulcatus, foliosus, multiflorus. *Folia* saturatè viridia, undulata, crenata, uninervia, venosa: *radicalia* spithamæa, obovata, plicata, sinuata, subrugosa; basi attenuata et serrata: *caulina* alterna, sessilia, bi- vel tri-uncialia, lineari-oblonga, obtusa, subamplexicaulia. *Ramuli floriferi* alterni, axillares, erecto-patentes, simplices, foliolosi. *Capitula* terminalia, solitaria, plerumque quinqueflora, cum floribus duobus vel tribus sparsis, axillaribus, solitariis, sessilibus, ad ramulos majores. *Bracteæ* sub singulo capitulo aggregatæ, unciales, foliaceæ, recurvæ; basi dilatatæ, cordatæ. *Calycis* laciniæ quinque erectæ, ovatæ, ciliatæ, cum quinque intermediis, reflexis, inflatis, pilosis, purpureo-albidis, germen, et demùm fructum, obtegentibus, persistentibus, ut in *C. Medio*, aliisque. *Corolla* purpuro-cærulea, sesquiuncialis; tubo subcylindraceo, intùs extùsque piloso; limbi laciniis subovatis, parùm patentibus, tubo duplò brevioribus, glabris. *Stamina* brevia, alba, pilosa, *antheris* flavis, linearibus, vix calyce longioribus. *Stylus* cylindraceus, pilosus, longitudine tubi. *Stigma* tripartitum, recurvatum.

    a. Calyx floris.
    b. Corolla arte expansa.
    c. Stamina, et stylus polline copiosiùs onustus.

TABULA 210.

CAMPANULA BETONICIFOLIA.

CAMPANULA capsulis obtectis, calycibus reticulato-venosis, foliis elliptico-oblongis serratis pilosis, pedunculis terminalibus subternis.

In monte Olympo Bithyno.　♂.

Radix, ut videtur, biennis, gracilis, ramosa. *Caulis* subsolitarius, pedalis aut sesquipedalis, erectus, strictus, ramulosus, foliosus, angulato-teres, hirtus, rubicundus, subfistulosus. *Folia* omnia ferè uniformia, elliptico-oblonga, vel ovata, sesquiuncialia, obtusa, crenato-serrata, reticulato-venosa, rugosa, lætè viridia, pilosa; basi attenuata: inferiora in petiolum canaliculatum decurrentia. *Ramuli floriferi* axillares, solitarii, apice diphylli, triflori; inferiores longissimi, nudi; superiores brevissimi. *Pedunculi* simplices; laterales medio bibracteati; centralis nudus; superiores, caulis apicem versùs, solitarii, axillares vel terminales, brevissimi. *Calycis* laciniæ latè ovatæ, ciliatæ, cum intermediis similibus, reflexis, germen tegentibus; omnes demùm ampliatæ, reticulato-venosæ, scariosæ, pallescentes. *Corolla* haud uncialis; tubo campanulato-cylindraceo, pallidè flavescente, pubescente; limbo brevi, patulo, purpurocærulescente, laciniis ovatis, obtusis. *Stamina* exigua, albida. *Germen* parvum. *Stylus* cylindraceus, albidus. *Stigma,* ex icone, quinquefidum? *Capsula* turbinata, angulata, parva, quinquelocularis, calyce obtecta, atque corollâ emarcidâ, contortâ, persistente, coronata.

　　　　a. Calyx cum pistillo.
　　　　b. Stamina et pistillum, avulso calyce, ut et corollâ.
　　　　c. Capsula matura, calyce ampliato obtecta, et corollâ emarcidâ coronata.

TABULA 211.

CAMPANULA DICHOTOMA.

CAMPANULA capsulis obtectis quinquelocularibus, calyce sagittato, foliis ellipticis serratis pilosis, caule paniculato subdichotomo.

C. dichotoma. *Linn. Sp. Pl.* 237. *Amœn. Acad. v.* 4. 306.

C. mollis β. *Willden. Sp. Pl. v.* 1. 910.

C. hirsuta, Ocymi folio caulem ambiente, flore pendulo. *Bocc. Sic.* 83. *t.* 45. *f.* 1. *Tourn. Inst.* 112.

Viola mariana minor cærulea, folio subrotundo, calice corniculato. *Barrel. Ic. t.* 759.

Campanula betonicifolia.

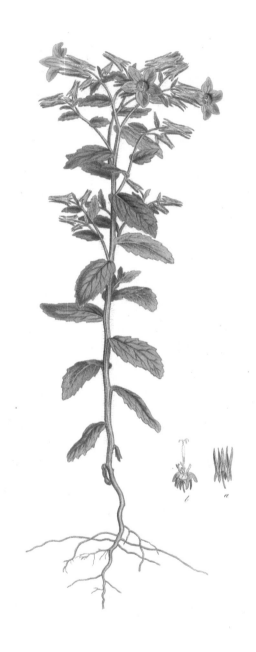

Campanula dichotoma?

Campanula anchusiflora.

In rupibus prope Athenas. ☉.

Radix annua, fibrosa, caudice tenui, simplice. *Herba* undique pilosa, palmaris vel spithamæa. *Caulis* solitarius, angulatus, foliosus, e basi sæpè rámosus, patulus;
quandoque subsimplex, vel apice tantùm paniculatus, hinc inde dichotomus. *Folia*
alterna, sessilia, uncialia vel sesquiuncialia, patentissima, elliptico-oblonga, obtusiuscula, latè serrata, venosa. *Flores* vel terminales, vel e dichotomiâ caulis, pedunculati, cernui, dilutè violacei. *Calycis* segmenta erecta, angustè deltoidea, elongata,
acuminata, cum intermediis reflexis, angustis, triplò brevioribus, germen laxè tegentibus. *Corollæ* tubus cylindraceo-campanulatus, vix calyce longior, semiuncialis;
limbus patulus, laciniis ovatis, venosis. *Stamina* parva, alba. *Stylus* longitudine
tubi, albus, stigmate trifido.

C. mollis, si quæ alia, ab hâc specie distincta, radice perenni; caulibus pluribus, diffusis;
pubescentiâ molli, sericeâ; foliis caulinis rotundioribus, radicalibus obovatis; corollâ,
respectu calycis, duplò majori.

  a. Calyx integer, pedunculo insidens.
  b. Fœcundationis organa, avulsâ corollâ nec non calycis lacinii superioribus.

TABULA 212.

CAMPANULA ANCHUSIFLORA.

Campanula tomentosa, foliis radicalibus lyratis serratis, caule erecto paniculato multifloro, corollæ limbo hypocrateriformi.

In insulâ Polycandro, et in scopulis maritimis insulæ Hydræ. ♂.

Radix fusiformis, biennis. *Folia* prioris anni omnia radicalia, cæspitosa, vix spithamæa,
lyrata, in petiolum linearem decurrentia, undique piloso-mollia, subincana; lobo terminali maximo, cordato, obtuso, venoso, inæqualitèr crenato; reliquis inæqualibus,
obtusis, parciùs incisis vel crenatis. *Caules* plures, anno insequente, sine foliis radicalibus, enati, spithamæi vel pedales, erecti, teretes, pilosi, foliolosi, undique alternatìm ramosi, paniculati, multiflori. *Folia* caulina sparsa, primordialibus radicalibus longè minora, obovata, crenata, basi angustata; floralia minima, in *bracteolas*
sensìm diminuta. *Flores* copiosi, laterales et terminales, alterni, pedunculati, sub-
nutantes, pulchrè cyanei, *Anchusam* quandam haud ineptè simulantes. *Calycis* laciniæ deltoideo-oblongæ, acutæ, integerrimæ, pubescentes, intermediis reflexis, rotundatis, exiguis, germen minimè occultantibus. *Corolla* uncialis; tubo cylindraceo,
costato, pubescente, pallidiore; limbo horizontali, plano, laciniis ovatis, obtusis.

Valvulæ staminiferæ albæ, latissimæ, *antheris* flavis, linearibus, sessilibus, absque filamentis, longitudine calycis.   *Stylus* cylindraceus, flavescens, corollæ tubo æqualis. *Stigma* quinquepartitum.   *Capsula* turbinata, pilosa, decangularis, quinquelocularis. *Semina* exigua, obovata, nitida, ut in aliis speciebus.

    a. Flos, corollâ orbatus.
    A. Stamina aliquantulùm aucta, cum stylo.
    b. Capsula matura.
    c, C. Semen, magnitudine naturali et aucta.

TABULA 213.

CAMPANULA RUPESTRIS.

CAMPANULA tomentosa, foliis crenatis; radicalibus lyratis; caulinis obovato-rotundatis, caulibus diffusis.

In Bœotiæ et Peloponnesi rupibus.   ♂?

Radix cylindracea, sublignosa, fortè perennis.   *Caules* spithamæi, diffusi, ramosi, subracemosi, teretes, pilosi, rubicundi, foliosi, multiflori.   *Folia radicalia* cæspitosa, lyrata, triuncialia, sericeo-tomentosa, incana; lobo terminali maximo, cordato, acutè crenato, margine subindè crispo; reliquis numerosis, parvis, inæqualibus : *caulina* sparsa, petiolata, reflexa, rotundata, crenata, haud uncialia, pilosa, minùs incana.   *Flores* terminales et laterales, sparsi, pedunculati, erecti, dilutè cærulei, fauce albâ, vix unciales.   *Calycis* laciniæ ovatæ, acuminatæ, pilosæ, intermediis reflexis, oblongis, parvis, germen exiguum depressiusculum obtegentibus.   *Corollæ* tubus cylindraceocampanulatus, incarnato-pallidus, calyce vix longior; limbi laciniis ovatis, acutis, recurvato-patentibus.   *Staminum* valvulæ deltoideæ, ciliatæ, albæ, *antheris* linearibus, singulis filamento brevi innixis.   *Stylus* longitudine tubi.   *Stigma* trifidum. *Capsula* brevis, angulosa, trilocularis.

    a. Calyx cum pedunculo et pistillo.
    B. Stamina, et stylus, duplò auctus, polline opertus.

TABULA 214.

CAMPANULA ERINUS.

CAMPANULA caule dichotomo, foliis obovatis subpetiolatis; floralibus oppositis : summis tridentatis, calyce fructûs patulo.

Campanula rupestris.

A

Campanula Erinus.

Campanula drabifolia.

C. Erinus. *Linn. Sp. Pl.* 240. *Willden. Sp. Pl. v.* 1. 917. *Ait. Hort. Kew. ed.* 2. *v.* 1. 353.
C. n. 15. *Loefl. It.* 127.
Erini, sive Rapunculi, minimum genus. *Column. Phyt. v.* 2. 29. *t.* 31. *ed.* 2. 122. *t.* 37.
Erinos. *Cæsalp. de Plantis,* 386.
Rapunculus minor, foliis incisis. *Bauh. Pin.* 92.
Alsine oblongo folio serrato, flore cæruleo. *Bauh. Hist. v.* 3. 367.

In rupibus insulæ Cypri, et in agro Argolico. ☉.

Radix annua, fibrosa. *Herba* saturatè virens, piloso-scabra. *Caulis* solitarius, erectus,
palmaris, vel paulò altior, tereti-angulosus, foliosus, ramosus; supernè dichotomus,
patens. *Folia inferiora* sparsa, patentia, obovata, obtusa, crenata, uncialia, in petiolum ferè attenuata; *superiora* ad caulis dichotomias opposita, sessilia, subrotunda,
acutiuscula, latè serrata; *summa* oblonga, trifida, minora. *Flores* e dichotomiâ caulis, solitarii, subsessiles, parvi, saturatè cærulei, ore albo. *Calyx* campanulatus, laciniis ovato-lanceolatis, erectis, setoso-ciliatis, fructu maturescente ampliatis, horizontalitèr patentibus. *Corolla* longitudine calycis, tubo cylindraceo, albido, limbi laciniis ovatis, patentibus, tubo duplò brevioribus. *Stamina* albida, brevia, valvulis latis.
Stylus polline onustus clavatus. *Stigma* trifidum.
Habitus, color et magnitudo *Veronicarum* annuarum nostratum.

A. Flos, demptâ corollâ, triplò magnitudine auctus.

TABULA 215.

CAMPANULA DRABIFOLIA.

Campanula caule dichotomo, foliis sessilibus dentatis; floralibus oppositis, corollæ tubo
ventricoso.
C. Drabæ minoris foliis. *Tourn. Inst.* 112. Sibthorp.

In vineis, et inter Gossypia, insulæ Sami, et prope Athenas. ☉.

Habitus præcedentis, sed *folia* omnia sessilia, elliptico-oblonga, latè dentata; superiora
minora, angustiora; summa linearia, dente utrinque solitario. *Caulis* plurifariàm
dichotomus, patens, pilosus. *Flores* pedunculati, erecti, præcedente paulò majores.
Calyx setosus, laciniis erectiusculis, nunquàm horizontalibus. *Corollæ* tubus albus,
calyce sesquilongior, amplus, inflatus, elliptico-campanulatus, glaber; limbus cæru-
leo-violaceus, laciniis ovatis, patulis, tubo triplò brevioribus. *Stigma* trifidum. *Cap-*

sula turbinato-triquetra, trilocularis, poris tribus, basin versùs, singulis operculo, demùm reflexo, clausis.

Synonymon Tournefortii, a clarissimo Sibthorp, nescio quâ ratione, selectum, quamvis
Campanulæ nostræ, quoad similitudinem, benè conveniat, mihi dubium videtur.
C. Drabæ minoris foliis Bauhinorum, in herbario Burseriano reposita, monente Lin-
næo, *C. rhomboidalis* est. Planta Tournefortiana forsitàn diversa.

     a. Calyx cum fœcundationis organis, pedunculo bracteisque suffultus.
     b. Corolla arte expansa.

TABULA 216.

CAMPANULA SPECULUM.

Cᴀᴍᴘᴀɴᴜʟᴀ caule undique ramoso, foliis oblongis crenatis, corollâ hypocrateriformi longitudine calycis, capsulâ prismaticâ.

C. Speculum.   *Linn. Sp. Pl.* 238.   *Willden. Sp. Pl. v.* 1. 912.   *Ait. Hort. Kew. ed.* 2
    v. 1. 352.   *Curt. Mag. t.* 102.

C. arvensis erecta.   *Tourn. Inst.* 112.

C. arvensis minima.   *Dod. Pempt.* 168.

Onobrychis prima Dodonæi.   *Dalech. Hist.* 490.

O. arvensis, vel Campanula arvensis erecta.   *Bauh. Pin.* 215.

Speculum Veneris.   *Ger. Em.* 439.

Avicularia Sylvii quibusdam.   *Bauh. Hist. v.* 2. 800.

ʼΑγρια Γελιὰ *Zacynth.*

In arvis, vineis, et inter Gossypia, in insulis Græciæ frequens.   ☉.

Radix simplex, annua, fibrosa. *Herba* undique piloso-mollis, subincana, magnitudine
varia. *Caulis* solitarius, erectus, a basi ad apicem ramosus, angulato-teres, fistulosus,
foliosus, multiflorus; ramis patulis vel diffusis, plerumque simplicibus; inferioribus
longioribus. *Folia* sparsa, sessilia, obovato-oblonga, obtusa, venosa, recurvato-patula,
crenata; basi elongata, subamplexicaulia. *Flores* copiosi, aggregati, laterales et
terminales, subsessiles, erectiusculi, pulcherrimi, nitidi, cæruleo-violacei, ore albo.
Calycis laciniæ subulato-lineares, patentes, margine scabriusculæ. *Corolla* calyci
æqualis; tubo brevi, campanulato, albo; limbo patente, planiusculo, semiquinquefido. *Stamina* alba, tubo vix longiora. *Germen* lineari-triquetrum, gracile, pedunculum simulans, longitudine calycis. *Stylus* albus, staminibus duplò longior, corollâ duplò ferè brevior. *Stigma* trifidum.

     a. Flos seorsìm, demptâ corollâ.

Campanula Speculum.

Phyteuma ellipticum.

PHYTEUMA.

Linn. Gen. Pl. 89. *Juss.* 165. *Gærtn. t.* 30.

Rapunculus. *Tourn. t.* 38.

Corolla rotata, quinquepartita; laciniis linearibus. *Stigma* bi- sive tri-fidum. *Capsula* bi- sive tri-locularis, infera, lateralitèr dehiscens.

TABULA 217.

PHYTEUMA ELLIPTICUM.

Phyteuma spicâ laxiusculâ, foliis ellipticis petiolatis crenatis scabris, caule simplicissimo folioso hirto.

In monte Olympo Bithyno. ♃.

Radix perennis, subrepens. *Caules* herbacei, spithamæi, erecti, simplicissimi, foliosi, angulato-teretes, piloso-incani. *Folia* alterna, petiolata, patentia, elliptica, obtu-siuscula, uncialia vel sesquiuncialia, sæpiùs inæqualitèr crenata, reticulato-venosa, subtùs præcipuè scabra. *Petioli* canaliculati, hirti, longitudine varii. *Spica* ter-minalis, foliolosa, formâ maximè variabilis, quandoque composita. *Calyx* quin-quepartitus, laciniis patulis, ovatis, glabris, longitudine germinis. *Corolla* pur-puro-cærulea; tubo ferè nullo; limbi laciniis revoluto-patentibus, linearibus, angus-tissimis, canaliculatis, vix uncialibus. *Stamina* corollâ triplò breviora, patentia, cæ-ruleo-incarnata; basi dilatata, conniventia. *Antheræ* lineares, flavæ. *Germen* ob-ovatum, subindè pubescens. *Stylus* cylindraceus, cæruleo-incarnatus, staminibus duplò longior. *Stigma* trifidum, exiguum. *Capsula* obovata, angulata, calyce per-sistente, conniventia, coronata.

Variat altitudine, nec non foliorum latitudine, præcipuè verò petiolorum et spicæ pro-portione. Hujus forsan varietas est *Phyteuma campanuloides*, Marsch. a Bieberst. Taurico-Caucas. v. 1. 156. Sims apud Curt. Mag. t. 1015; quod, collatis tantùm iconibus, vix patet.

a. Corolla seorsìm.
b. Germen, calyx, stamina et stylus.

TABULA 218.

PHYTEUMA LIMONIFOLIUM.

Phyteuma foliis lanceolatis dentato-repandis retrorsùm scabriusculis, caule paniculato, floribus sessilibus subternis.

Campanula limonifolia.   *Linn. Sp. Pl.* 239.   *Willden. Sp. Pl. v.* 1. 914.

C. orientalis, Limonii minimi facie, flore patulo.   *Tourn. Cor.* 3.

In herbidis Olympi Bithyni, summitatem versùs.   ♃.

Radix perennis, crassa, sublignosa, multiceps.   *Caules* cæspitosi, erecti, pedales, parùm foliosi, undique ramosi, patuli, teretes, læves, multiflori.   *Folia radicalia* copiosa, cæspitosa, horizontalitèr patentia, longiùs petiolata, lanceolato-oblonga, obtusiuscula, basi angustata, margine plùs minùs dentato-repanda, uninervia, utrinque, ut et caulium pars infima, retrorsùm scabriuscula, oculo armato minutè setosa; *caulina* sparsa, minora, recurvato-patentia.   *Spicæ* terminales, solitariæ, erectæ, laxæ, multifloræ, glabræ.   *Bracteæ* solitariæ, ovatæ, exiguæ.   *Flores* binati, vel terni, sessiles, patentes, purpuro-cærulei.   *Calycis* segmenta ovato-lanceolata, acuta, patula, subindè scabriuscula.   *Corolla* patentissima, præcedentis dimidiò minor, laciniis lineari-oblongis, obtusis.   *Stamina* alba, vix longitudine calycis, basi latâ conniventia.   *Antheræ* oblongæ, flavæ.   *Stylus* cylindraceus, pubescens, roseus, longitudine corollæ.   *Stigma* parvum, trifidum.   *Capsula* subrotunda, gibba, inæqualitèr decem-costata, pruinoso-scabriuscula, poris tribus, latis, lateralibus, apicem versùs, dehiscens.

       A. Flos, corollâ orbatus, triplò circitèr auctus.

       b. Capsula ad maturitatem vergens, magnitudine naturali.

TABULA 219.

PHYTEUMA AMPLEXICAULE.

Phyteuma foliis subamplexicaulibus ovatis duplicato-serratis, floribus racemosis fasciculatis, laciniis calycinis setaceis.

Ph. amplexicaulis.   *Willden. Sp. Pl. v.* 1. 925.

Rapunculus orientalis, Campanulæ pratensis folio.   *Tourn. Cor.* 4.

In herbidis Olympi Bithyni, cacumen versùs.   ♃.

Phyteuma limonifolium?

Phyteuma amplexicaule.

Phyteuma pinnatum♀.

Herba glaberrima, lætè virens, pulchra foliis et floribus. *Caulis* erectus, pedalis vel sesquipedalis, strictus, simplex, teres, solidiusculus, foliis copiosis vestitus. *Folia* patentia, alterna, subsessilia, plerumque biuncialia, ovata, acuminata, argutè duplicatò serrata, venosa; basi subamplexicaulia, et subindè cordata. *Racemus* solitarius, terminalis, erectus, subcylindraceus, thyrsoideus, foliolosus, ferè spithamæus. *Pedunculi* aggregati, sæpiùs quinati; inferiores subdivisi. *Flores* cærulei, præcedente duplò majores. *Calycis* laciniæ reflexæ, gracillimæ, ferè capillares, ultra semunciam longitudine. *Corollæ* segmenta lineari-lanceolata, paululùm recurva, obtusiuscula, calyce longiora. *Stamina* alba, brevia. *Germen* turbinatum, angulatum, calyce reflexo tectum. *Stylus* filiformis, lævis, flavescens, corollâ brevior. *Stigma* tripartitum, recurvum. *Capsula* turbinata, membranacea, glaberrima, reticulato-venosa, quinquangularis, poris tribus, laceris, ad basin dehiscens.

     a. Flos, absque corollâ, pedunculo suffultus.
     b. Corolla arte expansa.

TABULA 220.

PHYTEUMA PINNATUM.

Pʜʏᴛᴇᴜᴍᴀ foliis pinnatis, thyrso composito.
Ph. pinnata. *Linn. Sp. Pl.* 242. *Willden. Sp. Pl. v.* 1. 925. *Ait. Hort. Kew. v.* 1. 355.
Rapunculus creticus, seu Pyramidalis altera. *Bauh. Pin.* 93. *Tourn. Inst.* 113.
R. creticus, Petromarula. *Bauh. Hist. v.* 2. 811.
Petromarula di Candia. *Pon. Bald.* 96.
P. Rapunculo candioto. *Imperat. Hist. Nat.* 668.

In Cretæ montosis, atque scopulis maritimis, copiosè. ⚄

Herba tri- vel quadri-pedalis, lactescens, formosa, glaberrima, glauco-virens cum rore purpureo, primo vere florens, ante solstitium prorsùs emarcida. *Radix* perennis, crassa, alba, lactiflua, esculenta, sapore *Campanulæ Rapunculi*, ut apud Ponam invenies. *Caules* erecti, teretes, foliosi, solidi, lævissimi, supernè ramosi. *Folia* quædam primordialia, e semine nata, simplicia, cordata, vix dentata, *Violæ odoratæ* similia; reliqua sæpiùs interruptè pinnata, spithamæa aut pedalia, petiolata; foliolis inæqualibus, subovatis, acuminatis, venosis, argutè et inæqualitèr dentato-serratis, subtùs pallidioribus; intermediis exiguis, oblongis; terminali maximo, cordato: radicalia numerosa, undique patentia: caulina alterna. *Thyrsus* terminalis, erectus, densus, cylindraceus, obtusus, multiflorus, foliolosus, ferè pedalis; basi plerumque ramosus. *Pedunculi* glauco-purpurascentes, glaberrimi, alterni, multiflori, subcymosi, pedicellis intermediis præcocioribus. *Flores* copiosissimi, elegantèr purpurocyanei, ultra unciam lati. *Calyx* parvus, laciniis lanceolatis, adscendentibus, violaceis. *Corollæ* segmenta calyce sextuplò longiora, patentissima, lineari-oblonga. *Stamina* corollâ duplò breviora, erecta, rubicunda, approximata; basi dilatata, ventricosa, albida. *Antheræ* oblongæ, flavæ, post anthesin recurvæ. *Germen* breve, depressum, glauco-purpureum, glaberrimum, trilobum; lobis gibbis, tricostatis. *Stylus* erectus, cylindraceus, carneus, staminibus duplò longior. *Stigma* crassum, trilobum, colore styli. *Capsula* formâ germinis, duplòque major, trilocularis, foraminibus tribus lateralibus, inter lobos, dehiscens. *Semina* exigua, elliptico-oblonga, fusca, nitida.

In hybernaculis nostris, e semine subindè enata, difficillimè conservatur, et rarissimè flores profert. Florentem tamen habuimus ex horto præclari et amicissimi viri Gulielmi Pitcairn, M.D., apud Islington, anno 1791; nec alibi unquam vidimus.

    a. Flos pedicello suffultus, corollâ orbatus.
    B. Stamina cum stylo, cujus stigma polline onustum est, antheris effœtis, magnitudine plus duplò auctâ.
    c. Pistillum sine staminibus.
    d. Capsula vix matura, floris partibus emarcidis coronata.
    e, E. Semen.

LOBELIA.

Linn. Gen. Pl. 456. Juss. 165.

Rapuntium. *Tourn. t. 51. Gœrtn. t. 30.*

Corolla irregularis, suprà longitudinalitèr fissa. *Stigma* capitatum. *Antheræ* connatæ in tubum. *Capsula* infera, bi- sive tri-locularis.

TABULA 221.

LOBELIA SETACEA.

Lobelia foliis radicalibus spatulatis repandis; caulinis setaceis, caulibus simplicissimis unifloris erectis.

L. Laurentia *β. Willden. Sp. Pl. v.* 1. 948.

Rapuntium creticum minimum, Bellidis folio, flore maculato. *Tourn. Cor.* 9.

In Cretæ et Cypri uliginosis. ☉.

Lobelia setacea?

Viola gracilis.

Radix annua, fibrosa, parva. *Herba* glabra. *Caules* plures, filiformes, erecti, palmares, simplicissimi, foliolosi, uniflori, rubicundi. *Folia radicalia* numerosa, in orbem expansa, petiolata, obovato-spatulata, obtusa, repanda, plerumque uncialia: *caulina* exigua, sparsa, setacea, erecta. *Flos* terminalis, erectiusculus, parvus. *Calycis* laciniæ erectæ, lineari-subulatæ, integerrimæ, glaberrimæ. *Corolla* monopetala, ringens, bilabiata; tubus albidus, utrinque ultrà medium fissus, calyce duplò longior, laciniâ inferiore flavescente, intùs barbatâ; labium superius erectum, bipartitum, cæruleum; inferius semitrilobum, lobis obovatis, acutis, disco albis, margine cæruleis. *Stamina* alba. *Antheræ* roseæ, sub labio superiore, in fauce, latentes, incurvæ. *Germen* turbinatum, parvum, glabrum. *Stylus* capillaris. *Stigma* majusculum, capitatum, pubescens, vix extrà antheras prominens, deflexum. *Capsula* campanulata, costata, rufo-fuscescens.

L. minuta Meerburg. Ic. t. 20, nec Linnæi, in Prodromi nostri appendice, v. 2. 357, citata, caulibus omninò nudis, ut et radice tuberosâ, differre videtur.

  A. Calyx cum germine et caulis apice.
  B. Corolla in statu naturali, cum staminibus.
  C. Eadem, labiis vi separatis et hiantibus.
  D. Stamina.
   Omnia lente aucta.

VIOLA.

Linn. Gen. Pl. 457. Juss. 294. Tourn. t. 236. Gærtn. t. 112.

Corolla pentapetala, irregularis, posticè cornuta. *Antheræ* subcohærentes. *Capsula* supera, trivalvis, unilocularis. *Calyx* pentaphyllus, basi productus.

TABULA 222.

VIOLA GRACILIS.

VIOLA caule ramoso angulato diffuso, foliis lanceolatis subcrenatis; superioribus oppositis, stipulis tripartitis, radice repente.

In Olympi Bithyni cacumine. ♃.

Radix perennis, gracillima, repens, ramosa, multiceps. *Caules* diffusi, angulato-filiformes, vix spithamæi; basi subdivisi; supernè foliosi, simplices; vel omninò glabri, vel tenuissimè pubescentes. *Folia* alterna, subconferta, petiolata, lanceolata, obtusius-

VOL. III.   F

cula, obsoletè et inæqualitèr crenata, sæpiùs glabra; basi attenuata; inferiora obovata; superiora opposita. *Stipulæ* foliis conformes, at duplò vel triplò minores, tri-
partitæ, laciniis subæqualibus, lineari-lanceolatis, integerrimis, quandoque margine
pubescentibus. *Flores* pauci, axillares, solitarii, distantes, longissimè pedunculati.
Bracteæ binæ, alternæ, lanceolatæ, hastato-dentatæ, exiguæ, pedunculi apicem versùs. *Flos* tristè ac pallidè violaceus, uncialis, anticè ferè unicolor, petalorum limbis
obovatis, basi nigro-lineatis; lateralibus minoribus; calcar longitudine petalorum,
adscendens, album. *Calycis* foliola inæqualia, lanceolata, glabra; infimum maximum, basi productum, crenatum, calcare duplò brevius. *Stamina* brevia, *antheris*
conniventibus, vix connatis. *Pistillum* haud investigare licuit.

V. calcaratæ et *cornutæ* affinis, sed pluribus notis distincta.

       a. Calyx.
       b. Petalum infimum, basi calcaratum, cum fœcundationis organis in situ naturali.
       c. Unum ex petalis supremis.
       d. Petalum laterale.
         Omnia magnitudine naturali.

LONICERA.
Linn. Gen. Pl. 93.

Caprifolium.   *Tourn. t.* 378.   *Juss.* 212.   *Gærtn. t.* 27.
Periclymenum.   *Tourn. t.* 378.
Xylosteon.   *Tourn. t.* 379.   *Juss.* 212.
Chamæcerasus.   *Tourn. t.* 379.

Corolla monopetala, irregularis.   *Bacca* polysperma, infera.

     * * Chamæcerasa.   *Pedunculis bifloris.*

TABULA 223.

LONICERA XYLOSTEUM.

Lonicera pedunculis bifloris, baccis distinctis, foliis integerrimis pubescentibus.
L. Xylosteum.   *Linn. Sp. Pl.* 248.   *Willden. Sp. Pl. v.* 1. 986.   *Ait. Hort. Kew. ed.* 2.
     v. 1. 379.   *Sm. Compend. Fl. Brit. ed.* 2. 39.   *Engl. Bot. t.* 916.   *Fl. Dan. t.* 808.
Chamæcerasus dumetorum, fructu gemino rubro.   *Bauh. Pin.* 451.   *Tourn. Inst.* 609.
     Duham. Arb. v. 1. 153. *t.* 59.
Periclymenum rectum germanicum.   *Ger. Em.* 1294.
Xylosteum.   *Dod. Pempt.* 412.   *Rivin. Monop. Irr. t.* 120.

Lonicera Xylosteum.

Verbascum phlomoides.

In monte Parnasso. ♄.

Caulis fruticosus, erectus, ramosissimus, vix orgyalis; *ramis* oppositis, patentibus, tereti-usculis, solidis, griseis, glabris; *ramulis* pallidè virentibus, pubescentibus, foliosis. *Folia* decidua, opposita, breviùs petiolata, elliptico-orbiculata, subindè ovata, obso-letè acuminata, integerrima, uncialia vel sesquiuncialia, uninervia, cum venis obliquis parallelis, utriuque pubescenti-mollia, tristè virentia; subtùs pallidiora. *Petioli* vix lineam longi, incurvi, canaliculati, pilosi. *Gemmæ* solitariæ, ovatæ, acutæ, intùs sericeæ. *Pedunculi* axillares et terminales, solitarii, brevissimi, biflori; rariùs pe-tiolum superantes. *Bracteæ* in apice pedunculi, duplices; *exteriores* duæ, oppositæ, patentes, lanceolatæ, acuminatæ, pilosæ; *interiores* solitariæ sub singulo flore, mi-nores, subrotundæ, adpressæ, subciliatæ. *Flores* parvi, albidi, inodori. *Calyx* mo-nophyllus, campanulatus, semiquinquefidus, laciniis ovatis, margine pilosis. *Corolla* haud uncialis, hians, extùs pubescens; labio superiore lato, planiusculo, obtusè qua-drilobo; inferiore lineari, recurvo, indiviso, ochroleuco. *Stamina* filiformia, corollæ basi inserta, limbo breviora, *antheris* oblongis incumbentibus. *Germen* ellipticum, glabrum. *Stylus* filiformis, longitudine staminum. *Stigma* capitatum. *Baccæ* ap-proximatæ, distinctæ, globosæ, inæquales, corallinæ, molles, uniloculares, sub-hexa-spermæ.

In hortis et frutetis per totam ferè Europam sæpè colitur hic frutex, haud minùs inamœ-nus quàm inutilis.

a. Flos integer, cum bracteâ externâ.
b. Germen, calyx et stylus.

VERBASCUM.

Linn. Gen. Pl. 97.   *Juss.* 124.   *Tourn. t.* 61.   *Gœrtn. t.* 55.

Corolla rotata, irregularis.   *Stamina* declinata, barbata.   *Capsula* supera, bilocularis, valvulis inflexis, polysperma.   *Stigma* indivisum.

TABULA 224.

VERBASCUM PHLOMOIDES.

Verbascum foliis ovatis utrinque tomentosis; inferioribus petiolatis; summis amplexi-caulibus subdecurrentibus cuspidatis.

V. phlomoides. *Linn. Sp. Pl.* 253.   *Willden. Sp. Pl. v.* 1. 1002.   *Ait. Hort. Kew. ed.* 2. *v.* 1. 384.   *Schrad. Verbasc.* 29.

V. foliis radicalibus ovatis petiolatis; caulinis oblongis sessilibus subtùs tomentosis serratis. *Mill. Ic.* 182. *t.* 273.

V. fœmina, flore luteo magno.   *Bauh. Pin.* 239.   *Tourn. Inst.* 147.

V. tomentosum et incanum, folio subrotundo et quasi circinato, caule non alato, flore luteo, staminulis purpureis cum apicibus croceis, fructu longiore.   *Mich. apud Till. Pis.* 171.

Circa Byzantium. ♂.

Radix fusiformis, ramosa, crassa, biennis. *Herba* undique densè lanata, mollis, incana. *Caulis* solitarius, erectus, tripedalis, teres, foliosus, simplex, strictus, spicatus, multiflorus. *Folia radicalia*, ut et *caulina infima*, petiolata, latè ovata, obtusiuscula, obsoletè crenata, crassa, venosa, rugosa, quadriuncialia vel majora; basi in petiolum alatum, crassum, biuncialem, decurrentia: *superiora* longè minora, alterna, sessilia; basi cordata, amplexicaulia, subdecurrentia, magìs minùsve acuminata, sensìm in *bracteas* angustatas, longiùs acuminatas, diminuta. *Thyrsus* solitarius, erectus, pedalis, interruptus, *floribus* fasciculatis, magnis, aureis, speciosis. *Fasciculi* in axillis bractearum, alterni, subquinqueflori, *bracteolis* lanceolatis interstinctis. *Pedicelli* calyce breviores, crassi, densissimè lanati, uniflori. *Calycis* laciniæ subæquales, ovatæ, acuminatæ, intùs glabratæ. *Corolla* calyce quintuplò major, quinquepartita, inæqualis; lobis patentibus, obovatis, repandis, summis minoribus. *Stamina* basi corollæ inserta, *filamentis* paululùm inæqualibus, violaceis, densè barbatis, corollâ duplò brevioribus, declinatis, *antheris* incumbentibus, luteis, ferè uniformibus. *Germen* superum, ovatum, densissimè lanatum. *Stylus* declinatus, longitudine staminum, pilosus, *stigmate* exiguo. *Capsula* ovata, semiuncialis, lanâ deciduâ vestita.

Variat, ut videtur, foliis caulinis elongatis, acumine productiori, ut et antheris duabus plùs minùs difformibus et imperfectis. Synonyma apud priscos difficillima.

        a. Pistillum calyce suffultum.
        b. Corolla, arte expansa, cum staminibus.

TABULA 225.

VERBASCUM AURICULATUM.

Verbascum foliis elliptico-oblongis utrinque tomentosis basi auriculatis, racemis paniculatis flexuosis.

V. mucronatum. *Lamarck. Dict. v.* 4. 218?   *Schrad. Verbasc.* 38?

V. orientale maximum candidissimum, ramis candelabrum æmulantibus. *Tourn. Cor.* 8.

In insulâ Samo. ♂.

Verbascum auriculatum.

Verbascum plicatum ?

Herba densissimè tomentosa, nivea. *Caulis* bipedalis, adscendens, teres, crassus, densè foliosus, tomentoso-niveus; supernè ramosus, glabratus, ramis alternis, racemosis, flexuosis, multifloris. *Folia* conferta, alterna, sessilia, axillis foliolosis, patentia, bi-vel tri-uncialia, elliptico-oblonga, obtusè mucronata, obsoletè crenata, crenulis mi-nutis sub densâ lanugine reconditis; suprà lævia, tomento densissimo et æquali, vix nervo, aut venis majoribus, exarata; subtùs venoso-reticulata, haud minùs densè la-nata, lanâ arachnoideo-stellulata; basi angustata, lobulo utrinque rotundato, am-plexicauli, auriculata. *Flores* aurei, bracteati, pedunculati et fasciculati, ut in priore, sed duplò minores. *Calyx* basi lanatus, laciniis apice glabratis. *Corolla* parùm irregularis, *staminibus* subæqualibus, barbâ ochroleucâ, *antheris* ferè uniformibus, fulvis.

A *Verbasco mucronato* Lamarckii et Schraderi magnitudine longè minori discrepare vide-tur, nec non foliis uniformibus, perpulchrè auriculatis, auriculis sursùm dilatatis, ac rotundatis.

a. Calyx cum stylo.　　　b. Corolla expansa, staminifera.　　　c. Pistillum seorsìm.

TABULA 226.

VERBASCUM PLICATUM.

Verbascum foliis lyrato-sinuatis crispis subcrenatis utrinque tomentosis, spicâ simplici interruptâ foliolosâ.

V. sinuatum β. *Linn. Sp. Pl.* 255.

V. pinnatifidum. *Ait. Hort. Kew. ed.* 2. v. 1. 386; nec Vahlii neque Willdenovii.

V. græcum fruticosum, folio sinuato candidissimo. *Tourn. Cor.* 8. *It. v.* 1. 128, *cum icone.*

Φλομος λευκη Θηλη *Diosc. lib. 4. cap.* 104.

Φλόμος *hodiè.*

In insulâ Hydrâ. Circa Athenas copiosè. ♂. ♃!

Radix fusiformis, biennis, vel forsitàn perennis. *Caulis* erectiusculus, simplex, foliosus, teretiusculus, tomento denso, stellato, rigidulo, ochroleuco, ut et folia et calyx, un-dique vestitus. *Folia* obovato-oblonga, lyrato-sinuata, margine plicata vel crispa, obsoletè crenata, crassa, densè tomentosa; suprà æqualia et ferè avenia; subtùs re-ticulato-venosa: *radicalia* petiolata, duplò majora, subspithamæa: *caulina* amplexi-caulia, superiora sensìm minora: *floralia* minima, acuminata. *Spica* terminalis, soli-taria, erecta, plerumque pedalis, foliolosa, vel bracteata, multiflora. *Flores* fascicu-lati, omninò ferè sessiles in axillis bractearum, sæpiùs terni aut quaterni, flavi, dia-metro vix unciales. *Calyx* densè villosus. *Corolla* paululùm irregularis. *Stamina* a medio ad apicem barbata, flava, antheris subuniformibus. *Capsula* ovata, acuta, rigida, demùm glabrata.

VOL. III.　　　　　　　G

Variat foliis obtusis vel acutis.   Folia in stirpe hortensi magìs dilatata et complanata, minùsque crispa evadunt, faciem *V. alii*, Matth. Valgr. v. 2. 492, præ se ferentia.

a. Calyx cum stylo.
b. Corolla staminifera.
c. Capsula.

d. Ejusdem sectio transversa.
e. Semen.
       Omnia magnitudine naturali.

TABULA 227.

VERBASCUM SINUATUM.

Verbascum foliis serratis pulverulentis; radicalibus pinnatifido-repandis; caulinis integris decurrentibus, caule paniculato multifloro.

V. sinuatum.   *Linn. Sp. Pl.* 254.   *Willden. Sp. Pl. v.* 1. 1006.   *Ait. Hort. Kew. ed.* 2.
    v. 1. 386.   *Schrad. Verbasc.* 39.

V. nigrum, folio Papaveris corniculati.   *Bauh. Pin.* 240.   *Tourn. Inst.* 147.

V. crispum et sinuatum.   *Bauh. Hist. v.* 3. 860.

V. aliud.   *Camer. Epit.* 882.   *Matth. Valgr. v.* 2. 492.

V. laciniatum Matthioli.   *Dalech. Hist.* 1302.

Φλομος μελας *Diosc. lib.* 4. *cap.* 104.

Φλόμος *hodiè.*

In Græciæ provinciis et insulis hujusce generis omnium vulgatissima species.   ♂.

Radix fusiformis, fusca, sublignosa.   *Herba* quam in præcedentibus longè minùs lanata vel incana.   *Caulis* erectus, sesquipedalis, teres, flexuosus, foliosus, undique alternatìm ramosus, paniculatus, multiflorus, pube sparsâ, stellatâ, vix scabriusculus, sæpiùs purpureo-nigricans.   *Folia radicalia* spithamæa, obovato-oblonga, obtusiuscula, obtusè serrata, semipinnatifida, lobis incisis, sinubusque plicatis adscendentibus; basi angustata, subpetiolata : *caulina inferiora* radicalibus similia sed minora, sessilia, decurrentia : *summa* minima, ovato-lanceolata, acuminata, indivisa, acutè crenata, longiùs decurrentia, reflexa : omnia reticulato-venosa, rugosa, atro-virentia, pilis stellatis albidis, subtùs copiosioribus, pubescentia.   *Panicula* patens, ramosissima, ramis subalatis, pulverulento-incanis.   *Flores* sæpiùs fasciculati, pedunculati, magnitudine et formâ præcedentis, *calyce* vero longè minori, et *staminibus* violaceis, magìs inæqualibus.   *Capsula* subrotunda, parva.

Icon Matthioli, apud Dalechampium, nec non Tabern. Kraüterb. 956, repetita, *Verbasci plicati* varietatem hortensem foliis potiùs refert ; at caule ramosissimo, paniculato, discrepat.

a. Calyx cum pistillo.
b. Corolla cum staminibus.

c. Capsula.
d. Semen.

Verbascum sinuatum?

Verbascum pinnatifidum.

Verbascum spinosum.

TABULA 228.

VERBASCUM PINNATIFIDUM.

Verbascum foliis planis pinnatifidis incisis pulverulentis suprà denudatis; radicalibus petiolatis, caule paniculato multifloro.

V. pinnatifidum. *Vahl. Symb. v.* 2. 39. *Willden. Sp. Pl. v.* 1. 1006, *excluso synonymo Tournefortii.*

In arenosis maritimis prope *Yalvam*, Bithyniæ. ♃.

Radix perennis, fusiformis, nigricans, apice subdivisa. *Caulis* pedalis vel bipedalis, erectus, undique ramosissimus, foliosus, teres, atro-purpureus, tenuè piloso-pulverulentus. *Folia radicalia* longiùs petiolata, triuncialia, plana, altè pinnatifida, incisa, venoso-corrugata; suprà atro-viridia, nudiuscula; subtùs pallidiora, pulverulento-pilosa, pilis stellatis; juniora densissimè lanata: *caulina* duplò vel triplò minora, sessilia, haud decurrentia, pinnatifido-incisa: *floralia* aggregata, floribus plerumque longiora, patentia. *Rami floriferi* simplices, patentes, elongati, multiflori. *Flores* aggregati, sessiles, flavi, prioribus vix minores. *Calyx* densè lanatus. *Corolla* extùs villoso-cana. *Stamina* fulva. *Capsula* ferè globosa.

a. Calyx cum stylo.   b. Corolla et stamina.

TABULA 229.

VERBASCUM SPINOSUM.

Verbascum caule folioso fruticoso ramosissimo spinescente, foliis omnibus petiolatis incanis.

V. spinosum. *Linn. Sp. Pl.* 254. *Amœn. Acad. v.* 4. 307. *Willden. Sp. Pl. v.* 1. 1007. *Vahl. Symb. v.* 2. 39.

V. creticum spinosum frutescens. *Tourn. Cor.* 8.

Leucoium creticum spinosum incanum luteum. *Bauh. Pin.* 201. *Lob. Illustr.* 113.

L. spinosum creticum. *Clus. Hist.* 299. *Ger. Em.* 459.

L. spinosum cruciatum. *Alpin. Exot.* 37. *t.* 36.

Galastivida prima di Candia. *Pon. Bald.* 114.

In montibus Cretæ elatioribus. ♄.

Caulis fruticosus, durus, rigidus, cæspitosus, adscendens, spithamæus, ramosissimus. *Rami* erecti, teretes, incani, foliosi; supernè decompositi, floriferi, bracteolati, ramulis alternis, divaricato-patentibus, distichis, spinescentibus, persistentibus, demùm glabratis. *Folia* conferta, petiolata, uncialia vel sesquiuncialia, oblonga, obtusa, sinuato-dentata, uninervia, utrinque tomentoso-incana; basi angustata, et in petiolum decurrentia. *Flores* sparsi, laterales et terminales, pedicellati, flavi, vix ultra semunciam lati. *Stamina* fulva. *Calyx* obtusus, extùs villosus, persistens. *Capsula* ovata, villosa, parva.

a. Calyx cum pistillo.   A. Idem triplò auctus.   b. Corolla stamina gerens.

Verbasca plura, imprimis species herbaceæ latifoliæ, Φλόμο nomine apud Græcos hodiernos vulgaris sunt notitiæ, et ad pisces inebriandos captandos inserviunt.

HYOSCYAMUS.

Linn. Gen. Pl. 98.   *Juss.* 124.   *Tourn. t.* 42.   *Gærtn. t.* 76.

Corolla infundibuliformis, obtusa, irregularis. *Stamina* inclinata.   *Capsula* operculata, bilocularis.

TABULA 230.

HYOSCYAMUS ALBUS.

Hyoscyamus foliis petiolatis sinuatis obtusis, floribus pedunculatis, corollæ tubo supernè ventricoso: medio staminifero.

H. albus.   *Linn. Sp. Pl.* 257.   *Willden. Sp. Pl. v.* 1. 1011.   *Ait. Hort. Kew. ed.* 2. *v.* 1. 389. *Matth. Valgr. v.* 2. 411.   *Dod. Pempt.* 451.   *Camer. Epit.* 808.   *Ger. Em.* 353.

H. albus major.   *Bauh. Pin.* 169.

H. albus major, vel tertius Dioscoridis et quartus Plinii.   *Tourn. Inst.* 118.

Ῡοσκυαμος λευκος *Diosc. lib.* 4. *cap.* 69.

Ῡοσκίαμος, ἢ γεροῦλι, hodiè.

Ben tochunni *Turc.*

In ruderatis, muris, maritimis, et ad vias Græciæ ubique.   ☉.

Radix annua, fusiformis, albida. *Herba* glauco-pallida, pilosa, viscida, fœtens, narcotica. *Caulis* bipedalis, teres, foliosus, subramosus. *Folia* alterna, longiùs petiolata, patulo-reclinata, bi- vel tri-uncialia, cordata, venosa, flaccida, obtusè lobata et sinuata, undique pilosa. *Flores* sparsi, axillares, solitarii, plùs minùs pedunculati, erecti.

Hyoscyamus albus.

Hyoscyamus aureus.

Calyx tubulosus, pilosissimus, costatus, haud uncialis, limbo dilatato, patulo, acutiusculo, quinque-lobato, interdum sexfido. *Corolla* calyce duplò longior, obliquè incurva; tubo ochroleuco, pubescente, supernè dilatato; fauce atro-purpureâ; limbo breviusculo, inæqualitèr quinquepartito, obtuso, pallidè flavo. *Stamina* medio tubi inserta, purpuro-incarnata, pilosa. *Antheræ* incumbentes, subrotundæ, ochroleucæ, e tubo vix prominentes. *Germen* parvum, subrotundum. *Stylus* staminibus concolor, et ferè conformis, at paululùm longior. *Stigma* parvum, capitatum. *Capsula* ovata, calyce persistente, ampliato, coriaceo, obtecta.

Varietas β Linnæi, quæ *H. albus* apud Bulliard Herb. de la Fr. t. 99; *H. albus vulgaris*, Clus. Hist. v. 2. 84, nec 118; *H. albus minor*, Bauh. Pin. 169. Ger. Em. 354; floribus omnibus ferè sessilibus, in spicam foliolosam subnutantem digestis, foliis floralibus minoribus, oblongis, acutis, vix incisis, discrepat, et fortè diversa species est, in Græciâ nondum inventa.

H. albi folia genis applicata, nec non suffimen e seminibus, in dentium doloribus prodesse putant Attici et Byzantini hodierni.

    a. Calyx floris, cum stylo.
    b. Pistillum seorsìm, cum glandulis hypogynis, nectariferis.
    c. Corolla arte expansa, cum staminibus in situ naturali.
    d. Stamen e flore separatum.

TABULA 231.

HYOSCYAMUS AUREUS.

HYOSCYAMUS foliis petiolatis dentatis acutis, floribus pedunculatis, corollæ tubo subcylindraceo: basin versùs staminifero.

H. aureus. *Linn. Sp. Pl.* 257. *Willden. Sp. Pl. v.* 1. 1011. *Ait. Hort. Kew. ed.* 2. *v.* 1. 389. *Curt. Mag. t.* 87. *Bulliard Herb. de la Fr. t.* 20. *Alpin. Exot.* 99. *t.* 98.

H. creticus luteus major, et minor. *Bauh. Pin.* 169. *Prodr.* 92. *Tourn. Inst.* 118.

H. albus creticus. *Clus. Hist. v.* 2. 84. *Ger. Em.* 354.

Ὑοσκυαμος μηλοειδης *Diosc. lib.* 4. *cap.* 69.

In muris et ruderatis Græciæ copiosè. ♂, vel ♄.

Caulis suffruticosus, erectus, bipedalis, ramosus, foliosus, teres, pilosissimus, viscosus, uti tota planta. *Folia* ut in præcedente, at crebriùs et acutè dentata ac sinuata. *Flores* copiosi, formosi, aurei, fauce violaceâ. *Calyx* basi campanulatus, margine acutè lobatus. *Corollæ* tubus declinatus, gracilis, pilosus, violaceus, sulcatus, supra basin globosam coarctatus, supernè paululùm ampliatus; limbus dilatatus, aureus, laciniis duabus superioribus longè minoribus, pallidioribus. *Stamina* pallidè violacea, pilosa, tubo ad basin ferè inserta, limbo vix breviora, inæqualia. *Stylus* staminibus

VOL. III.   H

concolor et paulò longior, glaber. *Capsula* calyce aucto, persistente, pilosissimo, vestita, erecta, nec pendula.

Stirps in hybernaculis vel caldariis nostris ferè perennat, aëre stagnante humido, vix minùs quàm pruinâ ingravescenti, languescens. Qualitates ferè prioris, sed flores longè speciosiores.

a. Calyx pedunculo insidens.
c. Corolla longitudinalitèr fissa, staminifera.

b. Flos e calyce excerptus.
d. Pistillum.

ATROPA.

Linn. Gen. Pl. 99.   *Juss.* 125.   *Gærtn. t.* 131.

Belladona.   *Tourn. t.* 13.

Mandragora.   *Juss.* 125.   *Tourn. t.* 12.   *Gærtn. t.* 131.

Corolla campanulata.   *Stamina* distantia.   *Bacca* supera, bilocularis.

TABULA 232.

ATROPA MANDRAGORA.

Atropa acaulis, scapis unifloris, foliis oblongis integris.

A. Mandragora.   *Linn. Sp. Pl.* 259.   *Willden. Sp. Pl. v.* 1. 1016.   *Ait. Hort. Kew. ed.* 2.
    v. 1. 392.   *Bulliard Herb. de la Fr. t.* 146.   *Woodv. Med. Bot. t.* 225.

Mandragoras.   *Dod. Pempt.* 457.   *Matth. Valgr. v.* 2. 421.

M. mas.   *Lob. Ic.* 267.   *Ger. Em.* 352.

Mandragora fructu rotundo.   *Bauh. Pin.* 169.   *Tourn. Inst.* 76.   *Mill. Ic.* 115. *t.* 173.

Μανδραγορας *Diosc. lib.* 4. *cap.* 76.

Μανδραγούρα *hodiè.*

Γοργογάνι *quandoque apud Atticos.*

In agro Eliensi, et prope Athenas. In insulis Græcis non rara. ♃. Sero autumno floret.

Radix perennis, carnosa, fusca, altè descendens; infernè divisa, teretiuscula, fibrillosa; apice multiceps. *Caulis* nullus. *Folia* cæspitosa, numerosa, erecto-patentia, spithamæa, elliptico-lanceolata, acuta, venosa, saturatè virentia, subpilosa; margine undulata, vel repanda, vix denticulata, vel crenata; subtùs pallidiora; basi in petiolum latum, marginatum, attenuata. *Pedunculi* copiosi, radicales, axillares, solitarii,

Atropa Mandragora?

a   b   c d

Physalis somnifera.

simplicissimi, uniflori, teretes, purpurascentes, glabriusculi, foliis triplò breviores. *Calyx* quinquepartitus, pilosus, persistens, post florescentiam duplò auctus, laciniis lanceolatis, carinatis, acutis, subintegerrimis. *Corolla* uncialis, vel paulò major, monopetala, albida, venis anastomosantibus dilutè violaceis, quandoque virentibus; tubo campanulato, longitudine calycis; limbo ejusdem ferè longitudinis, quinquepartito, regulari, laciniis ovatis, patentibus, acutis. *Stamina* corollæ basi inserta, longitudine tubi, filiformia, alba, villorum fasciculo denso infernè barbata, antheris oblongis, verticalibus, bilobis. *Germen* superum, ovatum, glabrum. *Stylus* cylindraceus, glaber, staminibus paulò longior. *Stigma* capitatum, album. *Bacca* ovata, mollis, fulva, seminibus numerosis, reniformibus, flavescentibus.

Herba fœtens, nauseosa, venenata, variat radicis divisione, foliorum latitudine ac proportione, florum colore, nec non fructûs formâ et magnitudine. Hinc apud auctores sub duplici vel triplici aspectu occurrit, fabulis anilibus, proprietatibusque superstitiosis, tam dedecorata, ut narratores commentis suis horrent. Radicis frustula, in sacculis gesta, pro amuleto amatorio hodiè, apud juvenes Atticos, in usu sunt.

a. Calyx cum pistillo.
c. Pistillum seorsìm.
e. Semen.

b. Corolla, arte explanata, cum staminibus.
d. Bacca matura.

Omnia magnitudine naturali.

PHYSALIS.

Linn. Gen. Pl. 99. *Juss.* 126. *Gœrtn. t.* 131.

Alkekengi. *Tourn. t.* 64.

Corolla rotata. *Stamina* conniventia. *Bacca* intra calycem inflatum, bilocularis.

TABULA 233.

PHYSALIS SOMNIFERA.

Physalis caule fruticoso, ramis rectis, floribus verticillato-confertis, calyce mutico, foliis pubescentibus.

Ph. somnifera. *Linn. Sp. Pl.* 261. *Willden. Sp. Pl. v.* 1. 1019. *Ait. Hort. Kew. ed.* 2. *v.* 1. 392. *Cavan. Ic. v.* 2. 2. *t.* 103.

Solanum somniferum. *Matth. Valgr. v.* 2. 417. *Clus. Hist. v.* 2. 85. *Ger. Em.* 339. *Camer. Epit.* 815.

S. somniferum verticillatum. *Bauh. Pin.* 166.

Alkekengi fructu parvo verticillato. *Tourn. Inst.* 151.

Στρυχνος ὑπνοτικος *Diosc. lib.* 4. *cap.* 73.

In Cypri et Eubœæ petrosis maritimis. ♄.

Radix perennis, ramosa. *Caules* plures, erecti, suffruticosi, bipedales, parùm ramosi, foliosi, teretes, pubescentes, fistulosi. *Folia* opposita, petiolata, ovata, acutiuscula, integerrima, subcarnosa, venosa, circitèr triuncialia, ad nervos præcipuè pulverulento-pubescentia; basi aliquantulùm producta. *Petioli* unciales. *Verticilli* numerosi, axillares, multiflori, densi, luteo-virentes. *Flores* parvi, pedunculati. *Calyx* ovatus, extùs densè lanatus, uti pedunculus; limbo quinquepartito, patente, laciniis lineari-lanceolatis, muticis, intùs glabris: post florescentiam insignitèr auctus, clausus, scariosus, pallidè rubicundus, quinquangularis, reticulato-venosus, pubescens, persistens. *Corolla* subcampanulata, ochroleuca, viridi lineata, decidua; limbo quinque-partito, revoluto-patente, longitudine tubi. *Stamina* tubo inserta, filiformia, glabra, *antheris* incumbentibus, flaveolis, vix e tubo prominentibus. *Germen* superum, globosum, exiguum. *Stylus* cylindraceus, longitudine staminum, *stigmate* capitato. *Bacca* in fundo calycis inflati, magnitudine pisi majoris, globosa, umbilicata, subdepressa, pulchrè miniata, nitida, polysperma. *Semina* reniformia.

a. Calyx cum stylo.	*d.* Calyx fructûs.
b. Corolla cum staminibus et pistillo in situ naturali.	*e.* Bacca.
c. Eadem longitudinalitèr secta et expansa.	*f.* Semen.

TABULA 234.

PHYSALIS ALKEKENGI.

Physalis foliis geminis acutis subrepandis, caule herbaceo infernè subramoso, floribus lateralibus solitariis.

Ph. Alkekengi. *Linn. Sp. Pl.* 262. *Willden. Sp. Pl.* v. 1. 1022. *Ait. Hort. Kew. ed.* 2. v. 1. 394.

Solanum halicacabum. *Matth. Valgr.* v. 2. 416. *Ger. Em.* 342. *Camer. Epit.* 813.

S. vesicarium. *Dod. Pempt.* 454. *Bauh. Pin.* 166.

Halicacabum vulgare. *Fuchs. Hist.* 687.

Halicacabon. *Trag. Hist.* 302.

Alkekengi officinarum. *Tourn. Inst.* 151.

Στρυχνος ἁλικακαϐος *Diosc. lib.* 4. *cap.* 72.

Κερασούλια *Bœotic.*

In Parnassi et Olympi Bithyni umbrosis, et circa Byzantium. ♃.

Physalis Alkekengi.

Solanum sodomeum.

Radix perennis, filiformis, geniculata, fibrillosa, latissimè repens, difficillimè extirpanda. *Caules* herbacei, annui, erecti, sesquipedales, foliosi, multiflori ; basin versùs divisi, teretiusculi ; ramis supernè simplicibus, patulis, flexuosis, angulatis, pubescentibus. *Folia* alterna, petiolata, ovata, acuta, repanda, vel obsoletè angulata, ferè triuncialia, singula alio plerumque, laterali vel axillari, longèque minore, comitata ; omnia saturatè viridia, lurida, venosa, piloso-scabriuscula ; basi in petiolum decurrentia. *Pedunculi* axillares, solitarii, simplices, uniflori, nutantes, pilosi, ebracteati, longitudine petiolorum. *Flores* cernui, albidi, vix unciales. *Calyx* floris parvus, campanulatus, villosus, acutè quinquedentatus ; post florescentiam maximè auctus, demùm sesquiuncialis, cordato-ovatus, quinquangulatus, inflatus, reticulato-venosus, scariosus, pubescens, pulchrè miniatus, pendulus, *baccam* coccineam, magnitudine cerasi minoris, polyspermam, acidulam, in sinu fovens. *Corolla* rotata, acutè quinqueloba, plicata, lactea, extùs pubescens. *Stamina* subulata, glabra, alba, basi corollæ inserta, limbo duplò breviora, *antheris* incumbentibus. *Germen* ovatum, glabrum. *Stylus* declinatus, cylindraceus, staminibus duplò longior, *stigmate* capitato.

a. Corolla arte expansa, cum staminibus.	*c.* Bacca, avulso calyce.
b. Pistillum.	*d.* Semen.

SOLANUM.

Linn. Gen. Pl. 100.   *Juss.* 126.   *Tourn. t.* 62.   *Gærtn. t.* 131.

Corolla rotata. *Antheræ* subcoalitæ, apice poro gemino dehiscentes. *Bacca* supera, bilocularis.

TABULA 235.

SOLANUM SODOMEUM.

SOLANUM undique aculeatum, caule fruticoso tereti, foliis pinnatifido-sinuatis rotundatis scabriusculis, calycibus fructu brevioribus.

S. sodomeum. *Linn. Sp. Pl.* 268.   *Willden. Sp. Pl. v.* 1. 1043.   *Ait. Hort. Kew. ed.* 2. *v.* 1. 403.

S. pomiferum frutescens africanum spinosum nigricans, borraginis flore, foliis profundè laciniatis. *Herm. Lugd. Bat.* 573. *t.* 575.   *Tourn. Inst.* 149.   *Moris. v.* 3. 521. *Pluk. Almag.* 351. *Phyt. t.* 226. *f.* 5.

S. pomiferum, foliis quercûs utrinque spinosis, flore borraginis. *Moris. sect.* 13. *t.* 1. *f.* 15.

S. spinosum, profundè laciniatis foliis subtùs lanuginosis Maderaspatanum. *Pluk. Almag.* 351. *Phyt. t.* 316. *f.* 4.

VOL. III.   I

In Siciliâ legit Cl. Sibthorp. ♄.

Caulis fruticosus, erectus, tripedalis, alternatìm ramosus, foliosus, teres, fusco-purpurascens, undique laxè scabriusculus, pilis stellatis, sparsis, uti tota herba; nec non
aculeatus, aculeis fusco-nigris, nitidis, porrectis, validis, sparsis, basi dilatatis, compressis. *Folia* alterna, petiolata, patentia, tri- vel quadri-uncialia, profundè pinnatifida, saturatè viridia, piloso-scabra, venosa; lobis dilatatis, rotundatis, obtusis, repandis vel subincisis; nervo utrinque aculeato, aculeis gracilioribus. *Petioli* canaliculati, marginati, scabri, densè aculeati. *Pedunculi* laterales, internodes, solitarii,
racemosi, subquadriflori, scabri, aculeati. *Flores* magnitudine *Solani tuberosi*, speciosi, laetè purpurei, patentes. *Calyx* quinquepartitus, extùs densè aculeatus, sicut
pedicelli omnes, aculeis minoribus, inaequalibus. *Corolla* rotata, plicata, venoso-
corrugata, lobis acutis. *Stamina* vix corollae inserta, *filamentis* brevissimis ut ferè
nullis; *antheris* magnis, ovato-oblongis, conniventibus, aequalibus, aureis, corollâ
duplò brevioribus, apice biporosis. *Germen* superum, globosum, parvum, *stylo* paululùm extrà antheras prominente, *stigmate* parvo, obtuso. *Bacca* depresso-globosa,
diametro unciali vel sesquiunciali, flava, nitida, glaberrima, calyce persistente, longè
breviori, suffulta; intùs viscida, amara, nauseosa, notante Hermanno maximè dele-
teria; demùm pulverulento-sicca, friabilis, unde, ut videtur, nomen specificum.

a. Calyx, cum staminibus et stylo, pedicello innixus.   c, c. Baccae maturae.
b. Corolla seorsìm.   d, D. Semen.

L Y C I U M.

Linn. Gen. Pl. 103.   *Juss.* 126.   *Gaertn. t.* 132.

Jasminoides.   *Mich. Gen.* 224. t. 105.

Corolla tubulosa; tubo cylindraceo, medium versùs staminifero. *Antheræ*
incumbentes. *Calyx* urceolatus, quinquedentatus. *Bacca* supera, bilocularis.

TABULA 236.

LYCIUM EUROPÆUM.

Lycium foliis fasciculatis obovato-lanceolatis obliquis, ramis flexuosis teretibus, ramulis
spinescentibus, caule erecto.

L. europæum. *Linn. Sp. Pl. ed.* 1. 192. *Mant.* 47. *Willden. Sp. Pl. v.* 1. 1059. *Ait.
Hort. Kew. ed.* 2. *v.* 2. 4.

Lycium europæum.

Chironia maritima.

Jasminoides aculeatum, salicis folio, flore parvo, ex albo purpurascente. *Mich. Gen.* 224.
t. 105. *f.* 1.

Rhamnus primus. *Clus. Hist. v.* 1. 109. *Dod. Pempt.* 754. *Ger. Em.* 1334.

R. spinis oblongis, flore candicante. *Bauh. Pin.* 477.

'Ραμνος *Diosc. lib.* 1. *cap.* 119.

'Ράμνος *hodiè.*

In sepibus Græciæ vulgaris, at vix indigena. *D. Hawkins.* ♄.

Frutex caule ramisque lignosis, elongatis, teretiusculis, *ramulis* alternis, brevibus, porrectis, apice spinescentibus, validis. *Gemmæ* numerosæ, sparsæ, protuberantes, perennes, foliosæ atque floriferæ. *Folia* fasciculata, quaterna, quina, vel plura, e singulis gemmis, inæqualia, obovato-lanceolata, obtusa, integerrima, lævia, nuda, uninervia, obliquè flexa, uncialia, sive biuncialia, decidua; basi in *petiolum* brevem attenuata. *Flores* autumnales, solitarii vel gemini, ex eâdem cum foliis gemmâ, pedunculati, cernui, inodori. *Calyx* parvus, campanulatus, obtusè et inæqualitèr quinquefidus, glaber, persistens. *Corolla* calyce multò longior; tubus uncialis, infundibuliformis, virescens; limbus tubo quadruplò brevior, patens, quinquefidus, regularis, obtusus, dilutè violaceus, venis rubris reticulatus. *Stamina* filiformia, vix longitudine tubi, paululùm inæqualia. *Antheræ* parvæ, subrotundæ, incumbentes, flavæ. *Germen* superum, subrotundum. *Stylus* filiformis, longitudine staminum. *Stigma* capitatum. *Bacca* calyci insidens, globosa, magnitudine pisi, saturatè fulva.

a. Calyx.
b, c. Corolla cum staminibus.
d. Pistillum.
e. Bacca.
Omnia magnitudine naturali.

CHIRONIA.

Linn. Gen. Pl. 101. *Juss.* 142. *Gærtn. t.* 114.

Corolla hypocrateriformis. *Stamina* tubo inserta. *Antheræ* demum spirales. *Stylus* declinatus. *Pericarpium* superum, valvulis inflexis biloculare.

TABULA 237.

CHIRONIA MARITIMA.

CHIRONIA caule herbaceo dichotomè corymboso stricto, foliis ovato-oblongis, calyce longitudine tubi.

Ch. maritima. *Willden. Sp. Pl. v.* 1. 1069.

Gentiana maritima. *Linn. Mant.* 55. *Cavan. Ic. v.* 3. 49. *t.* 296. *f.* 1.

Centaurium luteum pusillum. *Bauh. Pin.* 278. *Tourn. Inst.* 123.

C. luteum novum. *Column. Ecphr. pars* 2. 78. *t.* 77.

C. minus luteum angustifolium, non perfoliatum. *Bocc. Mus.* 83. *t.* 76. *Barrel. Ic. t.* 467.

C. minus luteum latifolium, non perfoliatum. *Ibid. t.* 468.

In littore Messeniaco, et in insulâ Zacyntho. ☉.

Radix parva, attenuata, infernè subramosa, annua. *Caulis* spithamæus, erectus, strictus, quadrangularis, glaber, foliosus; ramis inferioribus paucis, alternis; superioribus oppositis, dichotomis. *Folia* opposita, erecto-patentia, sessilia, uncialia, ovata, acuta, integerrima, glabra, obsoletè trinervia; superiora sensìm elongata. *Flores* e dichotomiâ caulis, nec non in apicibus ramulorum, solitarii, pedunculati, erecti, flavi, parùm numerosi. *Calyx* uncialis, glaber, ad basin ferè quinquepartitus, laciniis erectis, acuminato-setaceis, persistentibus. *Corollæ tubus* calyce haud longior, apice paululùm constrictus; *limbus* patens, tubo quadruplò brevior, laciniis ovatis, obtusiusculis, æstivatione imbricatis. *Stamina* apicem versùs tubi inserta, brevia, filiformia; *antheris* parvis, vix exsertis, post anthesin spiralitèr tortis. *Germen* elliptico-oblongum, compressum, utrinque sulcatum, tubo brevior. *Stylus* simplex, brevis, indivisus. *Stigmata* paululùm super antheras elevata, brevia, crassa, divaricata. *Capsula* calyce atque corollâ emarcidâ diu persistenti tecta, lineari-oblonga, subtetragona, uncialis, bilocularis, dissepimento e valvularum marginibus utrinque involutis. *Semina* numerosissima, subrotunda, minuta.

Caulis nec procumbens, neque teres est; folia minimè uninervia, styli non gemini, nec corollæ laciniæ lineari-acuminatæ. Confer auctores suprà citatos. *Chironia maritima* Ait. Hort. Kew. v. 2. 6, nova species est, radice perenni, caulibus diffusis, floreque pluribus notis diverso gaudens.

> *a.* Calyx pedunculo insidens.   *c.* Pistillum.
> *b.* Corolla arte expansa, cum staminibus nondum effœtis.

TABULA 238.

CHIRONIA SPICATA.

CHIRONIA caule herbaceo ramosissimo dichotomo; ramulis spicatis, calyce longitudine tubi, staminibus exsertis.

Ch. spicata. *Willden. Sp. Pl. v.* 1. 1069.

Gentiana spicata. *Linn. Sp. Pl.* 333.

Centaurium minus, spicatum, flore rubro. *Vallot. Hort. Reg. Paris.* 44. *Tourn. Inst.* 122.

β. C. minus, spicatum, album. *Bauh. Pin.* 278. *Prodr.* 130, *cum icone. Tourn. Inst.* 123.

Chironia spicata?

Rhamnus pubescens.

In uliginosis inter Athenas et maris littora; etiam in insulâ Zacyntho. ⊙.

Radix præcedentis. *Caulis* erectus, pedalis, tereti-quadrangularis, glaber, foliosus, e basi ferè ramosus, apice dichotomus. *Rami* oppositi, brachiati, tetragoni, dichotomi, spicati, multiflori, erecti. *Folia* opposita, sessilia, patentia, ovata, vel obovato-oblonga, obtusiuscula, trinervia, integerrima, glabra, magnitudine varia. *Flores* primordiales e dichotomiâ caulis, solitarii, brevissimè pedunculati; reliqui laxè spicati, alterni, omninò sessiles. *Calyx* quinquepartitus; laciniis erecto-conniventibus, subulatis, tubo parùm brevioribus. *Corollæ* tubus albus, infernè ventricosus; limbi laciniis ovato-lanceolatis, acutis, roseis, quandoque niveis. *Stamina* medio tubi inserta, limbo dimidiò breviora. *Antheræ* flavæ, oblongæ, post anthesin spirales. *Germen* ellipticum. *Stylus* longitudine staminum, rectus, angulatus. *Stigmata* brevia, crassa, rotundata. *Capsula* elliptico-oblonga, calyce brevior, tubo corollæ persistente tecta.

a. Flos calyce orbatus.
b. Calyx seorsìm.
c. Pistillum.

D. Corolla cum staminibus, triplò aucta.
E. Calyx et Pistillum.

RHAMNUS.

Linn. Gen. Pl. 105.   *Juss.* 380.   *Gærtn. t.* 106.

Calyx urceolatus.   *Petala* quatuor vel quinque, staminibus opposita. *Bacca* supera.

TABULA 239.

RHAMNUS PUBESCENS.

Rhamnus inermis, floribus dioicis semidigynis, foliis subintegerrimis villosis lineatis obovato-rhombeis.

In monte Parnasso. ♄.

Arbuscula incondítè ramosa; ramis teretiusculis, tortuosis, nodosis; junioribus densè pubescentibus, incanis, foliosis. *Folia* conferta, alterna, petiolata, obovato-rhombea, vel subrotunda, obtusiuscula, inæqualitèr et obsoletè crenata, quandoque repanda, decidua; utrinque mollissimè pubescentia; suprà sulcata, reticulato-venulosa; subtùs, inter nervos parallelos, sulcata, magisque villosa. *Petioli* breves, crassiusculi, villosi. *Stipulæ* oppositæ, lineari-oblongæ, membranaceæ, coloratæ, pilosæ, petiolis

duplò longiores, deciduæ. *Flores* dioici, axillares, conferti, pedunculati, parvi, virescentes, *pedunculis* simplicibus, pilosis. *Calyx* quadrifidus, patens; extùs villosus.
Petala, in flore masculino, quatuor, obtusa, parva, alba, *staminibus* supposita, et vix
longiora; in flore fœmineo nulla. *Germen* in flore tantùm fœmineo, sine staminum
rudimentis, ovatum, glabrum. *Stylus* ad basin usque divisus, divaricatus, *stigmati-*
bus obtusis, simplicibus.

Rhamno alpino similis, diversus tamen foliis pubescentibus, obsoletè crenatis, sæpè integerrimis; stylo bipartito, nec stigmate quadrifido in stylo simplici.

   a. Florum fasciculus, magnitudine naturali.   B. Flos masculus auctus.   C. Flos fœmineus.

PALIURUS.

Juss. 380.   *Smith apud Rees Cyclop. v.* 26.   *Tourn. t.* 387.   *Gærtn. t.* 43.

Rhamnus.   *Linn. Gen. Pl.* 105.

Calyx urceolatus; basi persistente. *Petala* quinque, staminibus opposita.
Capsula supera, coriacea, trilocularis, clausa, margine dilatato. *Semina*
solitaria.

TABULA 240.

PALIURUS AUSTRALIS.

Pᴀʟɪᴜʀᴜs australis.   *Gærtn. v.* 1. 203.

Paliurus.   *Dod. Pempt.* 756.   *Ger. Em.* 1336.   *Lob. Ic. v.* 2. 179.   *Besl. Eyst. autumn.*
    sect. 3. t. 9. f. 1.   *Duham. Arb. v.* 2. 96. *t.* 18.   *Tourn. Inst.* 616.

P. aculeatus.   *Desfont. Atlant. v.* 1. 199.

Rhamnus Paliurus.   *Linn. Sp. Pl.* 281.   *Pallas. Ross. v.* 1. *p.* 2. 27. *t.* 64.

Rh. tertius.   *Matth. Valgr. v.* 1. 142.   *Camer. Epit.* 80.

Rh. sive Paliurus, folio jujubino.   *Bauh. Hist. v.* 1. *p.* 2. 35.

Ziziphus Paliurus.   *Willden. Sp. Pl. v.* 1. 1103.   *Arb.* 415.   *Ait. Hort. Kew. ed.* 2. *v.* 2. 18.
    Sims apud Curt. Mag. t. 1893.   *Prodr. nostr. v.* 1. 159.

Ῥαμνος τριστος.   *Diosc. lib.* 1. *cap.* 119.

Παλιουρι *hodiè.*

In sepibus et dumetis per totam Græciam. ♄.

Caulis fruticosus, laxus, reclinatus, elongatus, flexuosus, ramosissimus, teres, lævis, glau-
    cescens, aculeatus, *aculeis* geminis, stipularibus, quorum unus plerumque brevior,

Paliurus australis.

Zizyphus vulgaris.

magisque aduncus. *Folia* alterna, petiolata, latè ovata, obtusiuscula, trinervia, venosa, crenata, utrinque glabra; subtùs aliquantulùm pallidiora, decidua. *Petioli*
breviusculi, glabri. *Stipulæ* spinosæ, exiguæ, demùm auctæ, induratæ, et persistentes. *Racemi* apicem ramulorum versùs, axillares et terminales, breves, subco-
rymbosi, glabri. *Flores* luteoli, quinquefidi, planiusculi. *Calycis* laciniæ ovatæ.
Petala calyce paulò breviora, obovata, concava, unguiculata. *Stamina* sub receptaculo discoideo, convexo, floris inserta, petalis incumbentia, *antheris* didymis. *Germen* in fundo calycis, depressum. *Stylus* brevissimus. *Stigmata* tria, crassiuscula,
patentia. *Capsula* orbiculata, rufescens, uncialis; subtùs ad basin costata, annulata;
suprà convexa, cum mucronulo; margine ampliata, depressa, striata, crenata, vel repanda; intùs suberosa, trilocularis, nunquam dehiscens. *Semina* solitaria, subrotunda, compressa, hinc angulata.

Frutex valdè aculeatus, intricatus et tenax, sepibus idoneus. Hoc genus a *Rhamno*, haud
minùs quam *Ziziphus*, ob fructum peculiarem, distingui oportet.

    a, a. Flos anticè, atque posticè, visus.   *d.* Semen.
    B. Idem insignitèr auctus.   *e.* Ejusdem sectio transversa.
    c, c. Capsula matura, magnitudine naturali.

Z I Z I P H U S.

Juss. 380.   Tourn. t. 403.   Gærtn. t. 43.

Rhamnus. *Linn. Gen. Pl. 105.*

Calyx urceolatus.   *Petala* quinque, staminibus opposita.   *Drupa* supera,
nuce biloculari.

TABULA 241.

ZIZIPHUS VULGARIS.

Ziziphus aculeis geminis inæqualibus, foliis ovatis retusis serratis glabris, floribus axillaribus, drupâ ellipticâ.

Z. vulgaris. *Willden. Sp. Pl. v. 1. 1105. Ait. Hort. Kew. ed. 2. v. 2. 19.*

Ziziphus. *Dod. Pempt. 807. Ger. Em. 1501. Camer. Epit. 167. Trag. Hist. 1022.
    Tourn. Inst. 627.*

Z. rutila. *Clus. Hist. v. 1. 28.*

Z. cappadocica. *Dalech. Hist. 111.*

Zizypha. *Matth. Valgr. v. 1. 244. Dale Pharmac. 341.*

Rhamnus Zizyphus. *Linn. Sp. Pl. 282. Berg. Mat. Med. v. 1. 151. Pall. Ross. v. 1.
    p. 2. 24. t. 59.*

Jujubæ majores oblongæ; nec non Jujuba sylvestris.   *Bauh. Pin.* 446.

Jujube Arabum.   *Lob. Ic. v.* 2. 178.

Παλιουρος.   *Theophrast. lib.* 4. *cap.* 4. *Diosc. lib.* 1. *cap.* 121.

Τζιντζιφον, ἢ Ζίζιφι, *hodiè.*

Circa Megaram, et in monte Parnasso.   ♄.

Arbor humilis; *ramis* alternis, divaricatis, teretibus, lævissimis, glaucis, aculeatis; *ramu-*
lis aggregatis, simplicibus, angulato-teretibus, subflexuosis, glabriusculis, foliosis, inermibus. *Aculei* ad basin ramorum et ramulorum, gemini, divaricati, subulati, rigidi,
fusci, inæquales, plùs minùs adscendentes. *Folia* alterna, ferè disticha, breviùs petiolata, ovata, obtusè serrata, trinervia, glabra, vix sesquiuncialia; apice aliquantulùm producta, obtusa, emarginata. *Flores* axillares, aggregati, sæpiùs quatuor vel
quinque, brevissimè pedunculati, luteo-virentes, quinquefidi, planiusculi, glabri,
formâ et magnitudine ferè præcedentis. *Drupa* ovata, rubra, glaberrima, haud uncialis, utrinque subumbilicata; cute membranaceâ; carne albidâ, mucilaginosâ. *Nux*
elliptica, corrugata, lapidea, utrinque acuta, evalvis, bilocularis, nucleis solitariis.
Fructus edulis, dulcis, lubricans, acrimoniam omnem obtundens, parùm nutriens; hodiè
apud medicos inusitatus. De synonymis Theophrasti vel Dioscoridis, mihi dubitatio
nulla est.

a, A. Flos magnitudine naturali et auctâ.

V I T I S.

Linn. Gen. Pl. 112.   *Juss.* 267.   *Gærtn. t.* 106.

Calyx quinquedentatus.   *Petala* apice cohærentia, emarcida, decidua.
Bacca supera.   *Semina* quinque, obovata, erecta.

TABULA 242.

VITIS VINIFERA.

Vitis foliis cordatis quinquelobis sinuatis nudis.

V. vinifera.   *Linn. Sp. Pl.* 293.   *Willden. Sp. Pl. v.* 1. 1180.   *Ait. Hort. Kew. v.* 2. 51.
   Schmidel. Ic. 32. *t.* 7.   *Jacq. Ic. Rar. t.* 50.   *Matth. Valgr. v.* 2. 655.   *Camer.*
   Epit. 1003.   *Ger. Em.* 875.

V. sylvestris, Labrusca.   *Tourn. Inst.* 613.

Αμπελος αγρια.   *Diosc. lib.* 5. *cap.* 2.

Vitis vinifera.

Lagoecia cuminoides.

Αμπελος οινοφορος. *Ejusd. lib. 5. cap.* 1.

Κλῆμα, ἢ Αγριάμπελος, *hodiè.*

Σταφίδα ἢ Αμπελόνα *Zacynth.*

Ad fluviorum margines Græciæ, omninò indigena. *D. Hawkins.* ♄.

Caulis lignosus, elongatus, ramosissimus, reclinatus, vel scandens, cortice filamentoso, deciduo; *ramulis* alternis, laxis, teretiusculis, striatis, foliosis, cirrhiferis; junioribus
lanatis. *Folia* alterna, petiolata, patentia, cordata, rotundata, semiquinqueloba, incisa, inæqualitèr serrata, venosa, decidua; juniora mollissimè lanata, imprimis paginâ
inferiori, tomento deciduo. *Petioli* teretiusculi, vix longitudine foliorum. *Cirri* op-
positifolii, divisi, spirales, foliis longiores. *Paniculæ* oppositifoliæ, in loco cirrorum,
pendulæ, ramosissimæ, laxæ, bracteolatæ, multifloræ; *pedicellis* fasciculatis, subum-
bellatis, capillaribus. *Flores* virides, parvi, suaveolentes. *Calyx* monophyllus, di-
scoideus, quinquedentatus. *Petala* quinque, oblonga, erecta; apice cohærentia, obtusa, lanata; basi mox secedentia, staminibus elongatis elevata, decidua. *Stamina*
filiformia, glabra, delapsis petalis patentia. *Antheræ* oblongæ, incumbentes, flavæ.
Germen superum, subrotundum. *Stylus* brevissimus. *Stigma* simplex. *Bacca* globosa, atropurpurea, magnitudine pisi, pentasperma.
Varietates in Græciâ cultæ, fructu præcipuè diversæ, numerosæ sunt.

a. Florum fasciculus.

B. Flos multùm auctus, nondum expansus.

C. Idem, petalis mox decedentibus.

D. Calyx cum staminibus et pistillo, corollâ delapsâ.

LAGOECIA.

Linn. Gen. Pl. 112. *Juss.* 227. *Gærtn. t.* 23.

Involucrum universale et partiale. *Perianthium* superum, pentaphyllum.
Petala bifida. *Semina* solitaria, nuda.

TABULA 243.

LAGOECIA CUMINOIDES.

LAGOECIA cuminoides. *Linn. Sp. Pl.* 294. *Willden. Sp. Pl. v.* 1. 1184. *Ait. Hort. Kew.*
ed. 2. v. 2. 53.

Cuminoides vulgare. *Tourn. Inst.* 301.

Cuminum sylvestre, capitulis globosis. *Bauh. Pin.* 146.

C. sylvestre primum. *Matth. Valgr. v.* 2. 117. *Dalech. Hist.* 697. *Camer. Epit.* 519.

C. sylvestre. *Dod. Pempt.* 300. *Ger. Em.* 1067.

Κυμινον αγριον. *Diosc. lib. 3. cap.* 69.

Αγριοριγανι *hodiè.*

In arvis et vineis Græciæ frequens. ☉.

Radix annua, fusiformis, gracilis, albida, infernè ramosa. *Caules* solitarii, vel plures, erecti, vix spithamæi, ramosi, foliosi, teretes, striati, glabri; *ramis* alternis, subcorymbosis. *Folia* alterna, impari-pinnata, biuncialia; petiolo communi brevi, dilatato, vaginante; *foliolis* numerosis, oppositis, parvis, cuneato-subrotundis, glabris, multifidis, laciniis apice setosis. *Umbellæ* terminales, numerosæ, globosæ, virentes, diametro haud unciales. *Involucrum universale* octophyllum; *foliolis* pinnato-dentatis, ciliatis, deflexis, longitudine ferè umbellæ: *partiale* tetraphyllum, pedunculatum, uniflorum; *foliolis* pinnatis, multifido-setosis, floris pedicello longioribus. *Flos* pedicellatus, erectus, solitarius. *Perianthium* superum, magnum, pentaphyllum, patens, deciduum; *foliolis* æqualibus, lanceolatis, pinnatifidis; laciniis setaceis, scabriusculis. *Petala* desunt. *Stamina* quinque, calyce quadruplò breviora, filiformia, patentia. *Antheræ* subrotundæ, didymæ, albæ. *Germen* elliptico-oblongum. *Stylus* brevissimus. *Stigmata* duo, exigua, inæqualia. *Semen* solitarium, ovatum, punctato-scabrum, angulatum, gibbum.

Seminum rudimenta duo, in singulo germine, semper inveniuntur. *Gærtner.*

Odor herbæ, et præcipuè seminum, acris, aromaticus, ad *Origana* quædam accedens.

a. Involucrum universale, cum pedunculo.
b. Flos seorsìm, cum involucro partiali.
C. Idem auctus, apetalus.

d, D. Idem post anthesin, germine intumescente.
e, e, E. Semina, magnitudine naturali et auctâ.

ACHYRANTHES.

Linn. Gen. Pl. 113. *Juss.* 88. *Gærtn. t.* 128.

Calyx pentaphyllus. *Squamæ* quinque, fimbriatæ, cum staminibus alternantes. *Stigma* capitatum. *Capsula* monosperma, clausa.

TABULA 244.

ACHYRANTHES ARGENTEA.

Achyranthes foliis ovatis acuminatis; subtùs sericeis, calycibus fructiferis reflexis adpressis, involucro pungente triphyllo.

A. argentea. *Lamarck Dict. v.* 1. 545. *Willden. Sp. Pl. v.* 1. 1191. *Ait. Hort. Kew. ed.* 2. *v.* 2. 56.

Achyranthes argentea?

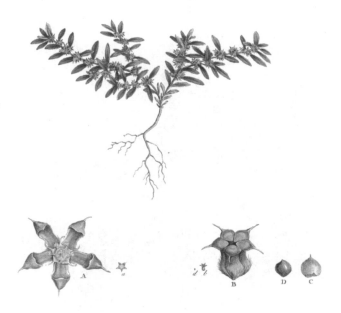

Illecebrum echinatum.

A. aspera, α, sicula. *Linn. Sp. Pl.* 295.

Amaranthus siculus spicatus, radice perenni. *Bocc. Sic.* 16. *t.* 9. *Pluk. Almag.* 26. *Phyt. t.* 260. *f.* 2. *Tourn. Inst.* 235.

In Siciliâ. ♃.

Radix elongata, fibrillosa, perennis. *Caulis* erectus, tripedalis, suffruticosus, ramosus, foliosus; ramis oppositis, rectis, quadrangulis, pilosis, apice floriferis. *Folia* opposita, petiolata, patentissima, ovata, acuminata, integerrima, subrepanda, uninervia, venosa; suprà lætè viridia, nudiuscula; subtùs pallidiora, argenteo-sericea, pilis adpressis. *Petioli* breviusculi, pilosi. *Spicæ* terminales, solitariæ, rectæ, graciles, spithamææ, vel etiam pedales, multifloræ. *Flores* sessiles, conferti, erecti, parvi, numerosissimi, glabri, nitidi; post anthesin clausi, arctè, in pedunculum communem pubescentem, reflexi. *Calycis* foliola lanceolata, acuminata, recta, demùm subpungentia, *involucro* triphyllo, pungente, pari modo reflexo, longiora. *Petala* nulla. *Nectarium* turbinatum, membranaceum, pallidum, germen cingens, margine staminiferum, squamis quinque obovatis, fimbriatis, roseis, staminibus interstinctis, duplòque brevioribus. *Filamenta* subulata, æqualia, glabra, rubra, patentia, calyce breviora. *Antheræ* incumbentes, oblongiusculæ, fulvæ. *Germen* superum, subrotundum. *Stylus* erectus, filiformis, staminibus brevior. *Stigma* capitatum. *Capsula* tenuissima, evalvis. *Semen* solitarium, ovatum, acutum.

a. Flos seorsìm.
B. Idem insignitèr auctus.

C. Nectarium cum squamis, staminibus, et stylo.
d, D. Calyx fructifer, cum involucro.

ILLECEBRUM.

Linn. Gen. Pl. 114. *Juss.* 89.

Calyx pentaphyllus, cartilagineus, inferus. *Corolla* nulla. *Stigma* lobatum. *Capsula* quinquevalvis, monosperma.

TABULA 245.

ILLECEBRUM ECHINATUM.

Illecebrum floribus capitatis axillaribus, bracteis calyce brevioribus, caulibus procumbentibus.

I. cymosum. *Prodr. v.* 1. 163; excluso synonymo Linnæano.

Paronychia lusitanica, polygoni folio, capitulis echinatis. *Tourn. Inst.* 508.

Polygonum capitulis ad genicula echinatis. *Bocc. Sic.* 40. *t.* 20. *f.* 3. *Raii Hist.* 214.

In Cretæ arenosis maritimis. *D. Ferd. Bauer.* ☉.

Radix simplex, gracilis. *Caules* plures, herbacei, diffusi, ramosi, teretes, glabriusculi, rubicundi, foliosi, palmares. *Folia* opposita, subsessilia, elliptico-lanceolata, acuta, glabra; margine denticulato-scabra. *Stipulæ* binæ, lanceolatæ, acuminatæ, scariosæ, niveæ. *Capitula* sæpiùs solitaria, axillaria, vel oppositifolia, alterna, sessilia, multi-flora, bracteolata, foliis longè breviora. *Bracteæ* calyce duplò vel triplò breviores, lanceolatæ, acuminatæ, niveæ, tenuissimæ, persistentes. *Flores* sessiles, congesti, virides. *Calycis* foliola quinque, patentia, oblonga, concava; apice subfornicata, acuminata, aristata; basi extùs pilosa: post anthesin conniventia, truncata, mucroni-bus patentibus, persistentia. *Stamina* quinque, foliolis calycinis opposita, brevis-sima, setis totidem, duplò ferè longioribus, membranâ tenui connexis, interstinctis. *Antheræ* didymæ, flavescentes. *Germen* superum, orbiculato-depressum. *Stylus* brevissimus. *Stigma* bilobum, obtusum. *Capsula* globosa, membranacea, fusca, stylo mucronata, unilocularis, vix dehiscens. *Semen* solitarium, globosum, fuscum, nitidum.

Dubii generis herba, ob capsulam vix dehiscentem, quâ notâ, nec non setis interstami-neis, cum *Herniariâ* convenit, nequaquàm verò calyce vel pistillo. Ab *Illecebro verticillato, cymoso,* aut *Paronychiâ,* genere minimè disjungi potest, quamvis species distinctissima. Cum *cymoso* olim, Linnæo duce, confudimus. Hoc foliis quaternis, linearibus, floribusque cymosis, ut et calyce glabro, bracteisque sparsis, differt.

   a, A. Flos, magnitudine naturali et auctâ.   C. Capsula.
   b, B. Calyx fructum includens.   *d,* D. Semen.

TABULA 246.

ILLECEBRUM PARONYCHIA.

Illecebrum bracteis subquinis nitidis flore triplò longioribus, foliolis calycinis retusis aristatis, caulibus procumbentibus.

I. Paronychia. *Linn. Sp. Pl.* 299. *Willden. Sp. Pl. v.* 1. 1206. *Ait. Hort. Kew. ed.* 2. *v.* 2. 60.

Herniaria squamis nitidis flores superantibus. *Linn. Hort. Cliff.* 41.

Polygonum minus, candicans. *Bauh. Pin.* 281.

P. montanum. *Ger. Em.* 566.

Polygoni hispanici genus Clusii. *Dalech. Hist.* 1125.

Paronychia hispanica. *Clus. Hist. v.* 2. 182. *Tourn. Inst.* 507. *Bauh. Hist. v.* 3. *p.* 2. 374.

Παρωνυχια *Diosc. lib.* 4. *cap.* 54? Sibth.

In arenosis siccis insularum Græcarum frequens. ♃.

Illecebrum Paronychia.

Illecebrum capitatum.

Radix simplex, teres, sublignosa, tenax, perennis. *Caules* plurimi, palmares aut spithamæi, undique diffusi, procumbentes, laxi, teretes, glabriusculi, alternatìm ramosi, foliosi, multiflori. *Folia* opposita, breviùs petiolata, ovata vel obovata, acutiuscula, integerrima, glabra, magnitudine varia. *Stipulæ* interfoliaceæ, oppositæ, ovatæ, acuminatæ, scariosæ. *Flores* conferti, parvi, virentes, seorsìm obvallati *bracteis* quinis, pluribusve, ovatis, patentibus, scariosis, argenteis, paululùm inæqualibus, flore triplò circitèr longioribus, persistentibus. *Calycis* foliola obovata, concaviuscula, retusa, aristata, vix mucronata, persistentia; margine scariosa. *Stamina* brevissima, *antheris* didymis, fulvis, absque setis squamisve intermediis. *Germen* subrotundum. *Stylus* brevis. *Stigma* obtusum, emarginatum. *Fructum* nondum vidimus.

a. Flos bracteis suffultus.

b, B. Idem seorsìm, magnitudine naturali et auctâ.

C. Pistillum.

TABULA 247.

ILLECEBRUM CAPITATUM.

ILLECEBRUM floribus capitatis terminalibus, bracteis nitidis subternis, foliolis calycinis muticis linearibus inæqualibus hirtis.

I. capitatum. *Linn. Sp. Pl.* 299. *Willden. Sp. Pl. v.* 1. 1206. *Ait. Hort. Kew. ed.* 2. *v.* 2. 60.

Polygonum montanum niveum minimum. *Lob. Ic.* 420. *f.* 1. *Dalech. Hist.* 1124.

Paronychia narbonensis erecta. *Tourn. Inst.* 508.

In insulâ Rhodo. ♃.

Præcedenti affinis; differt verò caulibus brevioribus, erectioribus, foliis hirsutis, floribus magìs capitatis; at præcipuè bracteis sub singulo flore paucioribus, latioribus, calyceque longè diverso. Hujus enim foliola minimè fornicata vel retusa, ut in prioribus speciebus sese offerunt, sed lineari-oblonga, sæpiùs attenuata, plùs minùs inæqualia, omninò mutica, extùs hirta. *Stamina* duplò quàm in præcedente longiora, cum setis, filamentis conformibus, interstinctis. *Capsula* compressa, ex icone Baerianâ videtur disperma!

a, A. Flos cum bracteis.

b, B. Calyx post florescentiam clausus.

c, C. Capsula.

d, D. Semen.

Omnia magnitudine naturali et auctâ.

NERIUM.

Linn. Gen. Pl. 116.   *Juss.* 145.   *Brown Asclep.* 60.

Corolla hypocrateriformis, limbi laciniis tortis ; fauce coronata squamis quinque, multifidis.   *Stamina* medio tubi inserta ; antheris caudatis.   *Folliculi* cylindracei.   *Semina* apice comosa.

TABULA 248.

NERIUM OLEANDER.

Nᴇʀɪᴜᴍ foliis lineari-lanceolatis ternis : subtùs costatis, laciniis calycinis squarrosis, nec-
    tariis planis.

N. Oleander.   *Linn. Sp. Pl.* 305.   *Willden. Sp. Pl. v.* 1. 1234.   *Ait. Hort. Kew. ed.* 2.
    v. 2. 67.   *Mill. Illustr. t.* 12.

N. floribus rubescentibus.   *Bauh. Pin.* 464.   *Tourn. Inst.* 605.

N. sive Rhododendrum.   *Camer. Epit.* 843.   *Bauh. Hist. v.* 2. 141.   *Matth. Valgr.*
    v. 2. 447.   *Duham. Arb. v.* 2. 48. *t.* 12.   *Ger. Em.* 1406.

Rhododendrum.   *Dod. Pempt.* 851.

Νηριον ἢ 'Ροδοδενδρον *Diosc. lib.* 4. *cap.* 82.

Πικροδάφνη ἢ 'Ροδοδάφνη *hodiè.*

In humidis umbrosis Græciæ frequens.   In alveis arenosis torrentium præcipuè delecta-
    tur.   *D. Hawkins.* ♄ .

Caulis arborescens, biorgyalis, vel altior, erectus, ramosus, *ramulis* oppositis, teretiusculis,
    glabris, foliosis.   *Folia* terna, subindè tantùm opposita, petiolata, erecto-patentia,
    lineari-lanceolata, acuta, integerrima, subrevoluta, 3—6-uncialia, coriacea, sempervi-
    rentia, uninervia, utrinque glaberrima ; subtùs transversè parallelo-venosa, pallidiora.
    Petioli breves, dilatati, basi approximati, subconnati.   *Paniculæ* terminales, tricho-
    tomæ, multifloræ, magnæ, formosæ.   *Pedunculi* glabri, subfusci.   *Flores* diametro
    biunciales, rosei, speciosi, inodori.   *Calyx* semuncialis, quinquepartitus, rufo-fuscus,
    glaber, laciniis subulatis, æqualibus, supernè patentibus.   *Corollæ* tubus calyce ferè
    longior, cylindraceus, flavescens ; faux dilatata, campanulata, longitudine tubi ;
    limbus quinquepartitus, patentissimus, laciniis obovato-securiformibus, inæquilateris,
    tortis, obtusis ; coronâ faucis e laciniis quinque, oblongis, planis, vittatis, apice in-
    æqualitèr quinquedentatis, limbo multotiès brevioribus.   *Stamina* 5, filiformia, pi-

Nerium Oleander.

losa, tubo basin versùs inserta, longitudine ferè æqualia; antheris sagittatis, verticalibus conniventibus, aristato-caudatis, caudâ pilosâ. *Germen* superum, parvum. *Stylus* filiformis, erectus, fauce brevior. *Stigma* obtusum, subcapitatum. *Folliculi* erecti, paralleli, sulcati, glabri, quadriunciales. *Semina* erecta, villosa, apice comosa.

a. Calyx cum stylo.
b. Corolla longitudinalitèr secta, et expansa, ut staminum insertio in conspectu veniat.

PENTANDRIA DIGYNIA.

PERIPLOCA.

Linn. Gen. Pl. 119.   *Juss.* 146.   *Brown Asclep.* 46.

Corolla rotata, limbi laciniis tortis ; fauce coronata squamis quinque, aristatis.   *Filamenta* complanata, distincta.   *Antherarum* lobi disjuncti, cum proximis conniventes.   *Folliculi* cylindracei, divaricati.

TABULA 249.

PERIPLOCA GRÆCA.

Periploca floribus internè hirsutis, foliis ovatis.

P. græca.   *Linn. Sp. Pl.* 309.   *Willden. Sp. Pl. v.* 1. 1248.   *Ait. Hort. Kew. ed.* 2.
    v. 2. 74.   *Jacq. Misc. Austr. v.* 1. 11. *t.* 1. *f.* 2.

P. foliis oblongis.   *Tourn. Inst.* 93.   *Duham. Arb. v.* 2. 104. *t.* 21.   *Hort. Angl. t.* 15.

P. altera.   *Dod. Pempt.* 408.

P. repens angustifolia.   *Ger. Em.* 902.

Apocynum folio oblongo.   *Bauh. Pin.* 303.

A. repens.   *Matth. Valgr. v.* 2. 446.   *Camer. Epit.* 842.

A. secundum angustifolium.   *Clus. Hist. v.* 1. 125.

Γαλαξίδα *hodiè.*

In sepibus Bithyniæ circa Bursam, et in monte Athô. ♄.

Caules fruticosi, laxi, longissimi, ramosissimi, volubiles, sese mutuò amplexi, ramis oppositis, teretibus, glabris, foliosis, gracilibus.   *Folia* opposita, petiolata, ovata, acuta, integerrima, venosa, glaberrima, decidua, latitudine varia, quandoque retusa.   *Petioli* breves, canaliculati, subpilosi.   *Paniculæ* laterales et terminales, dichotomæ, divaricatæ, multifloræ.   *Flores* inodori, tristes, nec inelegantes.   *Calyx* quinquefidus, patens, pilosus.   *Corolla* calyce longè major ; laciniis obtusis, recurvis ; subtùs pallidè virentibus, concavis, lævibus ; suprà convexis, atropurpureis, pilosis, margine viridi-flavescentibus ; setis interstinctis atropurpureis, contortis, limbo brevioribus.   *Stamina* brevia, medio dilatata, gibba, apice pilosa, conniventia.   *Antheræ* flave-

Periploca graeca

Cynanchum acutum?

scentes, lobis ovatis, longè disjunctis, utrinque cum lobo proximarum conniventibus, et antheram bilobam simulantibus. *Germen* ovatum. *Styli* duo, erecti, supernè patuli. *Stigmata* simplicia. *Folliculi* arcuato-divaricati, apice approximati.

A. Calyx magnitudine triplò vel quadruplò auctus, cum staminibus pistilloque in situ naturali.
B. Idem cum pistillo, avulsis staminibus.
C. Lobus corollæ, cum setis duabus.

CYNANCHUM.

Linn. Gen. Pl. 119. *Juss.* 147. *Gœrtn. t.* 117. *Brown Asclep.* 32.

Corolla rotata. *Nectarium* monophyllum, lobatum, cum setis interstinctis. *Antheræ* membranâ auctæ. *Folliculi* læves.

TABULA 250.

CYNANCHUM ACUTUM.

CYNANCHUM caule volubili herbaceo, foliis cordato-oblongis glabris, corollæ laciniis obtusis.

C. acutum. *Linn. Sp. Pl.* 310. *Willden. Sp. Pl. v.* 1. 1254. *Ait. Hort. Kew. ed.* 2. *v.* 2. 77, excluso synonymo.

Periploca monspeliaca, foliis acutioribus. *Tourn. Inst.* 93.

P. prior. *Dod. Pempt.* 408.

Scammoniæ monspeliacæ affinis, foliis acutioribus. *Bauh. Pin.* 294.

Scammonium monspeliense. *Ger. Em.* 867.

Scammonii monspeliaci varietas. *Lob. Ic.* 621.

Apocynum tertium latifolium. *Clus. Hist. v.* 1. 125.

Σαρμάσιχι *hodiè.*

Ubique in Archipelagi insulis. ♃.

Radix repens, ramosa, filiformis, perennis. *Caules* herbacei, volubiles, ramosi, teretes, læves. *Folia* opposita, petiolata, reclinato-pendula, cordato-elongata, acuta, integerrima, venosa, glabra, glaucescentia; lobis rotundatis, distantibus; nervis interdùm pubescentibus. *Petioli* horizontales, canaliculati, subpubescentes, foliis duplò vel triplò breviores. *Umbellæ* interpetiolares, vel subaxillares, pedunculatæ, solitariæ, folio breviores, multifloræ, pedunculis pedicellisque pubescentibus. *Flores*

VOL. III.   N

nivei. *Calyx* quinquepartitus, acutus, pubescens. *Corolla* quinquepartita, patens; laciniis ovato-oblongis, obtusis, patentibus, æqualibus. *Nectarium* cyathiforme, corollâ longè minus, obtusè quinquelobum, cum setis intermediis quinque, patentibus, aduncis. *Stamina* et *pistillum* in floribus exsiccatis haud benè eruenda.

A. Flos quadruplò auctus, cum organis omnibus in situ naturali.

TABULA 251.

CYNANCHUM MONSPELIACUM.

Cynanchum caule volubili herbaceo, foliis cordato-rotundatis acuminatis pubescentibus, corollæ laciniis acutis.

C. monspeliacum. *Linn. Sp. Pl.* 311. *Willden. Sp. Pl. v.* 1. 1257. *Ait. Hort. Kew. ed.* 2. *v.* 2. 77. *Jacq. Ic. Rar. t.* 340. *Coll. v.* 4. 106.

Periploca monspeliaca, foliis rotundioribus. *Tourn. Inst.* 93.

Scammonia monspeliaca, foliis rotundioribus. *Bauh. Pin.* 294.

S. valentina. *Ger. Em.* 866.

Scammonium monspelliense. *Lob. Ic.* 620.

Apocynum quartum latifolium. *Clus. Hist. v.* 1. 126.

Frequens ad vias in insulis Græcis. ♃.

Radix repens, perennis. *Caules* herbacei, volubiles, subsimplices, teretes, glabriusculi. *Folia* quam in *C. acuto* majora, tenuissimè pubescentia, minùsque glauca, lobis dilatatis, approximatis. *Cymæ* longiùs pedunculatæ, geminæ. *Calyx* pilosus, laciniis lineari-lanceolatis, acutis. *Corolla* alba, laciniis elliptico-lanceolatis, acutiusculis. *Nectarium* turbinatum, roseum, lobis profundioribus, setis interstinctis minoribus.

A. Flos auctus.   B. Calyx cum nectario, atque impregnationis organis.

Cynanchum monspeliacum.

Herniaria macrocarpa.

HERNIARIA.

Linn. Gen. Pl. 121. *Juss.* 89.

Calyx quinquepartitus, inferus. *Corolla* nulla. *Stamina* squamis quinque filiformibus interjectis. *Capsula* monosperma, calyce tecta.

TABULA 252.

HERNIARIA MACROCARPA.

Herniaria foliis obovato-lanceolatis utrinque calycibusque hirsutis, caulibus retrorsùm pubescentibus.

Ad viam inter Smyrnam et Bursam, et in Laconiâ. ♃.

Radix simplex, cylindracea, longissimè descendens, perennis. *Caules* numerosi, undique diffusi, palmares, ramosi, teretes, foliosi, pubescentes, pilis brevibus, recurvis. *Folia* opposita, breviùs petiolata, patentia, haud semiuncialia, angustè obovata, acuta, integerrima, glauco-viridia, undique hispida, pilis rigidis, porrectis, ad marginem crebrioribus; exsiccatione corrugata, vel punctulata. *Petioli* breves, plani, pilosi. *Stipulæ* geminæ, scariosæ, deltoideæ, acuminatæ, ciliatæ, foliis triplò breviores. *Flores* in axillis foliorum superiorum, foliolis interstinctis, aggregati, subsessiles, virides, parvi. *Calycis* laciniæ ovatæ, acutæ, concavæ, æquales; extùs hirtæ; intùs flavescentes, glabræ. *Stamina* calyce breviora, ejusdem segmentis opposita, filiformia, glabra, cum filamentis quinque interstinctis, minoribus, sterilibus. *Antheræ* didymæ, flavescentes. *Germen* globosum, parvum. *Styli* breves, filiformes, divaricati, stigmatibus simplicibus. *Capsula* calyce persistente, pallescente, connivente, tecta, ovata, acuta, membranacea, unilocularis, demùm lacera. *Semen* solitarium, subrotundum, nigricans.

a, a, A. Flores, magnitudine naturali et auctâ.
b, B. Calyx cum fructu.

c, C. Semen.
D. Capsula.

CHENOPODIUM.

Linn. Gen. Pl. 121.   *Juss.* 85.   *Gœrtn. t.* 75.

Calyx quinquepartitus, inferus.   *Corolla* nulla.   *Semen* unicum, lenticulare, calyce clauso, pentagono, tectum.

TABULA 253.

CHENOPODIUM BOTRYS.

Chenopodium foliis oblongis pinnatifidis angulosis viscidis, racemis dichotomis cymosis aphyllis.

Ch. Botrys.   *Linn. Sp. Pl.* 320.   *Willden. Sp. Pl. v.* 1. 1304.   *Ait. Hort. Kew. ed.* 2. *v.* 2. 99.

Ch. ambrosioides, folio sinuato.   *Tourn. Inst.* 506.

Ch. n. 1585.   *Hall. Hist. v.* 2. 268.

Botrys.   *Matth. Valgr. v.* 2. 206.   *Camer. Epit.* 598.   *Fuchs. Hist.* 179.   *Dod. Pempt.* 34.   *Ger. Em.* 1108.   *Dalech. Hist.* 952.

Βοτρυς *Diosc. lib.* 3. *cap.* 130.

Ad rivulorum ripas inter Smyrnam et Bursam. ☉.

Radix simplex, fibrosa, annua.   *Herba* undique piloso-viscida, odore aromatico, ferè cedrino, gratissimo.   *Caulis* erectus, pedalis, vel altior, ramosissimus, foliosus, anguloso-teres, striatus; ramis alternis, adscendentibus.   *Folia* alterna, petiolata, patentia, mollia, plùs minùs uncialia, semipinnatifida, obtusiuscula, lobis inæqualibus, angulosis, erosis.   *Petioli* folio duplò breviores.   *Stipulæ* nullæ.   *Flores* copiosi, parvi, virides, in racemis cymosis, repetito-dichotomis, tenuibus, multifloris, valdè glutinosis, axillaribus, geminis, folio brevioribus.   *Calyx* extùs pilosissimus, viscidus, laciniis obovatis, concavis, uniformibus.   *Stamina* filiformia, calyce duplò longiora, sæpè pauciora quàm in reliquis speciebus, interdùm solitaria, vel, ut apud Hallerum notatur, bina.   *Antheræ* magnæ, bilobæ, albidæ.   *Germen* ovale, glabrum.   *Styli* duo, divaricati, calyce breviores.   *Semen* exiguum, nigrum, nitidum, læve.

Odoris gratià in hortis quandoque colitur, et inter vestes a rusticis reponitur, veterum Græcorum more.

a. Racemi portio.	C. Pistillum auctum.
b, B. Flos, stamine unico.	*d*, D. Semen.

Chenopodium Botrys.

BETA.

Linn. Gen. Pl. 122. *Juss.* 85. *Gœrtn. t.* 75.

Calyx quinquepartitus; basi carnosus. *Corolla* nulla. *Semen* unicum, reniforme, intra substantiam baseos calycis.

TABULA 254.

BETA MARITIMA.

Beta caulibus decumbentibus, floribus geminis, laciniis calycinis integerrimis.

B. maritima. *Linn. Sp. Pl.* 322. *Willden. Sp. Pl. v.* 1. 1309. *Sm. Fl. Brit.* 279. *Engl. Bot. t.* 285.

B. sylvestris maritima. *Bauh. Pin.* 118. *Tourn. Inst.* 502. *Raii Syn.* 157.

B. sylvestris spontanea marina. *Lob. Obs.* 125.

In Ponti Euxini, et insulæ Zacynthi, littoribus cœnosis. ♃.

Radix perennis, fusiformis, fusca. *Caules* plures, herbacei, decumbentes, sesquipedales, alternatìm ramosi, foliosi, angulato-teretes, sulcati, glabri. *Folia* alterna, petiolata, patentissima, ovata, subdeltoidea, acuta, repanda, lævia, subcarnosa; basi angustata, in petiolum decurrentia: radicalia maxima: caulina breviùs petiolata, sursùm secunda. *Petioli* canaliculati, marginati. *Stipulæ* nullæ. *Flores* in racemis terminalibus, simplicibus, foliolosis, sessiles, sæpiùs gemini, virides. *Calycis* laciniæ uniformes, carnosæ, cucullatæ, muticæ; subtùs gibboso-carinatæ. *Stamina* quinque, simplicia, calyce breviora, ejusdem laciniis opposita. *Antheræ* subcordatæ. *Germen* depressum, calyci immersum. *Stigmata* ferè sessilia, brevia, obtusa, sæpiùs terna. *Semen* calyce incrassato, laciniis conniventibus, tectum.

a, A. Flores gemini, magnitudine naturali et auctâ.

SALSOLA.

Linn. Gen. Pl. 122.   *Juss.* 85.   *Gœrtn. t.* 75.

Calyx quinquepartitus, basi capsularis.   *Corolla* nulla.   *Semen* unicum,
cochleatum.

TABULA 255.

SALSOLA FRUTICOSA.

Salsola erecta fruticosa, foliis semicylindraceis obtusiusculis muticis.

S. fruticosa.   *Linn. Sp. Pl.* 324.   *Willden. Sp. Pl. v.* 1. 1316.   *Sm. Fl. Brit.* 280.   *Engl.
Bot. t.* 635.

Chenopodium fruticosum.   *Linn. Sp. Pl. ed.* 1. 221.

Ch. sedi folio minimo, frutescens perenne.   *Boerh. Ind. Alt. v.* 2. 91.   *Du Hamel Arb.
v.* 1. 163. *t.* 62; exclusis Bauhinorum synonymis, quæ Reaumuriæ sunt.

Cali species, sive Vermicularis marina arborescens.   *Bauh. Hist. v.* 3. 704.

Anthyllis chamæpityides frutescens.   *Bauh. Pin.* 282.

Chamæpitys vermiculata.   *Lob. Ic.* 381.   *Advers.* 163.

Ch. prima Dioscoridis.   *Dalech. Hist.* 1160.

Blitum fruticosum maritimum, Vermicularis frutex dictum.   *Raii Syn.* 156; excluso
Gerardi, ut et Bauhini, synonymo.

In maritimis prope Athenas. ♄.

Frutex tripedalis, erectus, ramosissimus, glaucescens, sempervirens, caule ramulisque teretibus, subdivisis, foliosis. *Folia* sparsa, sessilia, adscendentia, haud semuncialia,
integerrima, obtusa, mutica, lævia, semiteretia; suprà concaviuscula. *Flores* axillares,
sessiles, solitarii, luteo-virentes, parvi. *Calycis* laciniæ obovatæ, *staminibus* paululùm breviores. *Germen* subrotundum, demùm sulcatum. *Styli* duo, persistentes,
stigmatibus obtusis. *Fructum* in plantâ Græcâ non vidimus.

Χαμαίπιτυς Dioscoridis, lib. 3. cap. 175, hûc sanè non spectat.   Confer *Ajugam Ivam,*
t. 525.

a, A. Flos magnitudine naturali et auctâ.
b, B. Germen, post anthesin, ut videtur, auctum atque sulcatum.

Salsola fruticosa.

Cressa cretica.

CRESSA.

Linn. Gen. Pl. 122. *Am. Acad. v.* 1. 395. *Juss.* 134. *Brown Prodr.* 489.
Anthyllis. *Magnol. Charact. Nov.* 212.

Calyx pentaphyllus. *Corolla* hypocrateriformis. *Filamenta* tubo insiden-
tia. *Capsula* bivalvis, unilocularis. *Semina* pauca, subovata.

TABULA 256.

CRESSA CRETICA.

Cressa foliis ovatis sessilibus: basi obtusis, calycibus sericeo-pilosis.

C. cretica. *Linn. Sp. Pl.* 325. *Willden. Sp. Pl. v.* 1. 1320. *Retz. Obs. fasc.* 4. 24.

C. indica. *Retz. Obs. fasc.* 4. 24. *Willden. Sp. Pl. v.* 1. 1320.

Anthyllis. *Alpin. Exot.* 157. *t.* 156. *Raii Hist. v.* 1. 215.

Quamoclit minima humifusa palustris, herniariae folio. *Tourn. Cor.* 4.

Chamæpitys incana, exiguo folio. *Bauh. Pin.* 249.

Ch. prima. *Fuchs. Hist.* 885.

Ch. prima Dioscoridis odoratior. *Lob. Advers.* 164.

Ch. tertia. *Dod. Pempt.* 46. *Ger. Em.* 525. *Dalech. Hist.* 1160.

Ajuga, sive Chamæpitys altera. *Matth. Valgr. v.* 2. 292.

Lysimachiæ spicatæ purpureæ affinis thymifolia. *Pluk. Phyt. t.* 43. *f.* 6.

In littoribus salsis Archipelagi frequens. ☉?

Radix, ut videtur, annua, parùm ramosa. *Herba* spithamæa, subdiffusa, tristè virens,
glaucescens, pilosa, e basi ad apicem alternatìm ramosa, foliosa. *Folia* numerosa,
alterna, sessilia, parva, ovata, integerrima, punctata, utrinque sericeo-pilosa. *Sti-*
pulæ nullæ. *Flores* ramorum apicem versus axillares, sessiles, conferti, subspicati,
foliis duplò longiores. *Calycis* foliola obovata, imbricata, æqualia, hirta, persistentia. *Corollæ* tubus longitudine calycis, infundibuliformis, glaber, albus; limbus
quinquepartitus, regularis, laciniis patenti-deflexis, oblongis, obtusis, æqualibus,
extùs plùs minùs pilosis, intùs apicem versus rufescentibus. *Stamina* exserta, filiformia, glabra, antheris incumbentibus, rufis. *Germen* superum, subrotundum.
Styli longitudine staminum, filiformes, albi, basi setosi, stigmatibus capitatis. *Cap-*
sula subrotunda, glabra, bivalvis, basi dehiscens, valvulis rigidulis, inæqualitèr fissis.
Semina in nostris solitaria, elliptico-subrotunda, fusca, glabra, at plerumque, ut rectè
suspicatus est Jussieus, uno vel altero abortivo comitata. Hinc *Cressa indica* Retzii

VOL. III. P

et Willdenovii varietas tetrasperma tantùm nobis visa est, corollam enim nunquam imberbem vidimus.

Ad *Convolvulos* Jussieui proculdubiò pertinet.

a. Flos magnitudine naturali.
B. Calyx auctus, seorsìm.

C. Corolla, cum staminibus stylisque.
D. Germen cum stylis.

CUSCUTA.

Linn. Gen. Pl. 66.   *Sm. Fl. Brit.* 282.   *Juss.* 135.   *Gœrtn. t.* 62.

Calyx quadri- vel quinque-fidus, inferus.   *Corolla* monopetala, quadri- vel quinque-fida.   *Capsula* bilocularis, basi circumscissa.   *Semina* bina.

TABULA 257.

CUSCUTA MONOGYNA.

Cuscuta floribus monogynis, stigmate obtuso, corollâ fauce nudâ.

C. monogyna.   *Vahl. Symb. v.* 2. 32.   *Willden. Sp. Pl. v.* 1. 703.

C. orientalis, viticulis crassissimis, convolvuli fructu.   *Tourn. Cor.* 45; ex herbario auctoris.

C. major, caulibus lupuli.   *Buxb. Cent.* 1. 15. *t.* 23.

Parasitica in *Tamarice gallicá,* ad ripas fluvii inter Smyrnam et Bursam.   ♃.

Caules volubiles, in altum longissimè extensi, ramosi, variè contorti et implexi, filiformes, subangulati, hinc inde exasperati, pallidè rubicundi, omninò aphylli atque nudi. *Racemi* laterales et terminales, subsimplices, laxiusculi, flexuosi. *Flores* alterni, glabri, brevissimè pedicellati, cum *bracteolá* solitariâ, concavâ, ad singulorum exortum. *Calyx* obovatus, obtusus, dilutè virens, haud semiquinquefidus, persistens; supernè rubicundus. *Corollæ* tubus calyce vix longior, virens, demùm, increscente fructu, auctus et rubicundus, persistens; limbus incarnatus, semiquinquefidus, marcescens, laciniis æqualibus, obtusis, patentibus, fauce nudâ, staminiferâ. *Stamina* brevissima. *Antheræ* cordatæ, fuscæ, paululùm exsertæ. *Germen* ellipticum, rutilans. *Stylus* brevis, stigmate obtuso. *Capsula* membranacea, corollâ emarcidâ vestita. *Semina* magna, fusca.

a. Λ. Flos formâ naturali et auctâ.
B. Corolla arte expansa, cum staminibus in fauce.
C. Pistillum.

Cuscuta monogyna.

Eryngium cyaneum.

ERYNGIUM.

Linn. Gen. Pl. 127.   *Sm. Fl. Brit.* 288.   *Juss.* 226.   *Gærtn. t.* 20.

Involucrum polyphyllum. *Flores* capitati. *Receptaculum commune* conicum, paleaceum. *Semina* muricata.

TABULA 258.

ERYNGIUM CYANEUM.

Eryngium foliis radicalibus quinquepartitis pinnatifidis, caule ramosissimo divaricato, involucris subpentaphyllis.

E. creticum erectum, folio multifido, caule et ramis amethystinis.   *Tourn. Cor.* 23.   *Herb. Sherard.*

Σφαλάγγαθος *Zacynth.*

In provinciis et insulis Græcis haud infrequens. ♃.

Herba rigida, glabra, sesquipedalis, rore cyaneo undique ferè conspersa. *Caulis* erectus, teretiusculus, parùm angulatus, ramulosus, foliosus; apice corymboso-paniculatus, divaricatus. *Folia* quinquepartita; lobis lineari-oblongis, pinnatifidis, vel dentatis, mucronato-spinosis, marginatis, nervosis; radicalia petiolata; caulina sessilia, alterna; basi amplexicaulia, dilatata, crebriùsque spinosa. *Petioli* foliis paululùm longiores; basi dilatati, et spinis, foliorum caulinorum more, fimbriati. *Florum capitula* copiosa, in apicibus ramulorum, solitaria, ferè globosa, multiflora, cum herbâ, præter antheras albidas, concolora. *Involucri foliola* inæqualia, spinulosa, capitulo duplò longiora. *Receptaculi paleæ* trifidæ, spinosæ, longitudine ferè florum. *Perianthium* superum, quinquepartitum; laciniis emarginatis, mucronato-spinosis, glauco-virescentibus. *Petala* calyce longiora, lineari-lanceolata, infracto-duplicata, cærulea. *Stamina* longissimè exserta, cærulea, antheris elliptico-rotundatis, incumbentibus, albidis. *Germen* obovatum, viride, angulis quinque spinuloso-serratis. *Styli* staminum formâ et colore, at paulò breviores.

Colorem pulchrum cyaneum diù, etiam exsiccata, servat, more *Eryngii triquetri*, Vahl. Symb. v. 2. 46.   Willden. Sp. Pl. v. 1. 1359, speciei plurimis notis huic affinis.

> a. Flos cum receptaculi paleâ.
> B. Eadem palea quintuplò aucta.
> C. Flos auctus.
> D. Petalum.

TABULA 259.

ERYNGIUM MULTIFIDUM.

Eryngium foliis bipinnatifidis sublyratis apice radiatis, caule corymboso, involucris pinnatifidis.

E. alpinum elatius, caule folioso, molliculum. *Cupan. Phyt. v.* 1. *t.* 29.

In Peloponneso. ♃.

Herba glaberrima, præcedente paulò altior. *Caulis* rectus, teretiusculus, pulcherrimè cæruleus, foliosus, vix, nisi apice corymboso, ramosus. *Folia* pallidè e glauco virentia, alterna, amplexicaulia, semipedalia, bipinnatifida; laciniis lineari-oblongis, nervosis, spinoso-mucronatis atque dentatis; superioribus duplicatò ferè radiatis, longioribus. *Capitula* cyanea, concolora. *Involucri foliola* sex vel septem, trifida vel pinnatifida, capitulo longiora. *Perianthii* laciniæ ovatæ, integerrimæ, mucronato-spinosæ. *Petala*, stamina, et styli, ferè præcedentis, sed *antheræ* cæruleæ. *Germen* undique setoso-muricatum.

Tournefortii synonymon, in Prodromo Fl. Græc. citatum, ad præcedentem, herbario Sherardiano nupèr edoctus, retuli.

E. *parviflori* synonymon eodem herbario confirmatur.

a, A. Flos magnitudine naturali et auctâ.   B. Petalum seorsìm.

BUPLEURUM.

Linn. Gen. Pl. 129.   *Juss.* 224.   *Gærtn. t.* 22.

Involucella umbellulis majora, pentaphylla. *Petala* involuta. *Calyx* obsoletus. *Fructus* subrotundus, compressus, striatus.

TABULA 260.

BUPLEURUM NODIFLORUM.

Bupleurum involucellis pentaphyllis ovatis acuminatis trinervibus, umbellis lateralibus sessilibus, caule dichotomo.

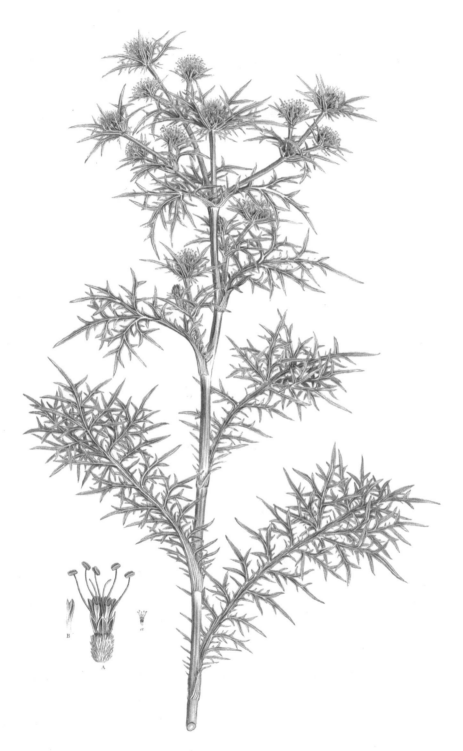

Eryngium multifidum.

Bupleurum nodiflorum.

Bupleurum semicompositum.

In arvis insulæ Cypri, cum *B. odontite.* ☉.

Radix annua, gracilis, parùm ramosa. *Herba* glabra. *Caulis* teretiusculus, hinc interdum complanatus, undique ramosus, divaricato-patens, subdichotomus, foliosus, multiflorus, pedalis aut sesquipedalis. *Folia* alterna, sub dichotomiis conferta, sessilia,
linearia, acuta, integerrima, trinervia, margine minutè scabriuscula. *Umbellæ* primordiales e dichotomiâ caulis; reliquæ laterales vel terminales, minores; omnes ferè
sessiles, quinque- vel septem-radiatæ. *Involucrum universale* foliis conforme, sæpiùs
tetraphyllum, inæquale, umbellâ duplò vel triplò longius : *partiale* pentaphyllum,
longè minus et pallidius, foliolis subæqualibus, ovatis, mucronatis, pellucido-scario-
sis, trinervibus. *Flores* parvi, pedicellati, uniformes, regulares, lutei. *Petala* æqualia, ovata, acuminata, arctè involuta. *Stamina* patula. *Styli* brevissimi, demùm
divaricato-recurvi, persistentes. *Fructus* exiguus, elliptico-oblongus, compressus,
seminibus quinque-costatis, fuscis, glabris.

a. Involucellum.   *b*, B. Flos, magnitudine naturali, et insignitèr auctâ.   *c*, C. Fructus.

Bupleurum glumaceum, Prodr. Fl. Græc. n. 618. Spreng. Sp. Umbellif. 18. t. 3. f. 5, ad
B. odontiten, n. 616, reduxit egregius ille auctor, nec, me judice, immeritò. Huic rei
ansam dederunt semina ex herbario Sibthorpiano, quæ cum viro amicissimo Spren-
glero communicavi. Hæc, quamvis ultra 20 annos inter chartas reposita, lætè ger-
minaverunt, et flores fructumque tulerunt.

TABULA 261.

BUPLEURUM SEMICOMPOSITUM.

Bupleurum umbellis compositis simulque simplicibus, germine papilloso-scabro.
B. semicompositum. *Linn. Sp. Pl.* 342. *Willden. Sp. Pl. v.* 1. 1373. *Ait. Hort. Kew.*
ed. 2. *v.* 2. 121. *Gouan. Illustr.* 9. *t.* 7/. *f.* 1.
B. angustissimo folio, humilius et ramosius. *Sherard. Mss.*
Odontites semicomposita. *Spreng. Prodr.* 33.
Gallium saxatile, folio perampio glauco. *Tourn. Cor.* 4. *Herb. Sherard.*

In insulâ Cypro. ☉.

Herba glabra, vix spithamæa, radice fibrosâ, annuâ. *Caulis* alternatìm ramosus, teretiusculus, foliosus, divaricato-patulus, subcorymbosus. *Folia* alterna, sessilia, amplexicaulia, oblongo-lanceolata, integerrima, carinata, coriacea, tristè virentia, re-

VOL. III.   Q

curva; floralia longè minora. *Umbellæ* laterales et terminales, sæpiùs proliferæ, quandoque reverà compositæ. *Involucrum* e foliolis quatuor vel quinque, inæqualibus, lineari-lanceolatis, acutis, trinervibus, scabriusculis, persistentibus. *Involucella* involucro simillima, sed paulò minora, pentaphylla. *Umbellæ* sæpiùs quadrifidæ, vel trifidæ, radiis maximè inæqualibus, gracilibus, angulatis, rigidis, glabris. *Umbellulæ* subinde solitariæ, sparsæ, laterales vel terminales, tri- vel quinque-floræ, involucellis duplò breviores. *Flores* exigui, uniformes, pedicellati. *Perianthium* obsoletum. *Petala* quinque, ovata, indivisa, involuta, æqualia, fusco-lutea, carinâ rufescente. *Stamina* petalis duplò longiora, patentia; antheris flavis. *Germen* magnum, didymum, undique papilloso-scabrum, subglaucum. *Styli* sub florescentiam obsoleti, receptaculo immersi, stigmatibus vix conspicuis; post anthesin exserti, divaricati, minuti, persistentes, stigmatibus obtusis, pallidis. *Fructus* parvus, elliptico-subrotundus, fusco-pruinosus, scaber.

a, A. Flos, magnitudine naturali et decuplò auctâ.

TABULA 262.

BUPLEURUM GERARDI.

Bupleurum umbellis capillaribus, involucellis subulatis, caule paniculato erecto, foliis lineari-lanceolatis.

B. Gerardi. *Murr. in Linn. Syst. Veg. ed.* 14. 274. *Willden. Sp. Pl. v.* 1. 1375. *Jacq. Austr. v.* 3. 31. *t.* 256. *Allion. Pedem. v.* 2. 24. *Spreng. Prodr.* 39.

B. involucris et involucellis pentaphyllis: foliolis lineari-subulatis. *Gerard. Gallo-Prov.* 233. *t.* 9.

Ad viam inter Smyrnam et Bursam frequens. ☉.

Radix annua, gracilis, tortuosa, pallida. *Herba* lævis atque glaberrima, gracilis, circiter pedalis, undique paniculato-ramosa, ramis alternis, teretibus. *Folia* alterna, lineari-lanceolata, plùs minùs acuminata, integerrima, glaucescentia, trinervia; basi elongata, amplexicaulia: inferiora majora, sæpiùs conferta. *Umbellæ* copiosæ, terminales, patentes, trifidæ, quadrifidæ, vel quinquefidæ, radiis elongatis, capillaribus, rigidulis. *Involucri foliola* tria ad quinque, lineari-lanceolata, acuminata, inæqualia, sæpè decidua. *Involucella* pentaphylla, subulata, flore longiora, fructu duplò breviora, persistentia. *Flores* sæpiùs quini, subsessiles, uniformes, flavi. *Perianthium* nullum. *Petala* æqualia, latè ovata, acuminata, inflexa. *Stamina* petalis breviora. *Styli* brevissimi, post florescentiam paululùm elongati, divergentes, persistentes. *Fructus* elliptico-oblongus, glaber, seminibus demùm distinctis, pentagonis, quinque-costatis, fuscis, vix aromaticis vel acribus.

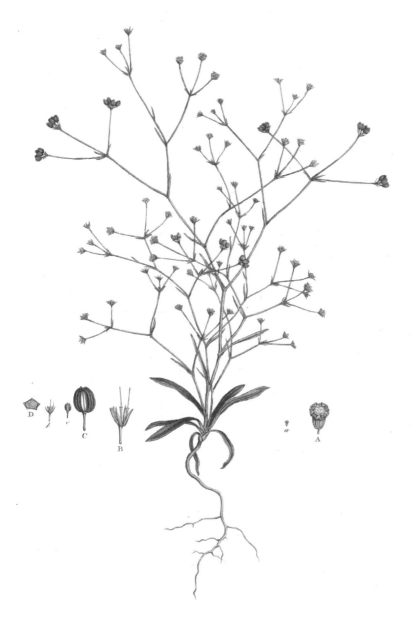

Bupleurum Gerardi.

Bupleurum fruticosum.

Umbellæ radii a duobus ad sex vel septem numero variant.

> *a*, A. Flos, magnitudine naturali et auctâ.
> *b*, B. Umbellulæ pedicelli, cum Seminum Receptaculis persistentibus, atque Involucellis.
> *c*, C. Fructus maturus.
>   D. Seminis sectio transversa, multùm aucta.

TABULA 263.

BUPLEURUM FRUTICOSUM.

Bupleurum frutescens, foliis obovatis integerrimis sessilibus.

B. fruticosum.   *Linn. Sp. Pl.* 343.   *Willden. Sp. Pl. v.* 1. 1377.   *Ait. Hort. Kew. ed.* 2.
    v. 2. 122.

B. arborescens, salicis folio.   *Tourn. Inst.* 310.   *Duham. Arb.* 109. *t.* 43.

Tenoria fruticosa.   *Spreng. Prodr.* 32.

Seseli æthiopicum, salicis folio.   *Bauh. Pin.* 161.

S. æthiopicum.   *Camer. Epit.* 512.

S. æthiopicum alterum.   *Matth. Valgr. v.* 2. 111.

S. æthiopicum frutex.   *Dod. Pempt.* 312.   *Ger. Em.* 1421.

S. æthiopicum verum.   *Dalech. Hist.* 750.

S. æthiopicum fruticosum, foliis periclymeni.   *Bauh. Hist. v.* 3. *p.* 2. 197.

Σεσελι αιθιοπικον *Diosc. lib.* 3. *cap.* 61.

In Thessaliæ maritimis.   ♄.

Caulis lignosus, erectus, ramosus, bipedalis vel altior; ramis alternis, teretibus, rigidis,
    foliosis, lævibus, rore glauco purpurascentibus.   *Folia* decidua, alterna, sessilia, bi-
    uncialia, obovata, obtusa cum mucronulo, integerrima, coriacea, glaberrima, uni-
    nervia, saturatè viridia; margine flavescentia; subtùs glauca, venulosa; superiora
    diminuta, magìsque remota.   *Stipulæ* nullæ.   *Umbellæ* terminales, solitariæ, pedun-
    culatæ, majusculæ, multiradiatæ, tristè lutescentes; *umbellulis* multifloris, convexis.
    Involucrum sæpiùs incompletum, foliolis paucis, obovatis, flavescentibus; vel omninò
    nullum.   *Involucella* plerumque pentaphylla, foliolis obovatis, pallidè lutescentibus,
    venulosis, deciduis.   *Flores* uniformes, saturatè lutescentes.   *Perianthium* parvum,
    quinquedentatum.   *Petala* involuta, æqualia.   *Stamina* concolora, petalis longiora.
    Styli, nisi peractâ florescentiâ, vix conspicui.   *Germen* oblongum, sulcatum, utrinque
    tricostatum.   *Fructum* non vidimus.

a, A. Flos, magnitudine naturali et auctâ.

TABULA 264.

BUPLEURUM SIBTHORPIANUM.

Bupleurum suffrutescens, foliis linearibus margine lævissimis, involucris involucellisque lanceolatis.

In Peloponneso. ♄.

Caulis basi lignosus, tortuosus, subdivisus, denudatus, teres; ramis pedalibus, erectis, teretibus, alternatìm paniculato-ramosis, basi densiùs foliosis, caulium, in speciebus omninò herbaceis, more. *Folia* alterna, patula, linearia, acuminata, elongata, graminea, glaucescentia, glaberrima uti tota planta; subtùs striata, subtrinervia. *Umbellæ* sæpiùs quinqueradiatæ. *Umbellulæ* vix decemfloræ. *Involucri foliola* subterna, valdè inæqualia, lanceolata, nervosa, plerumque acuminata. *Involucella* pentaphylla, foliolis ovato-lanceolatis, obtusiusculis, acuminatis, carinatis, æqualibus. *Flores* parvi, luteoli, uniformes. *Perianthium* obsoletum. *Petala* æqualia, lata, acumine involuto. *Stamina* patentia, corollà longiora. *Styli* duo, divaricato-patentes, persistentes. *Fructus* elliptico-oblongus, sulcatus, seminibus pentagonis tricostatis.

Bupleuro frutescenti Linnæi quodammodò affine, at reverà distinctum. Media species inter annuas et suffruticosas esse videtur.

<blockquote>
a, A. Flos magnitudine naturali, et insignitèr auctus.

b, B. Fructus maturus, Stylis persistentibus mucronulatus.
</blockquote>

ECHINOPHORA.

Linn. Gen. Pl. 129.   *Juss.* 225.   *Spreng. Prodr.* 33.

Involucellum turbinatum, monophyllum, sexfidum.   *Flores marginales* masculi, pedicellati; *centralis* fœmineus.   *Semina* involucello immersa.

TABULA 265.

ECHINOPHORA SPINOSA.

Echinophora foliolis subulato-spinosis trifidis integrisve integerrimis.

Bupleurum Sibthorpianum.

Echinophora spinosa.

Echinophora tenuifolia.

E. spinosa. *Linn. Sp. Pl.* 344. *Willden. Sp. Pl. v.* 1. 1379. *Sm. Fl. Brit.* 293. *Compend. ed.* 3. 44. *Engl. Bot. t.* 2413. *Turr. Farset.* 7. *Cavan. Ic. v.* 2. 24. *t.* 127. *Jacq. Coll. v.* 2. 155.

E. maritima spinosa. *Tourn. Inst.* 656. *Raii Syn. ed.* 3. 220.

Crithmum maritimum spinosum. *Bauh. Pin.* 288.

C. spinosum. *Dod. Pempt.* 705. *Ger. Em.* 533. *Raii Syn. ed.* 2. 114.

C. secundum. *Matth. Valgr. v.* 1. 445. *ed. Bauhini* 381. *Camer. Epit.* 273.

Pastinaca marina. *Lobel. Ic.* 710. *Bauh. Hist. v.* 3. *p.* 2. 196. *Dalech. Hist.* 1396.

Ad viam inter Smyrnam et Bursam, et in Peloponneso. ♃.

Radix fusiformis, elongata, carnosa, in solo sabuloso altè descendens. *Herba* glauca, rigida, subcarnosa, sæpiùs densè, at brevissimè, pubescens. *Caulis* erectus, bipedalis, undique ramosissimus, subflexuosus, angulato-teres, sulcatus, foliosus, multiflorus. *Folia* alterna, amplexicaulia, rariùs subopposita, impari-pinnata, aut bipinnata, foliolis oppositis, divaricatis, latè subulatis, carinatis, canaliculatis, integerrimis, mucronato-spinosis. *Umbellæ* terminales, pedunculatæ, rigidæ et crassæ, multiradiatæ. *Involucrum* hexaphyllum, inæquale, foliolis caulinis conforme. *Umbellulæ* numerosæ, multifloræ, radiantes, albæ. *Involucella* sexpartita, laciniis ovatis, concavis, mucronatis, subæqualibus. *Flores marginales* plures, plerumque masculi, regulares, cum *Pistillo* abortivo; *extimi* inæquales, radiantes, neutri: *centralis* fœmineus, solitarius. *Perianthium* quinquepartitum, laciniis triangularibus, ciliatis, patentibus, parùm inæqualibus. *Petala* inflexo-cordata; in floribus masculinis, uniformia, angustata, acumine elongato, glabro; in neutris valdè inæqualia, dilatata, lobis rotundatis, concavis, acumine brevi, fimbriato; in fœmineo nulla. *Stamina*, in floribus masculinis tantùm, capillaria, patentia, alba, corollà longiora, antheris didymis, pallidis. *Germen* turbinatum, sulcatum, perianthio coronatum. *Styli*, in flore fœmineo, duo, erecti, apice patentiusculi, rubicundi, stigmatibus simplicibus; in masculinis, abbreviati, nivei, steriles. *Seminum* rudimenta duo, quorum alterum inane evadit, alterum in involucelli fundo carnoso latet.

a, A. Flos neuter, radii, magnitudine naturali et auctâ.
B. Flos masculus, eâdem proportione auctus.
c, Involucrum, et d, Involucellum cum Flore fœmineo, magnitudine naturali.
E. Flos fœmineus triplò auctus.
F. Germen floris neutri, ni fallor, seorsìm.

TABULA 266.

ECHINOPHORA TENUIFOLIA.

Echinophora foliolis incisis inermibus.

E. tenuifolia. *Linn. Sp. Pl.* 344. *Willden. Sp. Pl. v.* 1. 1379. *Ait. Hort. Kew. ed.* 2.
　　v. 2. 124.

E. pastinacæ folio. *Tourn. Inst.* 656.

Pastinaca sylvestris angustifolia, fructu echinato. *Bauh. Pin.* 151.

P. echinophora apula. *Column. Ecphr. v.* 1. 98. *t.* 101.

Σεσελι μασσαλεω]ικον *Diosc. lib.* 3. *cap.* 60. *Sibth.*

In Peloponneso copiosè; etiam ad viam inter Smyrnam et Bursam. ♃.

Radix tereti-fusiformis, elongata, nigro-fusca; intùs lutescens, in siccâ vix aromatica vel
　　acris. *Herba* pedalis, præcedente tenuior, undique plùs minùs pubescens, ramo-
　　sissima. *Caulis* teres, vix striatus, pallidus. *Folia* alterna, petiolata, bipinnata;
　　foliolis ovato-cuneiformibus, inciso-pinnatifidis, ferè pectinatis, glaucis, subcarnosis.
　　Umbellæ laterales et terminales, breviùs pedunculatæ, subquinqueradiatæ. *Umbel-
　　lulæ* multifloræ, subradiantes, luteæ. *Involucra* ut et *Involucella* subpentaphylla, folio-
　　lis lanceolatis, integerrimis, mucronato-pungentibus, inæqualibus, patentibus. *Flos*
　　centralis tantùm fertilis, reliqui masculi. *Perianthium* omnibus quinquepartitum,
　　laciniis ovatis, acutis. *Petala* inflexo-cordata, hirta; in marginalibus magìs patentia,
　　et subradiantia. *Stamina* omnibus corollâ longiora, antheris didymis, subrotundis.
　　Germen turbinatum, sulcatum. *Styli,* in flore centrali, staminibus duplò breviores,
　　stigmatibus simplicibus; in radiantibus omninò nulli. *Semen* unicum, ovatum, in
　　centro umbellulæ, ex Columnæ auctoritate, ad maturitatem pervenit.

　　a. Involucrum.　　　　　　　　　　　　　*b.* Involucellum.
　c, C. Flos radii, magnitudine naturali et auctâ.　　　D. Flos centralis auctus.

TORDYLIUM.

Linn. Gen. Pl. 130. *Juss.* 224. *Gærtn. t.* 21. *Spreng. Prodr.* 11.

Involucra et *Involucella* indivisa. *Flores marginales* radiantes. *Fructus*
suborbiculatus, compresso-planus, margine turgidus, crenatus.

TABULA 267.

TORDYLIUM OFFICINALE.

Tordylium involucellis longitudine ferè florum, foliolis ovatis incisis crenatis, petalis
　　radiantibus inæquilateris geminis.

Tordylium officinale.

Tordylium officinale. *Linn. Sp. Pl.* 345. *Willden. Sp. Pl. v.* 1. 1381. *Sm. Fl. Brit.* 294.
　　Engl. Bot. t. 2440. *Tr. of Linn. Soc. v.* 12. 347.

T. narbonense minus. *Tourn. Inst.* 320.

T. Dodonei. *Dalech. Hist.* 751.

Seseli creticum minus. *Bauh. Pin.* 161. *Ger. Em.* 1050.

S. creticum. *Dod. Pempt.* 314. *Lob. Ic.* 736.

Caucalis minor, pulchro semine, sive Bellonii. *Bauh. Hist. v.* 3. *p.* 2. 84.

Τορδυλιον *Diosc. lib. 3. cap.* 63.

Καυκαλιδα *hodiè.*

In regione et insulis Græcis; etiam in Asiâ minori. ⊙.

Radix fusiformis, gracilis, pallida, annua, infernè ramosa. *Caules* sæpiùs plures, erecti,
　　pedales, parùm ramosi, foliosi, sulcato-angulati, villosi, pilis mollibus, albidis, pa-
　　tenti-deflexis. *Folia* alterna, longiùs petiolata, patentia, pinnata cum impari, haud
　　rarò ternata; foliolis ovatis, obtusis, hirtis, variè lobatis, incisis, vel crenatis; supe-
　　rioribus quandoque angustatis. *Petioli* canaliculati, villosi; basi latiores, amplexi-
　　caules, sulcati. *Umbellæ* terminales, longiùs pedunculatæ, solitariæ, densæ, plani-
　　usculæ, multiradiatæ, albæ vel rubicundæ. *Pedunculi* spithamæi, erecti, sulcati,
　　hirti. *Radii* hispidi, inæquales. *Umbellulæ* multifloræ, maximè radiantes. *Involucra* et *Involucella* e foliolis subulatis, inæqualibus, carinatis, mucronatis, undique
　　setoso-hispidis, flores haud superantibus. *Flores disci* plerumque masculi, vix radi-
　　antes, petalis inflexo-cordatis, omninò ferè æqualibus; staminibus corollâ longiori-
　　bus; stylis obsoletis, vel prorsùs nullis: *marginales* fœminei, quorum tres exteriores
　　radio maximo conspicuo gaudent, e petalis duobus extimis, in singulo flore, valdè
　　inæquilateris, quorum lobi duo maximi, approximati, petalum unicum, latè bilobum,
　　simulant. *Stamina*, in floribus radii, nulla. *Germen* oblongiusculum, compressum,
　　corrugatum, utrinque setosum. *Styli* duo, erecti; post florescentiam horizontalitèr
　　divaricati. *Stigmata* obtusa. *Fructus* ovato-subrotundus, compressus; disco utrin-
　　que plano, hirto; margine tumido, duplicato, elegantèr crenato.

Tordylium apulum, Prodr. n. 631. Linn. Sp. Pl. 345. Jacq. Hort. Vindob. v. 1. 21.
　　t. 53, cujus synonymon valdè dubium est *T. apulum minimum,* Column. Ecphr.
　　v. 1. 122. t. 124. f. 1, ab hâc specie certo certiùs dignoscitur, petalis radiantibus in
　　singulo flore solitariis, æqualitèr bilobis. Hûc spectat *T. humile,* Desfont. Atlant.
　　v. 2. 235. t. 58.

　　　　a. Involucellum.
　　　　b, B. Flos masculus.
　　　　　C. Flos fœmineus cum petalis duobus radiantibus, lente auctus.
　　　　d, D. Fructus.

ARTEDIA.

Linn. Gen. Pl. 131.   *Juss.* 224.   *Gœrtn. t.* 85.   *Spreng. Prodr.* 18.

Involucra et *Involucella* pinnatifida.   *Flores marginales* radiantes.   *Fructus* margine alatus; alis sinuato-lobatis.

TABULA 268.

ARTEDIA SQUAMATA.

ARTEDIA squamata.   *Linn. Sp. Pl.* 347.   *Willden. Sp. Pl. v.* 1. 1389.   *Ait. Hort. Kew. ed.* 2. *v.* 2. 127.

Thapsia orientalis, anethi folio, semine elegantèr crenato.   *Tourn. Cor.* 22.

T. foliis anethi, semine fimbriato.   *Moris. sect.* 9. *t.* 18. *f.* 11.

Gingidium.   *Camer. Hort.* 67. *t.* 16, *opt.*

G. folio fœniculi.   *Bauh. Pin.* 151.

G. Dioscoridis.   *Rauwolf. It.* 287. *ic.* 287.   *Tourn. Voy. v.* 2. 173.

In Peloponneso, et ad Limyrum fluvium Lyciæ.   ⊙.

Radix gracilis, annua, ferè insipida. *Herba* glaberrima. *Caulis* erectus, pedalis vel sesquipedalis, foliosus, obtusangulus, supernè alternatìm divisus. *Folia* alterna, tripinnatifida; laciniis lineari-setaceis, acutis, muticis, plurimùm oppositis. *Petiolus communis* margine dilatatus, membranaceus, basi amplexicaulis. *Umbellæ* terminales, solitariæ, longiùs pedunculatæ, magnæ, albæ, vel subcarneæ, multiradiatæ; post florescentiam coarctatæ, rubicundæ. *Radii* læves, angulati, firmi. *Umbellulæ* multifloræ, latè radiantes. *Involucrum* subhexaphyllum, mox deflexum, foliolis ternatis, vel pinnatis, setaceis, quandoque punctato-scabriusculis, basi membranaceo-dilatatâ. *Involucella* undique pinnato-multifida, longitudine radii. *Flores disci* masculi, petalis inflexo-cordatis, parùm radiantibus, staminibus corollâ longioribus: *marginales* fœminei, petalis duobus exterioribus, ut in *Tordylio officinali*, t. 267, quam maximè inæquilateris, singulorum lobis majoribus, approximatis, petalum maximum, bilobum, simulantibus. *Stamina*, in floribus radiantibus, desunt. *Germen* ovatum, glabrum. *Styli* duo, breves, basi tumidi. *Stigmata* obtusa. *Fructus* ellipticus, compressus, margine duplicato, complanato, latè ac profundè sinuato, pulcherrimo, persistente. *Semina* extùs convexa, tricostata; intùs ad *commissuram*,

Artedia squamata.

Daucus guttatus.

transversè corrugata, ferè squamulosa, apice stylo persistente, erecto, mucronulata. In centro *Umbellæ* stat fasciculus atro-sanguineus setarum, quæ basi coalitæ sunt, et pilis albis supernè quasi pruinatæ videntur.

Planta pulchra, umbellæ penicillo centrali, nec non seminibus squamatis, omninò singularis, in hortis rariùs conservatur, quod sanè botanicis curiosis dolendum est. Artedii merita ichthyologica in nomine specifico lepidè indicat Linnæus.

> *a*, A. Flos disci, masculus, magnitudine naturali et auctâ.
> *b*, B. Flos radii, fœmineus.
> *c*, C. Penicillus centralis Umbellæ.
> *d*. Fructus.
> *e*. Semen seorsìm, e parte internâ.

DAUCUS.

Linn. Gen. Pl. 131. *Juss.* 224. *Gærtn. t.* 20. *Spreng. Prodr.* 23.

Involucra pinnatifida. *Corollæ* subradiatæ. *Fructus* muricatus.

TABULA 269.

DAUCUS GUTTATUS.

Daucus pilis caulinis patentibus, involucro umbellâ breviore, involucellis membranaceis, flosculis centralibus abortivis discoloribus.

In insulis Græciæ frequens; etiam in Asiâ minore. ☉.

Radix annua, tenuis, subramosa. *Caulis* erectus, pedalis, alternatìm ramosus, foliosus, teres, striatus, hirtus, pilis undique patentibus, albis, mollibus, ad genicula copiosioribus. *Folia* sparsa, patentia, breviùs petiolata, bipinnata; foliola pinnatifida, laciniis remotis, lanceolatis, acutis, margine carinâque præcipuè hispidis. *Petiolus communis* pilosus, basi dilatatus, canaliculatus, margine densissimè ciliatus. *Umbellæ* terminales, pedunculatæ, solitariæ, haud biunciales, multiradiatæ, scabræ; post florescentiam incurvato-coarctatæ. *Umbellulæ* multifloræ, paululùm radiantes, albæ, cum flore centrali atro-sanguineo, clauso, abortivo, sicut tota umbellula centralis subquinqueflora. *Involucrum* polyphyllum, umbellâ paulò brevius, foliolis linearibus, acutis, extùs scabris, partìm indivisis, partìm pinnatis, vel pinnato-trifidis, omnibus longitudine subæqualibus. *Involucella* polyphylla, foliolis inæquali-

bus, lanceolatis, acutis, membranaceis, albis, tenuissimè fimbriatis, carinâ viridi.
Flores omnes plùs minùs radiantes, exteriores præcipuè fertiles. *Perianthium* vix
ullum. *Petala* omnia obcordato-biloba, mucronulo inflexo, quorum quatuor valdè
inæquilatera, quintum æquale. *Stamina* corollâ longiora, patentia, alba. *Germen*
oblongum, parvum, villosum, in floribus centrum versus obsoletum. *Styli* duo,
exigui, divaricati, stigmatibus simplicibus. *Fructus* elliptico-oblongus, undique
muricatus. *Semina* intùs plana, commissurâ sulcatâ, lanceolatâ; extùs quadricos-
tata, interstitiis pilosis, costis omnibus muricato-setosis, setis patentibus, lævibus,
basi complanatis, apice furcato-aduncis.

Synonymon, Σ]αφυλινον αγριον, a Sibthorpio in manuscriptis indicatum, apud Dioscoridem,
      lib. 3. cap. 83, (159 in Prodromo, ex errore,) non inveni.

      a. Involucrum, cum Umbellulâ centrali abortivâ, atro-sanguineâ.
      B. Eadem Umbellula triplò aucta.
      c. Involucellum cum Flore centrali, paritèr abortivo et discolore.
      D. Flos abortivus auctus.
      e, E. Flos cum Staminibus et Pistillo.
      f, F. Fructus.

TABULA 270.

DAUCUS BICOLOR.

Daucus pilis patentibus, involucro trifido umbellâ longiore, involucellis hinc membranaceis, umbellulâ centrali discolore.

In Asiâ minore. ☉.

Priore paulò major, sed habitus ferè idem, ut et forma *foliorum fructúsque.* *Umbellæ*
majores. *Involucri foliola* omnia pinnato-trifida, umbellâ longiora. *Involucella*
quasi dimidiata, octophylla; foliolis quatuor exterioribus linearibus, foliaceis, scabris; interioribus longè minoribus, membranaceis, albis, fimbriatis. *Umbellulæ* ferè
uniformes, multifloræ, vix radiantes; marginales albæ; centrales, vel solitariæ vel
aggregatæ, guttato-purpureæ, minùsque fertiles, involucellis undique membranaceis.
Flores omnes subregulares, petalis æquilobis, inflexo-cordatis. *Stamina* in omnibus
corollâ longiora, patentia, in purpureis purpurascentia. *Germen* hispidum. *Styli*
post anthesin elongati, patentes.

Forsitan prioris varietas.

      a. Involucrum.   *b.* Involucellum.
      c, C. Flos marginalis, subradians.   *d,* D. Flos ex umbellulâ centrali.

Daucus bicolor.

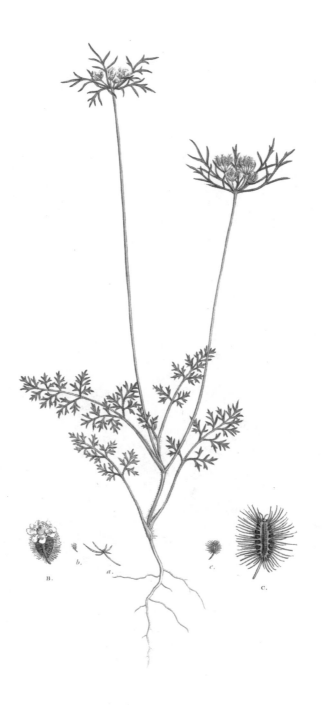

B.   b.   a.   c.   C.

Daucus involucrat.

Daucus littoralis.

TABULA 271.

DAUCUS INVOLUCRATUS.

Daucus pilis patentibus, involucro pinnatifido umbellâ longiore, umbellulis paucifloris uniformibus, involucellis angustatis.

In maritimis insulæ Cypri. ⊙.

Præcedentibus affinis, at proculdubiò distincta. *Herba* tenella, pilosiuscula. *Folia* longiùs petiolata, *petiolis* basin versus pilosissimis, ut in *D. guttato* et *bicolore*. *Umbellæ* subaxillares, longè pedunculatæ, unciales, plerumque quadriradiatæ, albæ, vel purpureo-incarnatæ. *Umbellulæ* subquadrifloræ, inæquales. *Involucri foliola* pinnatifida, linearia, scabra, umbellâ duplò longiora. *Involucella* angustissima, margine tantùm membranacea. *Flores* exigui, uniformes, vix radiantes. *Petala* inflexo-cordata, æquiloba, concava. *Stamina* petalis duplò breviora, antheris didymis. *Styli* post anthesin elongati, basi tumidi, persistentes. *Fructus* ellipticooblongus, pilosus, costis undique armatis, ut in *D. guttato*, tab. 269.

a. Involucellum.
b, B. Flos, magnitudine naturali et auctâ.
c, C. Fructus, Stylis persistentibus coronatus.

TABULA 272.

DAUCUS LITTORALIS.

Daucus pilis caulinis deflexis, involucro subtrifido umbellâ triplò breviore, involucellis membranaceis.

In insulæ Cypri maritimis. ⊙.

Radix fusiformis, gracilis, altè descendens, annua. *Caulis* undique ramosus et diffusus, teres, striatus, rubicundus, foliosus, multiflorus, haud spithamæus; plerumque hirtus, pilis mollibus, deflexis; interdùm glabratus. *Folia* bipinnata, pinnatifida, scabriuscula, subcarnosa, laciniis lanceolatis, acutis. *Petiolus communis* basi dilatatus, canaliculatus, densè ciliatus, quandoque extùs hirsutus. *Umbellæ* laterales et terminales, pedunculatæ, biunciales, incarnato-albæ, sæpiùs multiradiatæ, rigidulæ, scabræ. *Umbellulæ* subseptemfloræ, parùm radiantes; fructiferæ longiùs pedunculatæ, sæpiùs pentaspermæ; centralis ferè sessilis, nec minùs fertilis. *Involucrum* plerumque pentaphyllum, umbellâ triplò brevius, foliolis linearibus, scabris, trifidis vel indivisis. *Involucella* lanceolata, longitudine vix umbellulæ, margine membranaceo, albo, ciliato. *Flores* omnes ferè uniformes; marginales paululùm majores et subradiantes, præcipuè fertiles. *Petala* inflexo-cordata, alba. *Stamina* corollâ duplò breviora. *Germen* densissimè villosum, apice tumidum, glabratum, rubrum. *Styli* patentes, albi. *Fructus* ferè trium præcedentium.

> *a.* Involucellum.
> *b*, B. Flos marginalis, magnitudine naturali et auctâ.
> *c*, C. Fructus.

A M M I.

Linn. Gen. Pl. 132.   *Juss.* 224.   *Gærtn. t.* 22.   *Spreng. Prodr.* 41. Visnaga.   *Gærtn. t.* 21.

Involucra pinnatifida.   *Corollæ* subradiatæ.   *Flores* omnes fertiles.   *Fructus* oblongus, angulatus, lævis.

TABULA 273.

AMMI MAJUS.

Ammi foliis inferioribus pinnatis; superioribus biternatis angustatis acuminatis. A. majus. *Linn. Sp. Pl.* 349.   *Willden. Sp. Pl. v.* 1. 1392.   *Ait. Hort. Kew. ed.* 2. *v.* 2. 129.   *Tourn. Inst.* 304.   *Bauh. Pin.* 159.
Ammi. *Trag. Hist.* 874.   *Fuchs. Hist.* 67.   *Dalech. Hist.* 695. *f.* 1.
A. vulgare. *Dod. Pempt.* 301.   *Ger. Em.* 1036.
A. vulgatius. *Lob. Ic.* 721.
Ασπροκέφαλος *hodiè.*

In vineis et arvis insularum Græcarum ubique.   ☉.

Radix fusiformis, ramosa, annua. *Herba* glauco-virens, glaberrima. *Caulis* erectus, quadripedalis, ramosus, foliosus, teres; supernè striatus, vel obsoletè sulcatus. *Folia* alterna; *inferiora* longiùs petiolata, duplicato-pinnata, foliolis obovato-oblongis, obtusiusculis, decurrentibus, crebrè et acutè serratis; *superiora* biternata, breviùs petiolata, petiolo vaginante, foliolis lanceolatis, vel lineari-lanceolatis, acuminatis, sæpiùs copiosè serratis, quandoque hinc inde integerrimis. *Umbellæ* laterales et

Ammi majus.

Bunium pumilum.

terminales, pedunculatæ, solitariæ, magnæ, multiradiatæ, niveæ, radiis gracilibus, angulato-teretibus, tuberculato-scabriusculis, rigidulis. *Umbellulæ* copiosæ, uniformes, subradiantes, multifloræ. *Involucrum* deflexum, polyphyllum, foliolis pinnato-tripartitis, linearibus, aristato-acuminatis, lævibus, umbellâ duplò brevioribus. *Involucella* polyphylla, lineari-lanceolata, acuminata, margine membranaceo, albo. *Flores* omnes ferè fertiles, undique albi; exteriores subradiantes. *Perianthium* nullum. *Petala* inflexo-cordata: quorum quatuor valdè inæquilatera; quintum majus, exterius, æqualitèr bilobum. *Stamina* petalis duplò longiora, antheris didymis. *Germen* ovatum, sulcatum, glabrum. *Styli* breves, divaricato-recurvi, persistentes. *Stigmata* acuta. *Fructus* copiosissimus, elliptico-oblongus, compressiusculus. *Semina* oblonga, corticata, pentagona, quinque-costata, interstitiis planiusculis, vix convexis; apice retusa, stylis mucronulata.

a, A. Flos marginalis, magnitudine naturali et auctâ.
b, B. Fructus maturus, seminibus disjunctis, ex apice receptaculi capillaris, bipartiti, pendentibus.
C. Seminis sectio transversa.

BUNIUM.

Linn. Gen. Pl. 132. *Juss.* 223.

Corolla uniformis. *Petala* inflexo-cordata, æquiloba. *Fructus* ovatus. *Involucella* setacea.

TABULA 274.

BUNIUM PUMILUM.

Bunium involucro submonophyllo, foliis bipinnatis pilosis incisis: laciniis acutis, fructu ovato-oblongo.

In monte Parnasso. ♃.

Radix tuberosa, ferè globosa, perennis; basi fibrillosa. *Herba* vix spithamæa, pubescens, caule ramoso, subcorymboso, folioso, tereti; basi gracili, flexuoso. *Folia* petiolata, alterna, bipinnata; laciniis acutis, subincisis. *Petioli* pilosi; basi dilatati, vaginantes, margine membranacei; superiores abbreviati. *Umbellæ* quadri- vel quinque-radiatæ, pubescentes, patulæ; vel laterales, subsessiles; vel terminales, pedunculatæ. *Umbellulæ* densæ, multifloræ, albæ. *Involucrum* monophyllum, breve, vel sæpiùs nullum. *Involucella* polyphylla, patula, lineari-setacea, umbellulâ duplò breviora. *Petala* alba, omnia inflexo-cordata, lobis æqualibus, vix, etiam in floribus marginalibus, radiantia. *Stamina* petalis duplò longiora, antheris fuscis. *Styli* recurvato-patentes, persistentes; basi tumidi. *Stigmata* obtusa. *Fructus* ovato-oblongus, compressiusculus, sulcatus, glaber, seminibus pentagonis, ferè ut in *Ammeo*, tab. 273, quocum tamen genere associari characteres ferè omnes, et habitus, omninò vetant.

> *a,* A. Flos marginalis, magnitudine naturali, et multùm auctâ.
> *b,* B. Fructus.

ATHAMANTA.

Linn. Gen. Pl. 133.   *Juss.* 223.
Libanotis.   *Gœrt. t.* 21.

Fructus ovato-oblongus, convexus, striatus.   *Petala* inflexo-cordata, æquiloba, subæqualia.   *Calyx* integer.   *Involucra* et *Involucella* polyphylla.

TABULA 275.

ATHAMANTA VERTICILLATA.

Athamanta foliolis multipartitis verticillato-divaricatis glabris, seminibus oblongis nudis.

In monte Parnasso. ♃.

Radix sublignosa, perennis, crassitie ferè digiti minoris, multiceps. *Caules* pedales, erectiusculi, flexuosi, ramosi, teretes, læves, vix striati, parùm foliosi. *Folia radicalia* copiosa, cæspitosa, longiùs petiolata, patentia, pinnata; foliolis numerosis, oppositis, confertis, bipinnatifidis, laciniis linearibus, acutis, glabris, undique patentibus, verticillum quasi formantibus: *caulina* longè minora, simpliciora, et ferè plana, petiolis abbreviatis, vaginantibus. *Umbellæ* terminales, longiùs pedunculatæ, parvæ, densæ, multiradiatæ, albæ, glabræ, *umbellulis* uniformibus. *Involucrum* umbellâ duplò brevius, foliolis subsenis, ovatis, acuminatis, glabris, margine membranaceo, albo. *Involucella* prorsùs involucro conformia. *Flores* parvi, nivei, ferè uniformes, et omnes, ut videtur, fertiles. *Perianthium* obsoletè quinquedentatum. *Petala* vix radiantia, omnia inflexo-cordata, æquilatera, et uniformia. *Stamina*

Athamanta verticillata.

Athamanta multiflora.

petalis duplò vel triplò longiora, antheris subrotundis, didymis. *Germen* glabrum, turbinatum, sulcatum; apice tumidum. *Styli* breves. *Fructus* maturus deside-ratur.

Fructûs pubescentia vel glabrities in hoc genere vix nisi speciei characterem præbet.

a, Involucrum et Involucellum.   *b*, B. Flos marginalis.

TABULA 276.

ATHAMANTA MULTIFLORA.

ATHAMANTA foliis tripinnatis incisis obtusiusculis glabris, seminibus ovatis nudis, caule ramosissimo paniculato.

In insulâ Cypro. ♃.

Radix teretiuscula, carnosa, pallida, forsitàn perennis. *Herba* glabra, glauco-virens, sublactescens. *Caulis* erectus, herbaceus, pedalis aut sesquipedalis, a basi ad api-cem alternatìm ramosissimus, undique foliosus, multiflorus, teres, striatus. *Folia* alterna, rariùs, sub ramulis oppositis, opposita, petiolata, tripinnata, pinnulis plùs minùs incisis, laciniis parvis, ellipticis, obtusiusculis, ferè uniformibus, decurrenti-bus, lævibus. *Petioli* basi dilatati, vaginantes, sulcati. *Umbellæ* copiosæ, termi-nales, albæ, multiradiatæ, undique glabræ, *umbellulis* uniformibus, multifloris. *Involucrum* umbellâ longè brevius, foliolis subsenis, ovatis, acutis, persistentibus, margine tenui, albo. *Involucella* involucro conformia, at paulò minora. *Flores* nivei, omnes ferè uniformes, regularès, et, ni fallor, fertiles. *Perianthium* incon-spicuum. *Petala* haud radiantia, omnia inflexo-cordata, æquilatera, et æqualia. *Stamina* petalis triplò longiora, antheris incumbentibus, subrotundis. *Germen* ovato-oblongum, sulcatum, glabrum. *Styli* breves. *Fructus* didymus, compressiusculus, demum bipartitus. *Semina* incurvato-gibba, vel semiovata, solida, glaberrima, fusca, vix aromatica, amara, vel acria; intùs subdistantia, receptaculo filiformi, recto, interstincto; extùs quinque-costata, parùm sulcata.

> *a.* Involucrum.
> *b.* Involucellum.
> *c*, C. Flos, proportione naturali et auctâ.
> *d*, D. Fructus maturus.
> E. Seminis aucti sectio transversa.

PEUCEDANUM.

Linn. Gen. Pl. 134. *Juss.* 223. *Gærtn. t.* 21. *Spreng. Prodr.* 13.

Fructus ovatus, utrinque striatus, alâ cinctus. *Calyx* quinquedentatus. *Involucra* brevissima. *Flores* disci abortivi.

TABULA 277.

PEUCEDANUM OBTUSIFOLIUM.

PEUCEDANUM foliolis pinnatifidis coriaceis: lacinulis oppositis obovatis obtusis.

In Bœotiâ, et ad Ponti Euxini littora. ♃.

Radix perennis, crassa, cylindracea, luteo-fuscescens, altè descendens; apice subdivisa, fibrillosa. *Herba* glabra, subcarnosa, tristè virens, circitèr pedalis. *Caulis* adscendens, tortuoso-incurvus, teres, foliosus, supernè ramosus, multiflorus. *Folia* ternata; pinnata; foliolis crassis, pinnatifidis; laciniis oppositis, obovatis, obtusis, integerrimis, lævibus. *Petioli* basi vaginantes, striati. *Umbellæ* terminales, pedunculatæ, ochroleucæ, quinque- vel sex-radiatæ, radiis crassis, rigidis, teretibus, striatis; *umbellulis* uniformibus, multifloris. *Involucra*, ut et *involucella*, brevissima, polyphylla, persistentia, foliolis ovato-lanceolatis, acutis, indivisis, uniformibus. *Flores* marginales copiosi, omnibus organis perfecti et fertiles, parùm irregulares; centrales pauci, minores, abortivi. *Perianthium* exiguum, quinquedentatum, acutum, inæquale. *Petala* inflexo-cordata, æquilatera, ochroleuca, subæqualia. *Stamina* petalis duplò vel triplò longiora, antheris didymis, luteis. *Germen* elliptico-oblongum, angulatum, glabrum, disco, vel floris receptaculo, magno, decemcrenato, virescente, coronatum. *Styli* exigui, divaricati. *Fructus* ovatus, vel obovatus, compresso-planiusculus, obsoletè striatus; limbo lato, suberoso, lævi, integerrimo, tumidiusculo, basi apiceque emarginato. *Semina* extùs planiuscula, fusca; intùs pallidiora, profundiùsque striata.

> *a*, A. Flos marginalis, magnitudine naturali et auctâ.
> *b, b.* Semina matura.
> *c.* Seminis sectio transversa.

Peucedanum obtusifolium.

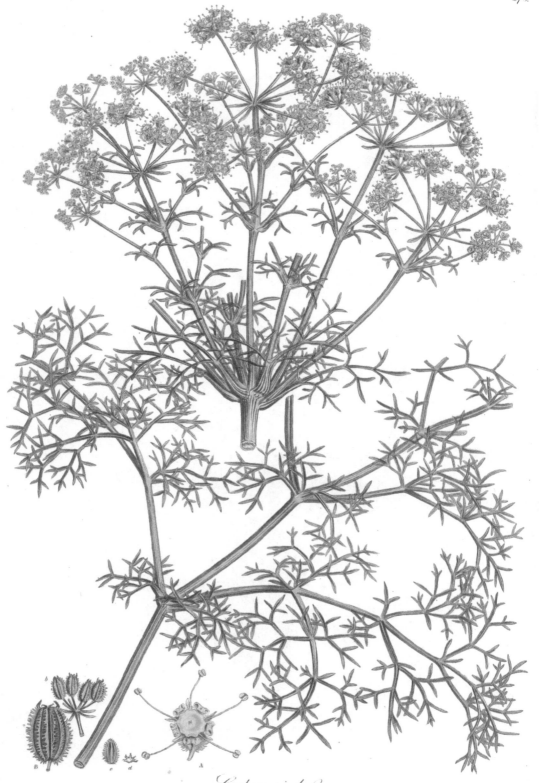

Cachrys sicula?

CACHRYS.

Linn. Gen. Pl. 135. *Juss.* 223. *Gœrtn. t.* 140. *Spreng. Prodr.* 20.

Fructus subovatus, suberoso-corticatus. *Petala* æqualia. *Involucra* et *Involucella* polyphylla.

TABULA 278.

CACHRYS SICULA.

Cachrys foliis radiato-supradecompositis: foliolis trifidis linearibus acutis, seminibus sulcatis cristato-asperis.

C. sicula. *Linn. Sp. Pl.* 355. *Willden. Sp. Pl. v.* 1. 1410. *Ait. Hort. Kew. ed.* 2. *v.* 2. 136. *Desfont. Atlant. v.* 1. 249.

C. semine fungoso sulcato aspero, foliis peucedani latiusculis. *Tourn. Inst.* 325.

C. peucedani folio, semine sulcato aspero minore. *Moris. v.* 3. 267. *sect.* 9. *t.* 1. *f.* 3.

C. folio brevi, pastinacæ marinæ accedens. *Herb. Sherard.*

Hippomarathrum creticum. *Bauh. Pin.* 147. *Prodr.* 76.

H. siculum. *Bocc. Sic.* 36. *t.* 18.

Πετροανάρθηκας *Cypr. hodiè.*

In petrosis Bœotiæ, et insulæ Cypri. ♃.

Radix oblonga, crassa, carnosa. *Herba* cubitalis aut bicubitalis, in hortis altitudine ferè humanâ, erecta, rigida, lætè virens. *Caulis* ramosissimus, foliosus, teres, striatus, quandoque scabriusculus; intùs spongiosus, farctus; basi crassus et sæpè nodosus; ramis summis verticillato-aggregatis. *Folia* plerumque opposita, supradecomposita, pinnis pinnulisque subquaternis, radiato-patentibus, recurvis; foliolis trifidis, linearibus, acutis, integerrimis, subcarnosis, canaliculatis, triquetris, latitudine et longitudine valdè variis, angulis præcipuè asperis. *Petioli* canaliculati; inferiores basi dilatati, haud vaginantes. *Umbellæ* terminales, aggregatæ, copiosæ, pedunculatæ, fulvæ, multiradiatæ, radiis angulatis, sulcatis, vix scabris; *umbellulis* uniformibus, inter quinque- et decemfloris. *Involucra* et *involucella* polyphylla, patentia, linearia, integerrima, obtusiuscula, mucronulata, margine scabriuscula, radiis multò breviora. *Flores* regulares; marginales tantùm fertiles. *Perianthium* parvum, pentaphyllum, acutum, inflexum, persistens. *Petala* involuta, æqualia, fulva. *Stamina* elongata, patula, fulva, antheris didymis. *Germen* orbiculato-compressum, sulcatum, muricatum, disco magno, repando, flavescente. *Styli* brevissimi, in floribus marginalibus

mox elongati, horizontalitèr divaricati ac refracti, stigmatibus obtusis. *Fructus*
ovatus, rufo-fuscus, utràque parte quinque-costatus, costis compressis, crebrè denti-
culato-cristatis; sulcis intermediis profundis, sæpiùs lævibus. *Semina* intùs plana;
extùs suberoso-corticata, sulcata, aspera.

Foliolorum proportione, fructûs longitudine et asperitate, involucro quandoque pinnato,
insignitèr variabilis hæc species videtur.

> A. Flos marginalis auctus.
> *b*, B. Fructus magnitudine naturali et auctâ.
> *c.* Semen e parte internâ; cum ejusdem sectione transversâ, *d.*

FERULA.

Linn. Gen. Pl. 136.   *Juss.* 222.   *Gœrtn. t.* 85.   *Spreng. Prodr.* 13.

Fructus elliptico-oblongus, integer, compresso-planus, submarginatus; costis
utrinque tribus, prominulis.   *Flores* subregulares, omnes fertiles.   *Involucrum* varium.

TABULA 279.

FERULA NODIFLORA.

Ferula foliolis pinnatis capillaceo-multifidis, umbellis inferioribus subsessilibus, involucro
universali nullo.

F. nodiflora.   *Linn. Sp. Pl. ed.* 1. 247. *ed.* 2. 356.

F. sibirica.   *Willden. Sp. Pl. v.* 1. 1411? ex charactere.

F. minor, ad singulos nodos umbellifera.   *Tourn. Inst.* 321, excluso J. Bauhini synonymo.

Libanotis ferulæ folio et semine.   *Bauh. Pin.* 158.

Panax asclepium, ferulæ facie.   *Lob. Ic.* 783.   *Ger. Em.* 1057.

Panaces asclepium.   *Dod. Pempt.* 308.

In insulâ Cypro.   ♃.

Caulis erectus, bicubitalis vel altior, foliosus, teres, lævis, intùs farctus; supernè ramosus,
multiflorus.   *Folia* magna, saturatè viridia, ex apice petioli latè vaginantis et concavi mox tripartita, dein pinnata, pinnis bipartitis, bipinnatis, foliolis divisis, vel
trifidis, capillaceo-linearibus, acutis, integerrimis, lævibus, vix canaliculatis, crassitie
æqualibus, longitudine haud uncialibus.   *Petioli* ferè aphylli, bracteiformes, solitarii vel aggregati, sub singula caulis ramificatione, demùm reflexi.   *Umbellæ* pri-

Ferula nodiflora.

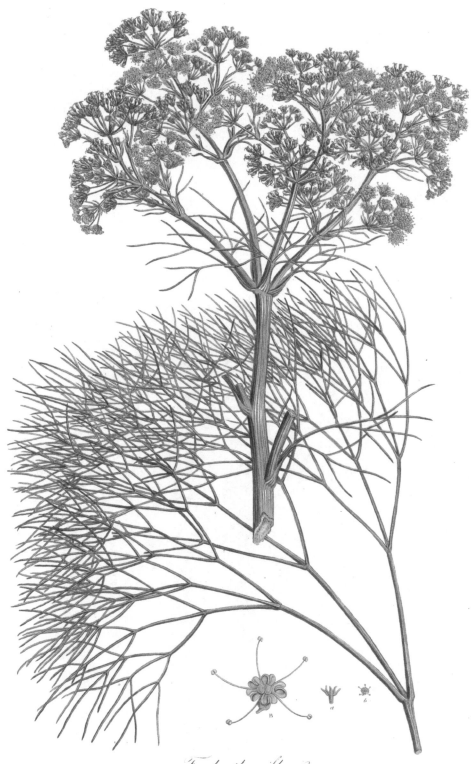

Ferula thyrsiflora?

mordiales axillares vel laterales, brevissimè, terminales longiùs, pedunculatæ; omnes fulvæ, majusculæ, multiradiatæ, umbellulis multifloris, uniformibus. *Involucra* universalia omninò nulla. *Involucella* polyphylla, lineari-lanceolata, acuminata, persistentia. *Flores* omnes uniformes, fertiles, et ferè regulares, undique saturatè lutei vel fulvi. *Perianthium* exiguum. *Petala* inflexo-cordata, subæqualia. *Stamina* petalis multò longiora. *Germen* oblongum, glabrum. *Styli* patentissimi. *Fructus* elliptico-obovatus, angustè marginatus, utrinque tricostatus, costis approximatis, parùm prominentibus.

F. nodiflora recentiorum est *F. Ferulago* Linnæi. Confer Jacq. Austr. append. 28. t. 5, et Willden. Sp. Pl. v. 1. 1413.

a, A. Flos.   b. Fructus maturus, disco stylisque coronatus.

TABULA 280.

FERULA THYRSIFLORA.

FERULA foliis ternato-supradecompositis: foliolis linearibus simplicibus, ramis floriferis terminalibus aggregatis compositis.

In insulæ Cretæ rupibus. ♃.

Præcedente vix minor. *Folia* undique terno ordine composita, ut in *Ferulá communi*, nec pinnata; *foliola* sesquiuncialia, uniformia, linearia, vel ferè capillacea, integerrima, lævia, vix scabriuscula, subglauca; *petiolis* teretibus. *Umbellæ* terminales, copiosæ, in ramis ramulisque oppositis vel aggregatis, sæpiùs quaternis, foliolosis, sive bracteatis, omnes pedunculatæ, minores quam in *F. nodiflorá*, paululùmque pallidiores. *Involucra* et *involucella* ferè conformia, polyphylla, foliolis lanceolatis, persistentibus. *Flores* uniformes, fulvi, omnes fertiles et regulares. *Petala* subcordata, mucrone inflexo. *Stamina* elongata. *Germen* ovatum, compressiusculum, obtusangulum. *Styli* breves. *Fructus* nobis desideratur.

a. Involucrum.   b, B. Flos.

HERACLEUM.

Linn. Gen. Pl. 137.   *Juss.* 222.   *Spreng. Prodr.* 12.
Sphondylium.   *Gærtn. t.* 21.

Fructus ellipticus, emarginatus, compresso-planus, striatus; margine membranaceo, extùs incrassato.   *Petala* inæqualia, inflexo-emarginata.
Involucrum caducum.   *Flores* disci abortivi.

TABULA 281.

HERACLEUM ABSINTHIFOLIUM.

Heracleum foliis supradecompositis tomentosis incisis: laciniis lanceolatis acutis, umbellâ multiradiatâ.

H. absinthifolium.   *Venten. Pl. Select.* 7. *t.* 7.   *Marsch. á Bieberst. Taur. Caucas. v.* 1.
224.   *Spreng. Prodr.* 12.

H. tomentosum.   *Prodr. v.* 1. 192.

Sphondylium orientale humilius, foliis absinthii.   *Tourn. Cor.* 22.

Tordylium absinthifolium.   *Pers. Syn. v.* 1. 314.   Marsch.

Zosima orientalis.   *Hoffm. Umb.* 148. *t.* 4. *t. tituli f.* 11.

In Græciâ, ex herbario Sibthorpiano, at locus non memoratur.   ♃ ?

Radix biennis, simplex, teres, crassitie digiti, post exsiccationem ferè insipida; extùs
annulata, nigricans.   *Herba* undique tomentoso-incana, pulchra.   *Caulis* solitarius,
erectus, cubitalis, firmus, sulcatus, farctus, parùm ramosus; basi præcipuè foliosus.
Folia petiolata, spithamæa, tomentoso-mollia, tripinnata: foliolis alternis, pinnati-
fido-incisis, trifidisve; laciniis lanceolatis, acutis, integerrimis, decurrentibus, parvis, subæqualibus.   *Petioli* canaliculati, striati, incani, vix basi dilatati.   *Umbellæ*
solitariæ, terminales, longiùs pedunculatæ, multiradiatæ, niveæ, tomentosæ; centralis maxima.   *Involucrum* breve, foliolis lineari-lanceolatis, acutis, lanatis, ratione
radiorum paucissimis, at vix deciduis.   *Involucella* involucro conformia, sed densiùs
lanata, et longitudine dimidii pedicellorum.   *Umbellulæ* uniformes, multifloræ,
minùs conspicuè radiantes.   *Flores* undique albi; disci minores, abortivi; radii
paulò majores, irregulares.   *Perianthium* obsoletum.   *Petala* inflexo-obcordata,
uniformia; exteriora majora, nec dilatato-complanata.   *Stamina* elongata, patentia.
Germen subrotundum, densè lanatum.   *Styli* parvi, mox elongati.   *Fructus* copio-
sus, obovato-ellipticus, disco striatus, pilosus, fuscus; basi obtusus; apice emargi-

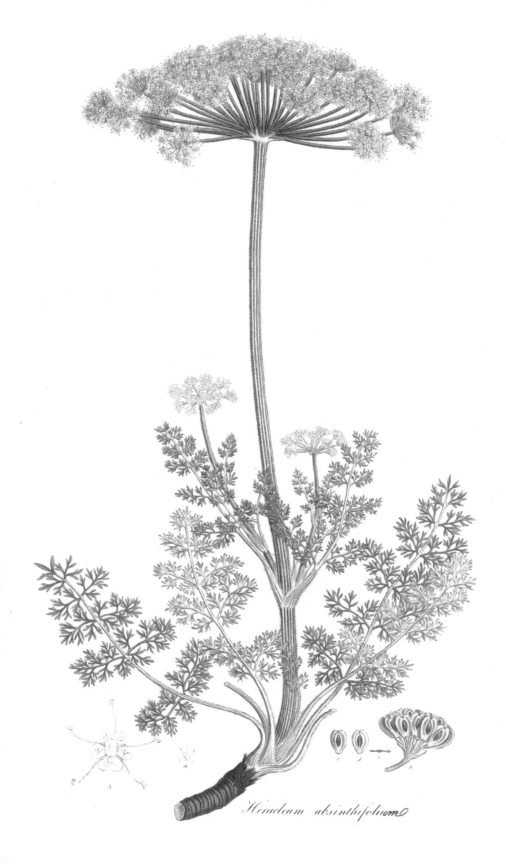

Heracleum absinthifolium

Heracleum aureum

natus; limbo dilatato, membranaceo, pallido, extùs incrassato, undique munitu s. *Semina* valdè compressa, acria, odore forti, nauseoso, cimicum.

Seminum lineæ coloratæ, in aliquibus *Heraclei* speciebus tam conspicuæ et pulchræ, in hâc vix inveniuntur. Involucrum universale persistens minoris est momenti. Perpensis omnibus, de hujus herbæ genere vix disputandum.

> *a*, A. Flos radii, magnitudine naturali et auctâ.
>   *b.* Umbellula, cum fructibus maturis, et involucello persistente.
>   *c.* Semen exteriùs.
>   *d.* Idem ex parte internâ.
>   *e.* Fructûs sectio transversa.

TABULA 282.

HERACLEUM AUREUM.

HERACLEUM foliis pinnatis lobatis incisis pubescentibus; radicalibus rotundatis, umbellâ subtriradiatâ, caule ramosissimo.

Tordylium luteum. *Column. Ecphr. v.* 1. 122. *t.* 121.

In monte Parnasso. ♂.

Radix fusiformis, gracilis, biennis, vel fortè annua. *Herba* saturatè virens, undique tenuè pubescens, tactu scabriuscula. *Caulis* subsolitarius, erectus, sesquipedalis, alternatìm ramosus, foliosus, angulatus, sulcatus, farctus; supernè corymbosus, multiflorus; basi purpurascens. *Folia* petiolata, pinnata, dentato-incisa, venosa, utrinque concolora; *foliolis* plùs minùs tripartitis; radicalium dilatatis, rotundatis, obtusis; caulinorum angustatis, acutioribus. *Petioli* basi dilatati, concavi, vaginantes. *Umbellæ* terminales, sæpiùs triradiatæ, rariùs bi- vel quadriradiatæ, radiis patentibus, angulatis, scabris. *Umbellulæ* densæ, uniformes, multifloræ, haud insignitèr radiantes. *Flores* saturatè lutei; disci minores, abortivi; radii majores, irregulares. *Perianthium* nullum. *Petala* uniformia, obcordata, concava, mucrone inflexo; exteriora paulò majora. *Stamina* vix longitudine petalorum. *Styli* demùm erecto-paralleli; basi pyramidati. *Stigmata* obtusa, recurva. *Fructus* elliptico-obcordatus, ferè orbiculatus, undique tenuissimè pubescens; disco rufo, tumidulo, tenuè tricostato, nec sulcato, supernè obsoletè trilineato; limbo dilatato, demùm saturatè fusco, extùs paululùm incrassato, albido. *Semina* inodora; intùs plana, saturatè fusca.

Umbellæ in icone Columnæ radiis sex vel septem sese offerunt; nec aliam vel minimam differentiam inveni. De hâc specie apud Tournefortium nulla indicia detexi. Huic proxima sanè est *Pastinaca orientalis, foliis elegantèr incisis*, Tourn. Cor. 22. Buxb. Cent. 3. 16. t. 27; at cum *Heracleo humili* nostro, Prodr. Fl. Græc. n. 671, potiùs convenit.

> *a*, A. Flos radii, magnitudine naturali, et multùm auctâ.
>   *b.* Fructus.   *c.* Ejusdem sectio transversa.

CORIANDRUM.

Linn. Gen. Pl. 142. *Juss.* 220. *Gærtn. t.* 22. *Spreng. Prodr.* 21.

Fructus sphæricus, glaber. *Corolla* radiata. *Petala* inflexo-emarginata. *Involucrum* submonophyllum. *Involucella* dimidiata. *Flores* aliquot abortivi.

TABULA 283.

CORIANDRUM SATIVUM.

CORIANDRUM fructibus globosis, seminibus hemisphæricis.

C. sativum. *Linn. Sp. Pl.* 367. *Willden. Sp. Pl. v.* 1. 1448. *Ait. Hort. Kew. ed.* 2. *v.* 2. 151. *Sm. Fl. Brit.* 320. *Compend. ed.* 3. 47. *Engl. Bot. t.* 67. *Woodv. Med. Bot. t.* 181. *Mart. Fl. Rust. t.* 141. *Dalech. Hist.* 735.

C. majus. *Bauh. Pin.* 158. *Rivin. Pentap. Irr. t.* 71.

Coriandrum. *Brunf. Herb. v.* 1. 203. *Trag. Hist.* 115. *Fuchs. Hist.* 345. *Matth. Valgr. v.* 2. 121. *Camer. Epit.* 523. *Ger. Emac.* 1012. *Rivin. Pentap. Irr. t.* 70.

Κοριον, ἢ κοριαννον. *Diosc. lib.* 3. *cap.* 71.

Κορίανδρον, ἢ κουσβαρᾶς *hodiè.*

Inter segetes Peloponnesi, et insulæ Cypri. ☉.

Radix fusiformis, gracilis, annua. *Herba* pedalis vel bipedalis, glabra, lucida, odore cimicino. *Caulis* erectus, undique ramosissimus, patens, foliosus, multiflorus, angulato-teres, striatus; basi purpurascens. *Folia* petiolata, saturatè viridia, decomposita; inferiora bipinnata, foliolis cuneatis, vel subrotundis, incisis; superiora tripinnata, foliolis laciniisve linearibus, acutis, integerrimis. *Petioli* dilatati, concavi, nervosi, vaginantes, purpurascentes. *Umbellæ* laterales et terminales, solitariæ, longiùs pedunculatæ, radiis quatuor vel quinque, culturâ sæpè pluribus. *Umbellulæ* densæ, multifloræ, radiantes, incarnato-albæ. *Involucrum* exiguum, monophyllum, lineare, sæpè nullum. *Involucella* dimidiato-secunda, foliolis tribus vel quatuor, lineari-lanceolatis, persistentibus, umbellulâ brevioribus. *Flores* disci ferè regulares, abortivi, post anthesin deflexi; radii maximè irregulares. *Perianthium* pentaphyllum, persistens. *Petala* omnia obcordato-biloba, mucrone inflexo; exterius, in floribus radii, maximum, explanatum, æqualitèr bilobum; proximum, utrinque, lobis valdè inæqualibus; reliqua duo ut in floribus disci. *Stamina* radio breviora, antheris didymis, purpurascentibus. *Germen* subrotundum, læve, disco, demùm pyramidato, coronatum. *Styli* filiformes, divaricati. *Stigmata* obtusa. *Fructus* globosus, obsoletè costatus, tenuè corticatus, aromaticus, perianthio infra apicem cinctus. *Semina* hemisphærica, concava.

a, A. Flos disci; b, B, radii.

Coriandrum sativum.

Scandix latifolia.

SCANDIX.

Linn. Gen. Pl. 142. Juss. 220. Gœrtn. t. 85. Spreng. Prodr. 29.
Myrrhis. *Gœrtn. t. 23.*
Anthriscus. *Spreng. Prodr. 27 ?*

Fructus subrostratus. *Corolla* radiata. *Petala* subintegra. *Flores* disci
sæpè masculi.

TABULA 284.

SCANDIX LATIFOLIA.

Scandix seminibus ellipticis hispidis, foliis biternatis ovatis incisis; vaginis cauleque
glabris.

Cachrys cretica. *Lamarck. Encycl. v. 1. 259. Willden. Sp. Pl. v. 1. 1410.*

C. cretica, angelicæ folio, asphodeli radice. *Tourn. Cor. 23.*

Libanotis apii folio, semine aspero. *Bauh. Pin. 157.*

Echinophora asphodeli nigricante radice, et angustiore lucido angelicæ folio. *Triumf.
Obs. 65.*

In insulâ Cypro, etiam in Græciâ, locis, ni fallor, palustribus. ♃.

Radix, monente Tournefortio, tuberosa. *Herba* glabra, lucida, atro-virens. *Caulis* forsitàn tripedalis, vel altior, erectus, strictus, teres, sulcatus, foliosus, multiflorus, vix
ramosus. *Folia* caulina opposita, subsessilia, biternata vel triternata; foliolis ovato-
oblongis, profundè serratis et incisis, venosis, utrinque acutis. *Petiolus communis*
brevissimus, dilatato-marginatus; *partiales* semiteretes. *Umbellæ* axillares et terminales, solitariæ, longiùs pedunculatæ, multiradiatæ, albæ. *Umbellulæ* multifloræ.
Involucrum universale nullum. *Involucella* polyphylla, ferè setacea, persistentia.
Flores disci abortivi; radii fertiles, paululùm irregulares, vel subradiantes. *Perianthium* nullum. *Petala* lanceolata, acuminata, involuta, nec emarginata; exteriora
paulò majora. *Stamina* petalis longiora, patentia. *Germen* oblongiusculum, hispidum. *Styli* breves, mox elongati, persistentes, stigmatibus simplicibus. *Fructus*
elliptico-oblongus, vix compressus, utrinque sulcatus, undique muricatus, setis copiosis, brevibus, rigidulis, incurvis, fuscis; apice vix rostratus, at stylis duobus
erectiusculis, distinctis, elongato-pyramidatis, persistentibus, coronatus. *Semina*
extùs sulcata, muricata; intùs striata, commissurâ angustâ, lineari.

Cortex seminum incrassatus, quo *Cachryos* character desumitur, in hâc stirpe desideratur; ut et *Scandicis* rostrum elongatum. Inter plura recentiorum genera ambigit,
nec cum aliquo benè convenit. *Petala* indivisa *Scandici* propria mihi videntur.

a, A. Flos fertilis, magnitudine naturali et auctâ.
b. Fructus maturus, pedicello, sive umbellulæ radio, insidens.

TABULA 285.

SCANDIX AUSTRALIS.

Scandix seminibus longissimè rostratis hispidis, foliolis lineari-multipartitis, petalis complanatis obtusis.

S. australis. *Linn. Sp. Pl.* 369. *Willden. Sp. Pl. v.* 1. 1450. *Ait. Hort. Kew. ed.* 2. *v.* 2. 152. *Desfont. Atlant. v.* 1. 259.

S. cretica minor. *Bauh. Pin.* 152. *Tourn. Inst.* 326.

S. italica. *Matth. Bauh.* 403. *f.* 2.

S. semine rostrato, italica. *Bauh. Prodr.* 78. *f.* 2.

S. minor, sive Anthriscus. *Ger. Em.* 1040.

Anthriscus Plinii. *Clus. Hist. v.* 2. 199.

Anisomarathrum apulum. *Column. Ecphr. v.* 1. 89. *t.* 90.

Pecten Veneris, tenuissimè dissectis foliis, Antriscus Casabonæ. *Bauh. Hist. v.* 3. *p.* 2. 73.

In arvis Græciæ, Cariæ, et insulæ Cypri. ☉.

Radix gracilis, annua. *Caules* plures, palmares aut spithamæi, subramosi, undique patentes, foliosi, teretes, graciles, plerumque glabri, subindè pubescentes, vel hirsuti. *Folia* petiolata, bipinnata; foliolis pinnatifidis, laciniis linearibus, acutis, angustissimis. *Petioli* canaliculati, hirsuti; basi dilatati, vaginantes, amplexicaules, margine scarioso, albo, ciliato. *Umbella universalis* anomala et incompleta. *Umbellulæ* laterales et terminales, solitariæ vel geminæ, rariùs ternæ aut quaternæ aggregatæ, haud umbellatæ; singularum pedunculis plerumque elongatis, filiformibus; insignitèr quandoque abbreviatis. *Involucrum* universale nullum. *Involucella* subpentaphylla, foliolis ellipticis, concavis, albo marginatis, ciliatis, emarginato-bifidis, vel sæpè indivisis; demùm reflexis, persistentibus. *Flores* exigui, albi, subsessiles; disci masculi, subregulares; radii irregulares, fertiles. *Perianthium* obsoletum, quinquedentatum. *Petala* obovata, obtusa, indivisa, plana; extima, in floribus fertilibus, majora, radiantia. *Stamina* in omnibus corollæ ferè æqualia, antheris subrotundis, luteis vel rubicundis. *Germen*, in floribus radii, oblongum, incurvum, pilosum. *Styli* subulati, disco convexo, dentato, vel toruloso, insidentes, stigmatibus simplicibus. *Fructus* elongato-rostratus, lineari-subulatus, uncialis, angulatus, squamuloso-exasperatus, utrinque sulcatus, disco stylisque coronatus. *Semina* elliptico-oblonga, vix prominula, longissimè rostrata.

Scandix Pecten-Veneris, per totam Europam vulgaris, huic tam affinis est, ut vix, nisi habitu crassiore, petalis inflexo-bilobis, nec non involucello magìs elongato, acuminato, et plerumque multifido, dignoscitur.

a, A. Flos radii.   b, B. Involucellum.   C. Fructus duplò ferè auctus.

Scandix australis

Thapsia Asclepium.

THAPSIA.

Linn. Gen. Pl. 144. *Juss.* 220. *Gærtn. t.* 21. *Spreng. Prodr.* 17.

Fructus oblongus, quadrialatus. *Semina* tricostata, utrinque alâ membranaceâ. *Petala* æqualia, incurva, subintegra. *Flores* uniformes, fertiles. *Involucra* aut *Involucella* nulla.

TABULA 286.

THAPSIA ASCLEPIUM.

Thapsia foliis digitatis; foliolis bipinnatis setaceo-multifidis, caule nudiusculo.

Th. Asclepium. *Linn. Sp. Pl.* 375. *Willden. Sp. Pl. v.* 1. 1464.

Th. tenuiore folio, apula. *Tourn. Inst.* 322.

Th. apula, foliis millefolii. *Moris. sect.* 9. *t.* 18. *f.* 9.

Panax Asclepium Dioscoridis et aliorum, gummiferum. *Column. Ecphr. v.* 1. 87. *t.* 86.

P. Asclepium, semine folioso. *Bauh. Pin.* 158.

Panaces Asclepium alterum. *Dalech. Hist.* 740.

Αγλήγορα *hodiè.*

In agro Eliensi, in insulâ Rhodo, et prope Byzantium. ♃.

Radix cylindraceo-oblonga, corrugata, fusca, carnosa, crassitie pollicis, lactescens, seu gummi amaro, ingrato, subaromatico, scatens; apice fibroso-capillata. *Caulis* solitarius, erectus, subsimplex, teres, glaucescens, glaber, ferè aphyllus, nec nisi foliorum vaginis abortivis, linearibus, reflexis, sparsis, alternis, supernè munitus. *Folia* omnia plerumque radicalia, petiolata, patentia, supradecomposita; pinnis majoribus quinato- vel septeno-digitatis; cæteris oppositis; omnibus bipinnatis; foliolis pinnatifidis, laciniis linearibus, acutis, integerrimis, glaberrimis. *Petioli* semicylindracei, canaliculati, striati, glabri; basi paulò dilatati. *Umbellæ* terminales, solitariæ, pedunculatæ, multiradiatæ, glabræ, *involucris* et *involucellis* prorsùs destitutæ. *Umbellulæ* uniformes, densæ, multifloræ, saturatè luteæ. *Flores* omnes uniformes, regulares, et, ut videtur, fertiles. *Perianthium* quinquedentatum, exiguum. *Petala* ovato-lanceolata, inflexo-subcordata, æqualia. *Stamina* petalis longiora. *Germen* ovatum, glaberrimum, cum disco magno, repando, crasso, virescente. *Styli* sub anthesin breves. *Fructus* nobis, ut et herbario Sherardiano, desideratur. Ex Columnæ icone *Thapsiæ* omninò est.

Thapsia Asclepium apud Cel. Jussieum diversa videtur, floribus albis, et fructu alieno.

a, A. Flos, magnitudine naturali et auctâ.

TABULA 287.

THAPSIA GARGANICA.

THAPSIA foliis digitatis subradiatis; foliolis pinnatifidis linearibus decurrentibus, caule folioso.

Th. garganica. *Linn. Mant. 57. Willden. Sp. Pl. v. 1. 1465. Ait. Hort. Kew. ed. 2. v. 2. 156. Gouan. Obs. 18. t. 10. Desfont. Atlant. v. 1. 262.*

Th. sive Turbith garganicum, semine latissimo. *Bauh. Hist. v. 3. p. 2. 50. Tourn. Inst. 322.*

Th. libanotidis folio, glutinosa glabra. *Pluk. Phyt. t. 67. f. 2.*

Th. thalictri folio. *Magn. Monsp. 287. t. 286.*

Θαψια *Diosc. lib. 4. cap. 157.*

Πολύκαρπος *Zacynth.*

In Græciæ provinciis et insulis frequens. ♃

Radix oblonga, crassa, nigricans, lactescens, perennis; apice capillata. *Caulis* solitarius, erectus, tripedalis, foliosus, teres, purpureo-glaucus, glaberrimus, solidus, parùm ramosus. *Folia* alterna, petiolata, ampla, supradecomposita; pinnis pinnulisque glabris, quasi radiatis, magnitudine variis, pinnatifidis, vel bipinnatifidis; laciniis indivisis bifidisve, linearibus, acutis, integerrimis, ad petiolum communem decurrentibus; subtùs pallidioribus. *Petiolus* crassus, semicylindraceus, purpureo-glaucus, glaber; basi concavus, vaginans, striatus. *Umbellæ* terminales, maximæ, multiradiatæ, glabræ; *umbellulis* densis, multifloris, luteis. *Involucra*, vel *involucella*, planè nulla. *Flores* regulares, uniformes, haud radiati, omnes fertiles. *Perianthium* obsoletum, quinquedentatum. *Petala* lanceolata, acuminata, involuta, indivisa. *Stamina* petalis duplò longiora. *Germen* ovatum, læve, disco tumido, bilobo. *Styli* divaricati. *Stigmata* obtusa. *Fructus* copiosissimus, magnus, uncialis, purpureo-fuscus, elliptico-oblongus, compressus, glaber; basi apiceque emarginatus; disco tenuitèr tricostatus; margine utrinque bialatus, alis compresso-parallelis, membranaceis, nitidis, striatis, ad marginem usque tenuibus. *Semina* utrinque striata; intùs pallidiora.

Variat interdùm petiolis communibus et partialibus insignitèr villosis.

Hujus generis fructum haud benè, ut opinor, intellexit Clarissimus Sprengel, cum alæ nullæ dorsales sint, at omnes marginales, duplicatæ.

a, A. Flos.   *b*. Fructus maturus.

Thapsia garganica.

Pastinaca Opopanax.

PASTINACA.

Linn. Gen. Pl. 144. *Juss.* 219. *Gærtn. t.* 21. *Spreng. Prodr.* 14.

Fructus ellipticus, compresso-planus, marginatus, sulcatus. *Petala* æqualia, involuta, integra. *Flores* uniformes, fertiles. *Involucrum* varium. *Involucella* ferè nulla.

TABULA 288.

PASTINACA OPOPANAX.

Pastinaca foliis bipinnatis; foliolis basi inæqualibus undique scabris.

P. Opopanax. *Linn. Sp. Pl.* 376. *Mant.* 357. *Willden. Sp. Pl. v.* 1. 1466. *Ait. Hort. Kew. ed.* 2. *v.* 2. 157. *Gouan. Obs.* 19. *t.* 13, 14. *Woodv. Med. Bot. t.* 113.

P. sylvestris altissima. *Tourn. Inst.* 319.

Laserpitium Chironium. *Linn. Sp. Pl.* 358.

Panax costinum. *Bauh. Pin.* 156. *Magn. Monsp.* 197. *Moris. sect.* 9. *t.* 17. *f.* 2.

P. pastinacæ folio. *Bauh. Pin.* 156.

P. Heracleum. *Moris. v.* 3. 315. *sect.* 9. *t.* 17. *f.* 1.

P. Heracleum majus. *Ger. Em.* 1003.

P. Herculeum. *Dale Pharmac.* 126.

P. Chironium. *Dalech. Hist.* 741.

P. altera recentiorum, olusatri aut pastinacæ folio. *Lob. Ic.* 702.

Panaces peregrinum. *Dod. Pempt.* 309.

Sphondylio, vel potius Pastinacæ germanicæ affinis Panax, sive Pseudo-Costus flore luteo. *Bauh. Hist. v.* 3. *p.* 2. 156.

Costus. *Matth. Valgr. v.* 1. 48.

Pseudocostus. *Camer. Epit.* 28. *Dalech. Hist.* 758.

Πολύκαρπον, ἢ αμπελόνα, *hodiè.*

In Peloponneso, Achaiâ et Bœotiâ, copiosè. ♃.

Radix, ex Gouano, " perennis, ramosa, crassitie brachii, flavescens, tuberculata, cortice suberoso. *Caulis* bicubitalis, humanæ interdum altitudinis, crassitie digiti, striatus; basi tectus squamulis scariosis membranaceis, more filicum;" undique foliosus; apice paniculatus, multiflorus; ramis angulatis, nitidis, glabris, quandoque pilosis. *Folia* petiolata, magna, venosa, utrinque scabra, plùs minùs hirsuta, omnia, quæ vidi, crebrò et acutè serrata; primordialia simplicissima, cordata, indivisa, circitèr biuncialia; reliqua ternata, pinnata, aut bipinnata, bipedalia; foliolis basi obliquis, semicordatis; infimis sæpè bilobis; superioribus plerumque decurrentibus. *Petioli* et *nervi* hirsuti. *Bracteæ* oppositæ, lineari-oblongæ, subintegerrimæ, glabræ, sub singulâ *paniculæ* ramificatione; hinc et inde solitariæ. *Umbellæ* terminales, pedunculatæ, e viridi flavæ, multiradiatæ, glabræ, copiosæ, haud magnæ. *Umbellulæ* multiflora, uniformes. *Involucrum* parvum, foliolis paucis, linearibus, glabris, persistentibus, quandoque deficientibus. *Involucella* sæpè adsunt, involucro simillima, sed minora. *Flores* uniformes, regulares, omnes fertiles. *Perianthium* subintegrum. *Petala* involuta, indivisa, æqualia, flava. *Stamina* petalis concolora, triplòque longiora. *Germen* ovatum, compressum, læve. *Styli* breves. *Fructus* elliptico-subrotundus, compresso-planus; disco utrinque tricostatus, striatus; margine incrassatus, lævis. *Semina* intùs multistriata.

Sub duplici formâ inter botanicorum icones occurrit; foliis nempè serratis, vel, e pictorum forsitàn incuriâ, integerrimis. Milleri observationes, apud Woodvilleum, ad *Pastinacam sativam* pertinent. De *Gummi Opopanace,* ex hâc stirpe, nil novi compertum habeo.

        a, A. Flos.   *b.* Folium primordiale.

SMYRNIUM.

Linn. Gen. Pl. 144. *Juss.* 219. *Gœrtn. t.* 22. *Spreng. Prodr.* 21.

Fructus ovato-didymus, angulato-costatus, turgidus. *Petala* acuminata, carinata, incurva. *Involucra* nulla. *Flores* aliquot abortivi.

TABULA 289.

SMYRNIUM PERFOLIATUM.

Sᴍʏʀɴɪᴜᴍ foliis caulinis simplicibus amplexicaulibus.

S. perfoliatum. *Linn. Sp. Pl.* 376. *Willden. Sp. Pl. v.* 1. 1467. *Ait. Hort. Kew. ed.* 2. *v.* 2. 157.

S. peregrinum, rotundo folio. *Bauh. Pin.* 154. *Tourn. Inst.* 316.

S. peregrinum, oblongo folio. *Bauh. Pin.* 154. *Prodr.* 82.

S. creticum perfoliatum. *Bauh. Hist. v.* 3. *p.* 2. 125.

S. creticum. *Matth. Valgr. v.* 2. 131, *malè.* *Camer. Epit.* 531. *Ger. Em.* 1024.

S. Amani montis. *Dod. Pempt.* 698.

S. verum. *Dalech. Hist.* 707.

Σμυρνιον *Diosc. lib.* 3. *cap.* 79.

In montosis Græciæ, tum in Cretâ et Cypro insulis, vulgaris. ♂.

Radix biennis, oblonga, fibrillosa; extùs fusca. *Herba* undique ferè glabra, nitida, lætè virens; supernè flavescens. *Caulis* solitarius, erectus, cubitalis, aut bipedalis,

Smyrnium perfoliatum.

foliosus, teres, striatus, farctus; apice ramosus, corymbosus, multiflorus; basi rubicundus. *Folia radicalia* pauca, petiolata, triternata; foliolis obovato-cuneifor-
mibus, crenatis, incisis, subindè decurrentibus; *petiolis* angulatis, canaliculatis,
ciliatis: *caulina* magna, simplicia, alterna, sessilia, amplexicaulia, cordata, venosa,
lætè flavescentia, vel citrina, plùs minùs crenata; infima frequentiùs lobata; summa
sensim in *bracteas* diminuta, et passìm opposita, perfoliata, quandoque subintegerrima. *Umbellæ* plures, terminales, solitariæ, citrinæ, multiradiatæ, glabræ, *involucris* et *involucellis* destitutæ. *Umbellulæ* multifloræ, vix radiantes. *Flores* disci
regulares, minores, abortivi; radii majores, paululùm irregulares, fertiles. *Perianthium* obsoletum. *Petala* inflexo-obcordata, concava, lutea, extimo paulò majore.
Stamina petalis duplò longiora, flava. *Germen* ovatum, breve, subangulatum, glaberrimum, disco magno, didymo, nitido, coronatum. *Styli* patentes. *Stigmata*
simplicia. *Fructus* didymus, obsoletè costatus, demùm corrugatus, niger. *Semina*
magnitudine *Sinapeos*, ferè globosa.

Vix specie discrepare mihi videtur *Smyrnium ægyptiacum*, Linn. Sp. Pl. 376. Amœn.
Acad. v. 4. 270, cui folia floralia omnia ferè opposita, subintegerrima.

      a, A. Flos radii.   *b*. Umbellula fructifera.
         C. Fructus multùm auctus.   D. Seminis sectio transversa.

PENTANDRIA TRIGYNIA.

RHUS.

Linn. Gen. Pl. 146. *Juss.* 369. *Gœrtn. t.* 44.

Calyx quinquepartitus. *Petala* quinque. *Bacca* supera, monosperma.

TABULA 290.

RHUS CORIARIA.

Rhus foliis pinnatis; foliolis ellipticis obtusè serratis: subtùs villosis.
R. Coriaria. *Linn. Sp. Pl.* 379. *Willden. Sp. Pl. v.* 1. 1477. *Ait. Hort. Kew. ed.* 2.
  v. 2. 161. *Ehrh. Beitr. v.* 6. 88. *Dod. Pempt.* 779. *Ger. Em.* 1474. *Woodv.*
  Med. Bot. t. 261. *Desfont. Atlant. v.* 1. 266.
R. folio ulmi. *Bauh. Pin.* 414. *Tourn. Inst.* 611. *Duham. Arb. v.* 2. 218. *t.* 52.
Rhus. *Matth. Valgr. v.* 1. 195. *Camer. Epit.* 121.
R. sive Sumach. *Bauh. Hist. v.* 1. *p.* 1. 555. *Chabr. Ic.* 44. *Raii Hist. v.* 2. 1590.
R. obsoniorum et coriariorum. *Lob. Ic. v.* 2. 98. *Clus. Hist. v.* 1. 17. *Dale Phar-*
  mac. 344.
'Ρους. *Diosc. lib.* 1. *cap.* 147.
Sumach. *Arab. et Turc.*

Ad viam inter Smyrnam et Bursam; tum in monte Athô, et circa Byzantium. In Peloponnesi montibus vulgaris; sed folia exsiccata ex insulâ Samo præcipuè deportan-
tur. *D. Hawkins.* ♄.

Arbuscula quadripedalis, ramosa, patens, undique ferè pubescens et subincana; ramis
teretibus, foliosis, apice floriferis. *Folia* alterna, subsessilia, exstipulata, spithamæa, impari-pinnata; *foliolis* circitèr novenis quindenisve, oppositis, sessilibus, uncialibus vel sesquiuncialibus, ellipticis, variè dentato-serratis, utrinque acutiusculis,
minimè acuminatis; suprà scabris, tenuitèr pubescentibus; subtùs pallidioribus,
pilosioribus, et mollibus. *Panicula* terminalis, solitaria, alternatìm decomposita,
multiflora, pallida, villosa. *Bracteæ* sub singulo flore oppositæ, oblongæ, deciduæ.
Flores pedicellati, ochroleuci; plures masculi, vel abortivi. *Calycis* laciniæ æquales,
oblongæ, obtusæ, concavæ, hirtæ. *Petala* ovata, acuta, recurva, albida, calyce duplò longiora. *Stamina* calyci inserta, petalis alterna, duplòque breviora, æqualia,
antheris magnis, ovalibus, luteolis. *Germen* superum, parvum, subrotundum, hirtum. *Styli* tres, quandoque abbreviati, vel obsoleti. *Stigmata* obtusa. *Bacca* re-

Rhus Coriaria.

Tamarix gallica.

niformis, basi umbilicata, undique villosa, obsoletè coccinea, gustu acida et astringens. *Semen* majusculum, reniforme, fuscum, læve.

'Pους, apud Dioscoridem, hujus arbusculæ fructus est, e rubore sic nominatus, qui Græcorum obsoniis aspergebatur. Folia exsiccata antiquitùs, ut et hodiè, ad rem coriariam inservire notissimum est.

> *a*, Λ. Flos, magnitudine naturali et auctâ.
> B. Calyx cum pedicello et bracteis.
> *c, c.* Fructus maturus, non auctus.
> *d.* Semen.

TAMARIX.

Linn. Gen. Pl. 148. *Juss.* 313. *Gœrtn. t.* 61.

Calyx inferus, quinquepartitus. *Petala* quinque. *Capsula* unilocularis, trivalvis. *Semina* comosa.

TABULA 291.

TAMARIX GALLICA.

Tamarix floribus pentandris, racemis plurimis lateralibus, foliis lanceolatis acutis, ramis glabris.

T. gallica. *Linn. Sp. Pl.* 386. *Willden. Sp. Pl. v.* 1. 1498. *Sm. Fl. Brit.* 338. *Engl. Bot. t.* 1318. *Ait. Hort. Kew. ed.* 2. *v.* 2. 172. *Mill. Ic. t.* 262. *f.* 1. *Desfont. Atlant. v.* 1. 269.

T. altera, folio tenuiore, sive gallica. *Bauh. Pin.* 485.

T. narbonensis. *Dalech. Hist.* 180. *Tourn. Inst.* 661.

Tamariscus narbonensis. *Lob. Ic. v.* 2. 218. *Ger. Em.* 1378.

Myrica. *Camer. Epit.* 74. *f.* 1.

M. sylvestris prima. *Clus. Hist. v.* 1. 40.

Μυρικη *Diosc. lib.* 1. *cap.* 116.

Μυσ]ικιὰ, ἢ ἀρμυρίκη, *hodiè.*

Il Ghin. *Turc.*

In humidiusculis Græciæ copiosè. ♄.

Arbor humilis, gracilis, ramosissima; *ramis* vimineis, reclinatis, teretibus, glabris, nitidis, sanguineis; *ramulis* alternis vel aggregatis, gracillimis, secundis, foliosis. *Folia* copiosissima, exigua, lanceolata, acuta, vel subacuminata, integerrima, carnosa, glauca, glabra, decidua; basi quandoque elongata, vel subcalcarata; ramorum sparsa, basi sensìm dilatata; ramulorum imbricata, subcarinata; omnia ferè enervia et avenia. *Stipulæ* nullæ. *Racemi* plurimi, laterales, cum solitario terminali majore; omnes densi, cylindracei, multiflori, simplices, glabri. *Bracteæ* sub singulo pedicello solitariæ, lanceolato-subulatæ, glabræ. *Flores* parvi, incarnati, pulchri. *Calyx* campanulatus, semiquinquefidus, æqualis, glaber, persistens. *Petala* obovata, æqualia, calyci alterna, duplòque longiora. *Stamina* quinque, calyci opposita, filiformia, glabra, petalis longiora. *Antheræ* incumbentes, subrotundæ, didymæ, rubræ. *Germen* superum, ovato-triquetrum. *Styli* breves, persistentes, basi connati. *Stigmata* indivisa, obtusa, recurva. *Capsula* subulata, teres, glabra.

    a. Flos anticè ; *b.* posticè.
    C. Flos corollá orbatus, magnitudine auctus.
    D. Petalum seorsìm.
    e. Capsula vix matura, calyce persistente suffulta, magnitudine naturali.

CORRIGIOLA.

Linn. Gen. Pl. 149.   *Juss.* 313.   *Gœrtn. t.* 75.

Calyx inferus, pentaphyllus.   *Petala* quinque.   *Semen* unicum, rotundato-triquetrum.

TABULA 292.

CORRIGIOLA LITTORALIS.

Corrigiola littoralis. *Linn. Sp. Pl.* 388. *Willden. Sp. Pl. v.* 1. 1506. *Sm. Fl. Brit.* 339.
    Engl. Bot. t. 668. *Ait. Hort. Kew. ed.* 2. *v.* 2. 173. *Fl. Dan. t.* 334. *Desfont.*
    Atlant. v. 1. 270.
C. n. 842. *Hall. Hist. v.* 1. 375.
Polygonifolia. *Dill. Giss. append.* 95. *t.* 3.
Polygoni, vel Linifolia per terram sparsa, flore scorpioides. *Bauh. Hist. v.* 3. *p.* 2. 379.
    Tourn. Paris. ed. 2. *v.* 1. 218, exclusis synonymis C. Bauhini et Lobelii.
Polygonum littoreum minus, flosculis spadiceo-albicantibus. *Bauh. Pin.* 281. *Prodr.* 131.
    Moris. v. 2. 593. *sect.* 5. *t.* 29. *f.* 1.
P. minus, spermate in cauliculorum extremis acervato, thlaspios sapore. *Cupan. Pan-*
    phyt. v. 1. *t.* 76.

Circa Byzantium. ⊙.

Radix parva, cylindracea, fibrillosa, annua. *Herba* glauca, lævis atque glaberrima, diffusa, multicaulis. *Caules* ferè prostrati, palmares aut pedales, parùm ramosi, teretes, foliosi, multiflori. *Folia* alterna, petiolata, lineari-lanceolata, obtusa, integerrima,

Corrigiola littoralis.

A

B

Alsine mucronata.

plana, avenia, subcarnosa; basi attenuata. *Stipulæ* ad petiolorum basin geminæ, semiovatæ, vel lunatæ, acuminatæ, membranaceæ, albæ, formâ et magnitudine variæ. *Flores* extremitatem versus caulium, fasciculati, in spicas vel racemos interruptos aggregati; inferiores subsessiles; superiores pedunculati, thyrsoidei; omnes exigui, glauco albidi, rubicundi. *Bracteæ* minutæ, membranaceæ, floribus interstinctæ. *Calycis* foliola obovata, obtusa, concava; margine membranacea, alba, cum rubore interstincto; post anthesin clausa, persistentia, semen amplectentia. *Petala* nivea, calyci alterna, conformia, et vix longiora. *Stamina* corollâ duplô breviora, *antheris* didymis, albidis. *Germen* parvum, subrotundum. *Styli* breves, patuli. *Stigmata* obtusa. *Semen* nudum, triquetro-subrotundum, corrugatum, nigrum, calycem clausum implens.

C. capensis, Willden. Sp. Pl. v. 1. 1507, ab hâc specie vix distincta nobis visa est.

<blockquote>
a, A. Flos.   B. Pistillum auctum.   *c*, C. Calyx fructifer.
d, D. Semen.   Omnia magnitudine naturali et auctâ exhibentur.
</blockquote>

ALSINE.

Linn. Gen. Pl. 150.   *Juss.* 300.   *Gærtn. t.* 129.

Calyx pentaphyllus.   *Petala* quinque, æqualia.   *Capsula* supera, unilocularis, trivalvis, columellâ liberâ.

TABULA 293.

ALSINE MUCRONATA.

Alsine foliis setaceis patentibus, floribus axillaribus, calycibus aristatis.

A. mucronata. *Linn. Sp. Pl.* 389. *Mant.* 358. *Willden. Sp. Pl. v.* 1. 1512. *Ait. Hort. Kew. ed.* 2. *v.* 2. 175.

Arenaria foliis setaceis, floribus pentandris, calycum foliolis subulatis. *Læfl. It.* 141.

In Asiâ minore.   ☉.

Radix gracilis, parva, fibrillosa. *Caulis* erectus, uncialis vel triuncialis, alternatìm ramosus, foliosus, teres, geniculatus, glaber. *Folia* ad omne geniculum opposita, sessilia, subconnata, patenti-recurva, subulato-setacea, integerrima, acuta, glabra; basin versùs trinervia, paullulùm dilatata, et margine attenuata; apice vix mucronulata. *Flores* axillares, solitarii, pedunculati, erecti, exigui, albi; summi aggregati, aphylli. *Pedunculi* capillares, glabri, ebracteati, foliis breviores, semper erecti. *Calycis* foliola ovato-lanceolata, acuminata, mucronulata, mucronulo setaceo, pallido, sæpiùs obliquè flexo; dorso viridia, subindè pilosiuscula, trinervia, nervis omnibus æqualibus, viridibus, concoloribus; margine attenuata, membranacea, alba. *Petala* calyce longè breviora, obovata, indivisa, integerrima, nivea. *Stamina* quinque, petalis duplò breviora, *antheris* subrotundis, didymis, rufis. *Germen* parvum, subrotundum, virens. *Styli* tres, breves. *Stigmata* oblonga, patentia, villosa, nivea. *Capsula* calyce longior, cylindracea, cartilaginea, tenuis, ab apice ad basin ferè trivalvis, unilocularis, columellà centrali, simplici, liberà. *Semina* plurima, columellæ inserta, reniformi-subrotunda, ferruginea, scabriuscula, nec dentata.

Synonyma difficillima, ob summam hujus affinitatem cum *Arenariá tenuifoliá*, cujus fortè varietas pentandra est.

Alsine n. 870, Hall. Hist. v. 1. 384. t. 17. f. 2; et *Alsine* n. 4. Seguier. Veron. v. 3. 173; ad *Arenariam fastigiatam* nostram, Engl. Bot. t. 1744. Compend. Fl. Brit. ed. 3. 70, nervis calycinis albis, nitidis, seminibusque dentatis, notabilem, omninò pertinent.

Lœflingii synonymon speciminibus ex ipso auctore, apud herbarium Linnæanum, confirmatur. Calyx in his etiam, Lœflingio repugnante, marginem membranaceum evidentissimum habet.

A. Flos multùm auctus.   B. Stamina et Pistillum.

Statice alliacea.

PENTANDRIA PENTAGYNIA.

STATICE.

Linn. Gen. Pl. 153.   *Juss.* 92.   *Tourn. t.* 177.   *Gærtn. t.* 44.
Limonium.   *Tourn. t.* 177.   Taxanthema.   *Brown Prodr.* 426.

Calyx monophyllus, integer, plicatus, scariosus.   *Petala* quinque.   *Capsula* supera, unilocularis; basi quinquevalvis.   *Semen* unicum.

TABULA 294.

STATICE ALLIACEA.

Statice scapo simplici capitato, foliis lineari-lanceolatis subtrinervibus, aristis calycinis rigidis scabris.

S. alliacea.   *Cavan. Ic. v.* 2. 6.   *t.* 109.   *Willden. Sp. Pl. v.* 1. 1523.

In Athô et Hymetto montibus.   ♃.

Radix lignosa, teres, nigricans, multiceps, cæspitosa.   *Caulis* nullus.   *Folia* plurima, radicalia, cæspitosa, erectiuscula, palmaria, lineari-lanceolata, acuta, integerrima, glabra, rigidula, obsoletè trinervia, latitudine varia; basi dilatata, vaginantia.   *Scapi* solitarii, erecti, pedales, simplicissimi, teretes, striati, singuli apice tantùm vaginâ brevi, membranaceâ, fuscâ, capitulo affixâ, et, increscente scapo, e foliorum centro elevatâ, vestiti.   *Capitulum* solitarium, hemisphæricum, multiflorum, bracteatum, album.   *Bracteæ* imbricatæ, ovatæ, concavæ, rufescentes, glabriusculæ, floribus breviores; interiores maximæ, margine dilatatæ, membranaceæ, nitidæ.   *Perianthium* elliptico-oblongum, angulosum, angulis setosis; limbo infundibuliformi, membranaceo, tenuissimo, albo, nitidissimo, glaberrimo, plicatili, costis quinque rigidulis, aristatis, scabris.   *Petala* obovato-oblonga, patentia, nivea; basi connata, staminifera.   *Stamina* petalis breviora, alba.   *Antheræ* incumbentes, oblongæ, luteolæ.   *Germen* superum, oblongum, glabrum.   *Styli* quinque, tomentosi.

S. *Armeriæ* affinis; differt verò calyce angulis tantùm, nec undique, setoso, ne dicam colore florum, et formâ foliorum.

    A. Calyx auctus.
    B. Corolla arte expansa, cum staminibus.
    C. Pistillum.

TABULA 295.
STATICE BELLIDIFOLIA.

STATICE scapo paniculato tereti, foliis obovato-spatulatis retusis lævibus, calyce mutico obtusiusculo.

Limonium bellidis minimæ folio. *Cupan. Phyt. v.* 1. *t.* 120.

Ad littora maris in Archipelagi insulis. In Rhodo. ♃.

E *Limoniorum* familiâ, cujus character ex inflorescentiâ tantùm pendet. *Radix* lignosa, teres, multiceps. *Caulis* nullus. *Folia* radicalia, cæspitosa, plurima, obovato-rotundata, plana, retusa, vel subemarginata, integerrima, coriacea, lævia, nuda, saturatè viridia; basi in *petiolum* linearem, alatum, decurrentia. *Scapi* solitarii, erecti, pedales aut sesquipedales, flexuosi, paniculato-decompositi, subdistichi, angulato-teretes, glaberrimi; ramulis alternis, spicatis, multifloris. *Bracteæ* ovato-triangu-lares, acutæ, vaginantes, parvæ, sub quâvis scapi divisione solitariæ; sub singulo flore geminæ, minores, cum aliâ majori internâ, triplò longiore, coriaceâ, cylin-draceo-involutâ, obliquâ, calycem amplectente; omnes persistentes. *Flores* sessiles, alterni, distichi, parvi. *Perianthium* tubulosum; angulis rubris, pilosis; limbo mutico, membranaceo, albo. *Petala* æqualia; laminâ obcordatâ, patenti, lætè violaceâ; ungue angusto, calyce parùm longiori. *Stamina* gracillima; *antheris* luteis in fauce corollæ. *Germen* oblongum. *Styli* capillares, albi, longitudine vix staminum.

a. Bractea interna, cum duabus exterioribus ad basin, calycem amplectens, magnitudine naturali.
B. Bracteæ auctæ seorsìm.
C. Calyx.
D. Flos completus.
E. Germen cum stylis.

TABULA 296.
STATICE GLOBULARIFOLIA.

STATICE scapo paniculato tereti; ramulis fastigiatis, foliis obovato-spatulatis mucronulatis lævibus, calyce acuto.

S. globulariæfolia. *Desfont. Atlant. v.* 1. 274, ex descriptione.

Limonium medium, globulariæ folio. *Barrel. Ic. t.* 793, 794.

In Siciliæ maritimis. ♃.

Præcedente paulò minor. *Folia* glaucescentia; apice spinoso-mucronulata; margine tenuissimè membranacea. *Paniculæ ramuli* numerosi, breves, coarctati, fastigiati. *Bracteæ* ferè prioris. *Perianthium* pilosum, limbo quinque-partitum, laciniis lan-ceolatis, acutis. *Petalorum* laminæ angustatæ, obcordato-oblongæ, pallidè purpu-reæ. *Stamina* exserta. *Styli* staminibus æquales.

a, A. Flos magnitudine naturali et auctâ, cum bracteis.
B. Calyx seorsìm.

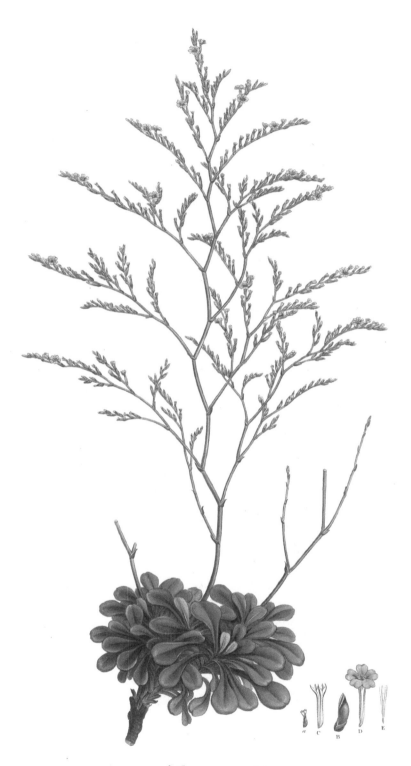

Statice bellidifolia.

Statice globularifolia

Statice palmaris.

Statice rorida.

TABULA 297.
STATICE PALMARIS.

STATICE punctato-scabra pruinosa, scapo paniculato tereti strictiusculo, foliis spatulatis obtusis.

Limonium græcum minimum, foliis hyssopi subhirsutis. *Tourn. Cor. 25. Herb. Sherard.*

In Asiæ minoris littoribus maritimis. ♃.

Radix lignosa, nigricans; apice subdivisa, multiceps. *Herba* tota punctulato-scabra, quasi pruinosa, lætè virens. *Caulis* nullus. *Folia* uncialia, cæspitosa, numerosa, spatulata, obtusè mucronulata, integerrima, haud marginata, utrinque scabra; suprà canaliculata; in petiolum linearem, basi glabratum, decurrentia. *Scapi* palmares, vel digitales, erectiusculi, teretes, alternatìm ramosi, parùm flexuosi; ramis simplicibus, spicatis, strictiusculis, multifloris. *Bracteæ* ut in præcedentibus. *Flores* alterni, subdistantes, rosei. *Perianthium* glabrum; margine membranaceo, albo, obtusè quinquelobo. *Petala* obcordata.

A. Bracteæ.   B. Calyx.
C. Flos, perianthio avulso.
D. Germen cum stylis. Omnia quadruplò ferè aucta.

TABULA 298.
STATICE RORIDA.

STATICE punctato-scabra pruinosa, scapo paniculato tereti articulato ramosissimo flexuoso divaricato, foliis spatulatis.

S. echioides. *Prodr. v. 1. 213. Linn. Syst. Nat. ed. 12. v. 2. 223,* nec *Sp. Pl. 394. Willden. Sp. Pl. v. 1. 1527,* quoad descriptionem, nec synonyma.

In Cretæ, Cypri et Meli maritimis; etiam inter Scalam novam et Smyrnam. ♃.

Cum præcedente convenit habitu, foliorum magnitudine et figurâ, et pubescentiæ formâ. Differt verò colore magìs glauco; sed præcipuè *Scapis* altioribus, crassis, crebriùs punctatis, ramosissimis, patulis, et valdè flexuosis. *Flores* insupèr copiosiores et majores sunt, dilutè violacei. *Calyx* pilosus, obtusè quinquelobus. *Petalorum* ungues connati.

Hanc, in horto Upsaliensi cultam, cum verâ *S. echioidi* suâ, in utrâque Specierum Plantarum editione notatam, sat negligentèr, confudit Linnæus. Errorem vix creavit similitudo, cùm diversissimæ sunt; vide tabulam 299. Specimen unicum hortense, in herbario Linnæano, malè insignitum, nos anteà fefellit.

a. Calyx cum bracteis.   B. Bracteæ auctæ.   C. Calyx seorsìm auctus.
d. Corolla cum staminibus, magnitudine naturali.   e. Germen cum stylis.

TABULA 299.

STATICE ECHIOIDES.

STATICE scapis pluribus paniculatis teretibus punctatis; spicis laxis strictiusculis sub-
aggregatis, foliis obovatis scabris.

S. echioides. *Linn. Sp. Pl. ed.* 1. 275. *ed.* 2. 374.   *Willden. Sp. Pl. v.* 1. 1527, quoad
synonyma.   *Ait. Hort. Kew. ed.* 2. *v.* 2. 182.   *Gouan. Fl. Monsp.* 231.   *Obs.* 22.
t. 2. *f.* 4.

S. aristata.   *Prodr. v.* 1. 213.   *Sm. in Rees's Cycl. v.* 34.

Limonium minus annuum, bullatis foliis.   *Magnol. Monsp.* 157. *t.* 156.   *Tourn. Inst.* 342.

L. maritimum annuum, foliis bullatis.   *Vallot Hort. Reg. Paris.* 107.

In insulæ Cypri maritimis.   ⊙.

Radix simplex, gracilis, fibrillosa, annua.   *Caulis* nullus.   *Folia* radicalia, numero et
magnitudine valdè varia, obovata, obtusa, integerrima, patentia, viridia, demùm
rubicunda; suprà tuberculis, plùs minùs copiosis, exasperata; subtùs ferè lævia;
basi in *petiolum* alatum decurrentia.   *Scapi* plures, digitales aut spithamæi, ramosissimi, adscendentes, teretes, punctato-scabriusculi, *ramis* plerumque aggregatis,
inæqualibus, rectiusculis, laxè spicatis, sæpè longissimis, multifloris.   *Bracteæ* præcedentium; intimæ punctatæ.   *Flores* secundi, sursùm spectantes, rosei, parvi.
Perianthium glabrum, membranaceum, limbo quinque-partito, costis rigidis, rubris,
demùm, membranâ supernè dilapsâ, denudatis, persistentibus, ut ex icone nostrâ
patet.   *Petala* obcordata.   *Antheræ*, cum *Stigmatibus*, paululùm exsertæ.

    a. Flos bracteis obvolutus.
    B. Bracteæ auctæ.
    C. Perianthium, costis apice denudatis.
    D. Flos calyce bracteisque orbatus.
    E. Stamina cum stylis.

TABULA 300.

STATICE ECHINUS.

STATICE foliis subulatis mucronato-pungentibus imbricatis caulinis, bracteis interioribus
geminis subæqualibus.

S. Echinus.   *Linn. Sp. Pl.* 395.   *Willden. Sp. Pl. v.* 1. 1528.

Limonium creticum, juniperi folio.   *Tourn. Cor.* 25.

Echinus, id est Tragacantha altera.   *Alpin. Exot.* 57. *t.* 56.

In montibus Sphacioticis Cretæ, et in Olympi Bithyni cacumine.   ♃.

Habitus a congenerum prorsùs alienus, caulescens, suffruticosus.   *Radix* multiceps, lignosa, crassa, ramosa, rugosa, nigra, in terram, vel rupium fissuras, altè descendens.

Statice echioides.

Statice Echinus.

Caules numerosi, vix biunciales, densè cæspitosi, simplices, undique foliosi, apice floriferi. *Folia* imbricata, petiolata, undique patentissima, uncialia, subulata, plana, integerrima, lævia, mucronato-pungentia, persistentia. *Petioli* basi dilatati, vaginantes. *Flores* rosei, terminales, aggregati, terni vel quaterni, plùs minùs pedunculati, quandoque in spicam collecti, numerosiores. *Pedunculi* crassi, pubescentes. *Bracteæ* ovatæ, mucronato-spinosæ, quaternæ; duæ interiores longiores, magisque membranaceæ, subæquales. *Perianthium* infundibuliforme; tubo subpiloso; limbo membranaceo, expanso, quinquenervi, glabro, pentagono, haud lobato. *Petala* obcordata, rubra. *Stamina* unguibus vix longiora, alba. *Antheræ* magnæ, didymæ. *Styli* staminibus paululùm superantes, nivei.

Planta hæc, cæspitibus echinatis, densis, sempervirentibus, lætè floridis, montium cacumina operiens, inter naturæ formosissima spectacula numeranda. Hujus varietas videtur *Limonium orientale frutescens, caryophylli folio in aculeum rigidissimum abeunte,* Tourn. Cor. 25; at Buxbaumii synonymon, a Linnæo citatum, tutiùs, me judice, excludendum, quamvis characteri specifico primario materiem fortè præbuit.

    a. Bracteæ interiores.
    b. Perianthium.
    c. Corolla cum staminibus et stylis.
    D. Fœcundationis organa duplò aucta.

LONDINI

IN ÆDIBUS RICHARDI ET ARTHURI TAYLOR

M . DCCC . XXI.